航 天 科 技 图 书 出 版 基 金
西北工业大学精品学术著作培育项目 资助出版

飞行器薄壁结构的
流固耦合动力学

安效民　周　悦　徐　敏　著

中国宇航出版社

·北京·

图书在版编目（ＣＩＰ）数据

飞行器薄壁结构的流固耦合动力学 / 安效民，周悦，徐敏著 . -- 北京 : 中国宇航出版社，2022.11

ISBN 978 - 7 - 5159 - 2104 - 4

Ⅰ . ①飞… Ⅱ . ①安… ②周… ③徐… Ⅲ . ①飞行器 —薄壁结构—流体动力学 Ⅳ . ①V414.4

中国版本图书馆 CIP 数据核字（2022）第 141367 号

责任编辑　王杰琼　　　**封面设计**　宇星文化

出　版
发　行　　**中国宇航出版社**

社　址　北京市阜成路 8 号　**邮　编**　100830
　　　　　（010）68768548
网　址　www.caphbook.com
经　销　新华书店
发行部　（010）68767386　　（010）68371900
　　　　　（010）68767382　　（010）88100613（传真）
零售店　读者服务部　　　（010）68371105
承　印　天津画中画印刷有限公司

版　次　2022 年 11 月第 1 版
　　　　　2022 年 11 月第 1 次印刷
规　格　787×1092
开　本　1/16
印　张　16.5　**彩　插**　24 面
字　数　402 千字
书　号　ISBN 978 - 7 - 5159 - 2104 - 4
定　价　98.00 元

本书如有印装质量问题，可与发行部联系调换

航天科技图书出版基金简介

航天科技图书出版基金是由中国航天科技集团公司于 2007 年设立的，旨在鼓励航天科技人员著书立说，不断积累和传承航天科技知识，为航天事业提供知识储备和技术支持，繁荣航天科技图书出版工作，促进航天事业又好又快地发展。基金资助项目由航天科技图书出版基金评审委员会审定，由中国宇航出版社出版。

申请出版基金资助的项目包括航天基础理论著作，航天工程技术著作，航天科技工具书，航天型号管理经验与管理思想集萃，世界航天各学科前沿技术发展译著以及有代表性的科研生产、经营管理译著，向社会公众普及航天知识、宣传航天文化的优秀读物等。出版基金每年评审 1～2 次，资助 20～30 项。

欢迎广大作者积极申请航天科技图书出版基金。可以登录中国航天科技国际交流中心网站，点击"通知公告"专栏查询详情并下载基金申请表；也可以通过电话、信函索取申报指南和基金申请表。

网址：http：//www. ccastic. spacechina. com

电话：（010）68767205，68767805

前　言

高速飞行器的翼、身及重复使用火箭的箭体多采用骨架和蒙皮组成的轻质薄壁加筋结构，其一侧直接承受气动载荷作用，另一侧为腔体结构。这种薄壁结构在气动载荷作用下发生变形，导致外部流场的边界发生改变，引起流场的形态（如边界层、激波等）和气流参数（如速度、压强等）发生改变，使得作用在结构上的气动载荷发生变化，进而使结构产生新的变形或者振动。这种结构弹性、气动载荷与惯性载荷间的相互耦合会导致薄壁结构的气动弹性，属于典型的流固耦合问题。薄壁结构的流固耦合问题不仅包含超声速下的壁板颤振问题，而且也包括亚声速和跨声速段流固耦合下的失稳问题，典型特征为流场和结构的双重非线性。

对于可重复使用火箭来说，其在上升段有较长时间飞行在跨声速及低超声速域，此时的双非线性特征较为明显，薄壁结构受到气动载荷作用而产生的变形或振动对结构疲劳有着重要影响。准确预测和确定飞行器薄壁结构在跨声速、低超声速及热环境下由流体和结构双非线性引起的稳定边界，并分析其在特定激励下的形态演化规律，有助于揭示薄壁结构各类复杂行为的诱发机理，对飞行器结构设计、控制系统设计等有着重要的意义。

当前，国内对跨声速及低超声速下的由流体和结构双非线性引起的流固耦合效应的研究少之又少，对耦合机理的解释也很欠缺，本书的相关成果可对该方面的研究提供有力的技术支撑和有益的参考。

本书共 8 章。第 1 章介绍飞行器薄壁结构流固耦合问题的双非线性特征（安效民、徐敏执笔），第 2 章介绍薄壁结构双非线性下流固耦合动力学建模及求解技术（安效民执笔），第 3 章介绍复合材料曲面薄壁结构的流固耦合动力学响应特征（安效民执笔），第 4 章介绍热环境下复合材料薄壁结构的流固耦合动力学响应特征（安效民执笔），第 5 章介绍跨声速域内薄壁结构流固耦合形态的演化特征（安效民、周悦执笔），第 6 章介绍考虑加速效应的薄壁结构流固耦合形态的演化特征（安效民、周悦执笔），第 7 章介绍考虑黏性效应的薄壁结构流固耦合形态的演化特征（安效民执笔），第 8 章介绍激波冲击下的薄壁结构流固耦合形态的演化特征（安效民执笔）。本书由安效民统稿及校对。

　　本书内容主要来自作者和学科组多年的研究成果。本书的研究工作得到了国家自然科学基金项目的资助，包括面上项目、青年基金和航空科学基金（批准号分别为 12072278、11202165 和 ASFC－201901053001）。本书的顺利出版，得益于航天科技图书出版基金和西北工业大学精品学术著作培育项目的资助，以及中国宇航出版社的支持和指导，在此表示感谢。

　　由于作者水平有限，书中不足之处在所难免，恳请读者批评指正。

著　者

2022 年 3 月

目　录

第1章　绪　论 ……………………………………………………………………… 1

1.1　薄壁结构双非线性下的流固耦合问题 …………………………………… 1

1.2　薄壁结构双非线性下的流固耦合问题研究现状 ………………………… 2

1.2.1　跨声速及低超声速下薄壁结构流固耦合特有的现象及机理 ……… 2

1.2.2　热环境下的薄壁结构流固耦合响应特点 …………………………… 4

1.2.3　激波冲击下的壁板流固耦合响应 …………………………………… 8

1.2.4　薄壁结构流固耦合响应及稳定性分析方法与发展动向 …………… 11

1.3　本书章节安排 ……………………………………………………………… 16

第2章　薄壁结构双非线性下的流固耦合动力学建模及求解技术 ………… 17

2.1　薄壁结构的双非线性因素 ……………………………………………… 17

2.2　基于CFD的非线性非定常气动载荷求解技术 ………………………… 18

2.2.1　守恒形式的流动控制方程 …………………………………………… 18

2.2.2　离散格式 ……………………………………………………………… 19

2.2.3　控制方程的时间推进格式 …………………………………………… 21

2.3　薄壁结构非线性结构动力学求解技术 ………………………………… 23

2.3.1　二维曲面薄壁结构的非线性有限元模型 …………………………… 23

2.3.2　三维复合材料薄壁结构的非线性有限元模型 ……………………… 27

2.3.3　非线性结构动力学求解技术 ………………………………………… 33

2.4　基于CFD/CSD的流固耦合动力学求解技术 …………………………… 34

2.4.1　流体-结构耦合边界上的数据交换方法 …………………………… 34

2.4.2　耦合边界运动时的流场网格动态生成技术 ………………………… 38

2.4.3　基于半步交错格式的流固耦合求解算法 …………………………… 39

2.5　薄壁结构的流固耦合算例验证 ………………………………………… 41

2.5.1　非线性非定常流场计算方法验证 …………………………………… 41

2.5.2　复合材料结构的非线性响应分析方法验证 ………………………… 42

2.5.3　二维薄壁结构的跨声速流固耦合的稳定性验证 …………………… 45

　　2.5.4　三维薄壁结构的动稳定性算例验证 ……………………………… 51

　本章小结 …………………………………………………………………… 52

第3章　复合材料曲面薄壁结构的流固耦合动力学响应特征 ………… 53

　3.1　复合材料曲面薄壁结构的模型及计算条件 ………………………… 53

　3.2　不同马赫数下复合材料曲面薄壁结构的流固耦合响应分析 ……… 54

　　3.2.1　亚声速 $M_\infty=0.76$ 下的响应分析 …………………………… 54

　　3.2.2　跨声速 $M_\infty=0.96$ 下的响应分析 …………………………… 57

　　3.2.3　超声速 $M_\infty=1.2$ 下的响应分析 …………………………… 66

　　3.2.4　超声速 $M_\infty=1.67$ 下的响应分析 ………………………… 79

　　3.2.5　不同马赫数下的颤振动压 ………………………………………… 88

　3.3　复合材料曲面薄壁结构的流固耦合动力学响应的特征 …………… 89

　本章小结 …………………………………………………………………… 89

第4章　热环境下复合材料薄壁结构的流固耦合动力学响应特征 …… 91

　4.1　热效应下的复合材料薄壁结构的动力学模型 ……………………… 91

　　4.1.1　热效应下的复合材料薄壁结构的非线性有限元模型 ………… 91

　　4.1.2　考虑热效应的结构非线性动力学方程及其求解 ……………… 93

　4.2　热结构算例验证 ……………………………………………………… 93

　　4.2.1　有限元模型及材料属性 …………………………………………… 93

　　4.2.2　考虑热效应下的模态分析 ………………………………………… 94

　4.3　复合材料薄壁结构的流固耦合响应分析 …………………………… 96

　　4.3.1　复合材料薄壁结构的模型 ………………………………………… 96

　　4.3.2　网格无关性和时间步长收敛性分析 …………………………… 96

　　4.3.3　低超声速下薄壁结构的流固耦合响应分析 …………………… 99

　　4.3.4　超声速下薄壁结构的流固耦合响应分析 ……………………… 105

　　4.3.5　高超声速下薄壁结构的流固耦合响应分析 …………………… 113

　　4.3.6　不同马赫数下复合材料薄壁结构的流固耦合响应对比 ……… 135

　本章小结 …………………………………………………………………… 135

第5章　跨声速域内薄壁结构流固耦合形态的演化特征 ……………… 137

　5.1　薄壁结构几何模型与计算条件 ……………………………………… 137

　5.2　网格无关性和时间步长收敛性研究 ………………………………… 137

　5.3　基准状态下薄壁结构的形态演化 …………………………………… 139

　　5.3.1　$M_\infty \leqslant 0.73$——稳态 …………………………………… 139

5.3.2 $0.74 \leqslant M_\infty \leqslant 0.76$——LCO ⋯⋯⋯⋯⋯⋯⋯⋯⋯ 139

5.3.3 $0.77 \leqslant M_\infty \leqslant 0.99$——屈曲 ⋯⋯⋯⋯⋯⋯⋯⋯⋯ 141

5.3.4 $1 \leqslant M_\infty \leqslant 1.05$——跨声速颤振 ⋯⋯⋯⋯⋯⋯⋯ 141

5.3.5 $1.06 \leqslant M_\infty \leqslant 1.09$——非共振LCO ⋯⋯⋯⋯⋯⋯ 143

5.3.6 $1.10 \leqslant M_\infty \leqslant 1.26$——1：2共振LCO ⋯⋯⋯⋯⋯ 145

5.3.7 $1.27 \leqslant M_\infty \leqslant 1.31$——高频周期振荡 ⋯⋯⋯⋯⋯ 151

5.3.8 $1.32 \leqslant M_\infty \leqslant 1.43$——高频非周期振荡 ⋯⋯⋯⋯ 151

5.3.9 $1.44 \leqslant M_\infty \leqslant 1.50$——第1模态极限环振荡 ⋯⋯ 155

5.3.10 $1.51 \leqslant M_\infty \leqslant 2.0$——稳态 ⋯⋯⋯⋯⋯⋯⋯⋯ 155

5.3.11 颤振振幅和频率 ⋯⋯⋯⋯⋯⋯⋯⋯⋯⋯⋯⋯⋯⋯⋯⋯ 155

5.4 厚度对照状态下薄壁结构的形态演化 ⋯⋯⋯⋯⋯⋯⋯⋯⋯⋯ 158

5.5 来流动压对照状态下薄壁结构的形态演化 ⋯⋯⋯⋯⋯⋯⋯⋯ 160

本章小结 ⋯⋯⋯⋯⋯⋯⋯⋯⋯⋯⋯⋯⋯⋯⋯⋯⋯⋯⋯⋯⋯⋯⋯⋯⋯ 162

第6章 考虑加速效应的薄壁结构流固耦合形态的演化特征 ⋯⋯⋯⋯ 163

6.1 计算条件 ⋯⋯⋯⋯⋯⋯⋯⋯⋯⋯⋯⋯⋯⋯⋯⋯⋯⋯⋯⋯⋯⋯⋯ 163

6.2 基准状态薄壁结构的形态演化 ⋯⋯⋯⋯⋯⋯⋯⋯⋯⋯⋯⋯⋯ 164

6.2.1 变马赫数下初始扰动和时间步长对薄壁结构形态演化的影响 ⋯⋯⋯⋯⋯⋯⋯⋯⋯⋯⋯⋯⋯⋯⋯⋯⋯⋯⋯⋯⋯⋯ 164

6.2.2 加速条件（$T = 10$ s）下薄壁结构的形态演化 ⋯⋯⋯ 165

6.2.3 其余加速条件下薄壁结构的形态演化 ⋯⋯⋯⋯⋯⋯⋯ 172

6.2.4 减速条件（$T = 10$ s）下薄壁结构的形态演化 ⋯⋯⋯ 178

6.2.5 其余减速条件下薄壁结构的形态演化 ⋯⋯⋯⋯⋯⋯⋯ 185

6.2.6 颤振振幅和频率 ⋯⋯⋯⋯⋯⋯⋯⋯⋯⋯⋯⋯⋯⋯⋯ 189

6.3 厚度对照状态下薄壁结构的形态演化 ⋯⋯⋯⋯⋯⋯⋯⋯⋯⋯ 193

6.3.1 加速条件下薄壁结构的形态演化 ⋯⋯⋯⋯⋯⋯⋯⋯⋯ 193

6.3.2 减速条件下薄壁结构的形态演化 ⋯⋯⋯⋯⋯⋯⋯⋯⋯ 195

6.3.3 颤振振幅和频率 ⋯⋯⋯⋯⋯⋯⋯⋯⋯⋯⋯⋯⋯⋯⋯ 197

6.4 来流动压对照状态下薄壁结构的形态演化 ⋯⋯⋯⋯⋯⋯⋯⋯ 199

6.4.1 加速条件下薄壁结构的形态演化 ⋯⋯⋯⋯⋯⋯⋯⋯⋯ 199

6.4.2 减速条件下薄壁结构的形态演化 ⋯⋯⋯⋯⋯⋯⋯⋯⋯ 201

6.4.3 颤振振幅和频率 ⋯⋯⋯⋯⋯⋯⋯⋯⋯⋯⋯⋯⋯⋯⋯ 204

本章小结 ⋯⋯⋯⋯⋯⋯⋯⋯⋯⋯⋯⋯⋯⋯⋯⋯⋯⋯⋯⋯⋯⋯⋯⋯⋯ 205

第7章　考虑黏性效应的薄壁结构流固耦合形态的演化特征············· 206

　7.1　恒速条件下薄壁结构的形态演化 ·· 206

　　7.1.1　计算条件 ·· 206

　　7.1.2　$\delta/a = 0.025$ 时薄壁结构的形态演化 ····················· 206

　　7.1.3　$\delta/a = 0.05$ 时薄壁结构的形态演化 ······················ 209

　　7.1.4　颤振振幅和频率 ··· 211

　7.2　跨声速域内考虑加速效应的薄壁结构流固耦合形态演化分析 ·········· 212

　　7.2.1　计算条件 ·· 212

　　7.2.2　$\delta/a = 0.025$ 时薄壁结构的形态演化 ····················· 212

　　7.2.3　$\delta/a = 0.05$ 时薄壁结构的形态演化 ······················ 217

　本章小结 ··· 223

第8章　激波冲击下的薄壁结构流固耦合形态的演化特征 ·················· 224

　8.1　激波冲击下曲面薄壁结构的流固耦合问题 ·························· 224

　8.2　激波冲击下平面薄壁结构的流固耦合形态演化特征 ················· 225

　　8.2.1　计算条件 ·· 225

　　8.2.2　网格和时间步长收敛研究 ··· 225

　　8.2.3　计算结果及分析 ·· 226

　8.3　激波-激波干扰下曲面薄壁结构的流固耦合形态演化特征 ············ 227

　　8.3.1　计算条件 ·· 227

　　8.3.2　静态变形 ·· 228

　　8.3.3　$H/h = 1$ 下薄壁结构的形态分析 ······························· 230

　　8.3.4　$H/h = 2$ 下薄壁结构的形态分析 ······························· 233

　　8.3.5　$H/h = 5$ 下薄壁结构的形态分析 ······························· 236

　　8.3.6　$H/h = 10$ 下薄壁结构的形态分析 ······························ 238

　　8.3.7　曲率的影响 ·· 240

　本章小结 ··· 243

参考文献 ··· 244

第1章 绪 论

1.1 薄壁结构双非线性下的流固耦合问题

高速飞行器的翼、身及重复使用火箭的箭体多采用骨架和蒙皮组成的轻质薄壁加筋结构（图1-1），其一侧直接承受气动载荷作用，另一侧为腔体结构（图1-2）。这种薄壁结构在气动载荷作用下发生变形，导致外部流场的边界发生改变，引起流场的结构（如边界层、激波等）和气流参数（如速度、压强等）的改变，使得作用在结构上的气动载荷发生变化，进而使结构产生新的变形或者振动。这种结构的弹性、气动载荷与惯性载荷间的相互耦合会导致壁板气动弹性问题，属于典型的流固耦合效应，可能会使薄壁结构出现静态或动态的不稳定性[1]。在第二次世界大战期间，在V2火箭上观察到壁板颤振的动态不稳定现象[2]。20世纪60年代，美国航空航天局在开发阿特拉斯半人马座和土星五号火箭期间对壁板颤振问题进行了深入研究[3-4]。20世纪八九十年代，F-117A战斗机复合材料蒙皮出现了裂纹[5]，我国某系列飞机方向舵也出现了蒙皮裂纹[6]，表明壁板颤振不仅仅是超声速所特有的问题，在亚声速和跨声速段也存在壁板颤振问题。尤其是对于可重复使用火箭，其在上升段有较长时间飞行在跨声速及低超声速域，薄壁结构受到气动载荷作用而产生的变形或振动对结构疲劳有着重要影响。

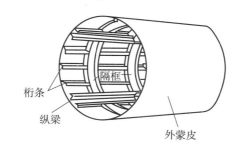

图1-1 薄壁加筋结构

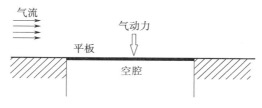

图1-2 薄壁结构受力示意图

与传统翼、舵等升力面构型不同的是，薄壁结构在跨声域表现出了双重非线性流固耦合特征。一方面，壁板位移响应通常与壁板厚度为相同量级，壁板面内应力存在，弯曲和拉伸之间会发生耦合，在周围受约束（固支或简支）条件下，其形变一般不会引发结构的迅速破坏，但会引起结构疲劳，表现为几何非线性[7-9]。同时，为了减小结构质量，改善结构性能，近年来，复合材料、黏弹性材料、功能梯度材料及智能材料等大量应用于壁板结构中，出现了新的材料非线性问题[1]。

另一方面，壁板的响应还受跨声速气动非线性的影响：一是壁板向上或向下的振荡会增强或减弱激波强度，并且使激波前后运动，激波运动可能是连续的，也可能是间歇的，或者连续和间歇互相转换，从而导致壁板复杂的响应形态在相对较宽的动压范围内持续存在，而且会有多种形态之间的演化。二是激波与边界层之间的干扰可能造成流动分离，激波或分离涡的运动进一步加剧了流动的动态非线性特征，使得壁板响应更为复杂[10-12]。另外，在跨声速区，黏性效应本身对壁板响应具有增稳或失稳作用[13-15]。

在这些跨声速域强非线性因素的作用下，一方面，壁板的稳定边界呈现出与流线型升力面构型（如翼舵部件等）相似的跨声速凹坑[7]；另一方面，在进入不稳定区域后，壁板表现为多个不稳定屈曲、极限环颤振或者更为复杂的振荡行为，如周期性、拟周期、非周期和混沌等复杂响应[16]。非线性稳定性分析需要解决的工程问题：一是防止壁板陷入不稳定区域（飞行器要么避免进入不稳定区，要么加速穿越该区域）；二是如果不稳定无法避免，则在壁板设计时，要求其不至于因过于剧烈的振荡而引起疲劳破坏。需要研究壁板在结构和流动的不同参数、不同扰动条件下的稳定性，关注考虑加速效应下壁板的稳定性分析，还应对非线性响应形态发生转变的因素予以特别研究（如静态不稳定转化为动态不稳定、周期性极限环转化为非周期或者混沌运动、幅值和频率的突变、颤振模式变化等），以方便分析壁板的疲劳特征。准确预测和确定飞行器在跨声速下壁板结构的稳定边界，并分析其在不稳定域内的形态演化规律，有助于揭示壁板各类复杂行为的诱发机理，对飞行器结构设计、控制系统设计等有着重要的意义。

国内外对薄壁结构流固耦合问题的研究更多集中在超声速以及低速和亚声速域，对于跨声速域、低超声速内双非线性耦合效应特征明显的问题，当前无法建立统一的动力学状态空间模型。即使建立了方程，其高维特性也使得系统平衡点解的稳定性的判断难度增加，系统随参数在很大范围内变动时的特征性态无法直接获得，传统基于特征值性态的分析方法无法使用，其特有的现象和特征的机理认识和分析严重不足。薄壁结构双非线性下流固耦合问题的研究，不仅在高速飞行器设计领域中具有重要的工程背景，而且在流固耦合力学领域中也是极具挑战性的基础性课题之一。

1.2 薄壁结构双非线性下的流固耦合问题研究现状

1.2.1 跨声速及低超声速下薄壁结构流固耦合特有的现象及机理

当前，国内外关于壁板气动弹性稳定性及响应的研究大多集中在超声速或者低速领域，但在跨声速域内，在双重非线性流固耦合效应下会出现一些特有的现象和特征，主要表现如下。

（1）跨声速域内，壁板在非定常载荷作用下会表现为更为复杂的响应形态

在马赫数 $M_\infty < 1$ 的流动中，在一定条件下，壁板表现为屈曲，激波出现在壁板表面，并起到重要的作用；在 $M_\infty > 1$ 的流动中，壁板的不稳定表现为颤振及极限环振荡等形态。这种不稳定的边界结合到一起，也会表现出一般升力面构型（如翼、舵结构等）在跨声速域的颤振凹坑现象。图 1-3 显示了某二维壁板在跨声速域内的不稳定边界，同时也显示了"土星五号"的飞行轨迹。由图 1-3 可以看出，在 $M_\infty \approx 1$ 的区域内，不稳定的临界动压明显低于飞行动压。Dowell[8]、Davis 等[10] 及 Alder[15] 的研究都表明了这一点。为了避开这种影响，飞行器要么避免进入跨声速区，要么加速穿过该区域，当前针对跨声速域内考虑加速效应的壁板稳定性分析少之又少。即使在相同马赫数下，随动压的变化，这种响应又会呈现出不同的特点。当 $M_\infty < 1$ 时，在较高动压下屈曲会依赖于初始扰动，存在多个不稳定的平衡点；另外，在不同的强扰动下，壁板会表现为两种不同的形态：一种是收敛于屈曲位置，另一种会演化为非谐波形态的极限环振荡。目前尚无针对屈曲演化为极限环振荡的触发条件的充分研究。

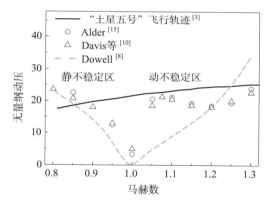

图 1-3　某二维壁板在跨声速域内的不稳定边界

（2）跨声速域内，边界层会对壁板稳定性产生失稳或增稳效应

Gordnier 等[12] 和 Visbal[17] 的研究中发现当考虑黏性效应时，在 $M_\infty > 1$ 时，会提高壁板颤振边界，由于边界层不稳定性与高阶弯曲挠度的耦合，超临界状态下会产生高频振荡；在 $M_\infty < 1$ 时，会出现不同类型的颤振行为，振荡不再围绕静平衡位置展开。Hashimoto 等[14] 的研究表明，在 $M_\infty = 1.0 \sim 2.4$ 范围内的不同马赫数下，边界层对壁板的颤振有不同的作用机制，会有增稳或者失稳现象。

（3）强非线性下壁板的颤振会出现行波振荡的特点，而非驻波形态

颤振波沿流动方向传播，在每个振荡周期内，颤振波的瞬时形状以非谐波的方式不断演化。Bendiksen 等[18] 认为，行波的产生来源于结构和空气动力的非线性相互作用，跨声速下激波运动等强非线性空气动力对低长宽比壁板的行波颤振起着至关重要的作用，并且结构的非线性可能导致某些模态及其相关波之间的内部共振产生高阶谐波，从而进一步促

进行波的产生。Visbal 等[19]的研究发现在 $M_\infty = 0.8$ 的气流中，动压较小时壁板发生屈曲，随动压变大，会发生行波振荡，其频率和波长具有 Tollmien - Schlichting 波（T - S波）的特点，即在第 1 阶模态的静态变形上叠加了第 7 阶振荡模态。他们解释低频振荡很可能代表流体/结构耦合系统的气动弹性不稳定性，高频振荡似乎与板的弯曲振动激发的 T - S 波失稳模式相对应。Ostoich 等[20]的研究发现在 $M_\infty = 2.25$ 条件下，层流边界层内包含的不稳定模态会随时间增长，激发壁板的行波振动，当边界层过渡到湍流状态时，壁板的弯曲行波会合并成驻波模式。目前的研究对行波的产生及演化缺乏足够合理和确定的解释。

（4）跨声速域内，壁板会发生单模态颤振，而非传统的多模态耦合颤振

这种形态不是由于两个或者多个模态耦合共振产生的，单模态颤振边界往往不受气流密度的影响。这种现象首先由 Nelson 等[21]发现，Dowell[22]的研究表明在 M_∞ 接近于 1 时存在单模态振荡现象。Shishaeva 等[23]和 Vedeneev[24]等学者的研究表明，当 $1 < M_\infty < 2$ 时，在一定条件下会发生单模态颤振，而且其振幅会急剧增大，并且与共振型颤振相比要大得多，他们的初步解释为"负气动阻尼"的作用。笔者先前的研究[25]中也发现，对于一些带有曲率的各向异性壁板材料，在跨声速域内也会出现单模态振荡形态。例如，对于相同几何参数的复合材料壁板，不同铺层正交 [0°/90°/0°/90°/0°] 及斜交 [45°/−45°/45°/−45°/45°] 在相同动压下会出现截然不同的极限环振荡形态（图 1 - 4）。正交铺设壁板的形态表现为高频拟周期振荡；而斜交铺设壁板的形态表现为低频单模态振荡，并且在每个周期中，其振荡趋向于静态平衡点之后，动态不稳定仍会持续下去。

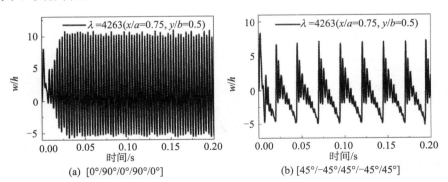

图 1 - 4　$M_\infty = 0.99$ 时某三维复合材料壁板参考点响应历程

w —壁板参考点法向位移；h —壁板厚度；λ —无量纲动压；a —壁板长度；b —壁板宽度；
x —壁板沿 x 轴位置；y —壁板沿 y 轴位置。

1.2.2　热环境下的薄壁结构流固耦合响应特点

高超声速飞行器的飞行速度高，飞行过程中存在激波、喷流干扰、流动分离、转捩、高熵梯度等非线性非定常的气动特性，甚至出现真实气体效应和非平衡流动。由于其飞行速度很快，飞行时间长，因此会出现气动加热、结构内部非定常热传导、表面催化等现象。高超声速飞行器结构往往采用 C/C、SiC/C 复合材料、蜂窝夹芯材料、抗氧化涂层、防热隔热材料等，表现出轻质、高强韧、变参数的特点。这种非线性的气动载荷、气动加

热与热传导，以及结构响应之间相互作用，导致出现了更为复杂的强耦合问题，主要表现在：1) 高温及高温梯度使得结构材料性能发生变化，出现刚度软化、热挠度和热应力，温度场与应力场之间相互影响，改变了结构的固有特性，使结构的承载能力降低，引起热屈曲等；2) 弹性结构在非定常气动力、脉动压力和热载荷作用下产生较大变形，改变流场的动态边界，影响其激波位置、流动分离状态和热传导特性，运动与弹性振动引发的气动非阻尼效应进一步加剧了流场的非定常效应；3) 结构内部的非均匀导热和温度重新分布引起表面热流的变化，继而影响了边界层内的流动特性，对作用在飞行器上的气动力产生影响；4) 对于吸气式构型飞行器，出现气动力与推力的耦合，飞行器外表面的气动加热与发动机附加热相耦合，飞行器前体气动参数和结构响应影响激波位置和强度，进一步影响发动机入口空气分布特性和流量捕捉，飞行器后体弹性变形改变发动机外喷管条件，影响发动机的推力性能和外部羽流。

　　由于强耦合效应计算的复杂性，对其的分析局限于弱耦合条件假设：1) 飞行器结构应力应变引起的温度变化比气动加热引起的升温要小得多，结构变形对温度场的反作用可以忽略；2) 气动加热引起的结构温度场变化的时间尺度与结构振动以及相应的非定常气动力的变化的时间尺度比较要大得多，忽略了非定常气动力对气动加热和温度场的影响；3) 热环境的分析往往基于定常状态的温度或热流条件，忽略非定常传热对结构响应和载荷的影响。基于这种弱耦合假设，通常将其看作气动热弹性问题，往往可以利用分层求解技术来分析其颤振特性，但这些假设存在以下不足：1) 只能考核颤振边界，而得不到亚临界或超临界情况下的动态响应，无法深入分析气动载荷、气动热和结构弹性变形之间的相互耦合关系；2) 高超声速飞行器瞬变加热与其飞行轨迹是相关联的，气动加热以及热传导都是一个时变的过程，上述假设无法考虑热应力及材料属性时变情况下对耦合系统的影响；3) 飞行器表面热流和温度的时变造成了边界的动态变化，弱耦合条件不能满足热流和温度的时变连续条件，造成计算的误差；4) 气动热弹性问题中仅考虑结构的小幅振荡情况，若结构发生较大变形，则结构的弹性变形会影响结构上的温度场分布。

　　在薄壁结构气动热弹性稳定性问题的分析中，一些研究者针对较为简单的考虑热效应的气动弹性问题进行了细致研究。Dowell[26]结合冯·卡门（Von Karman）大变形板理论以及准定常势流理论研究了受均布温差壁板的颤振问题。Xue 等[27-28]将均布温度进一步拓展至任意分布温度，基于离散基尔霍夫理论（Discrete Kirchhoff Theory，DKT）三角板单元分别研究了二维和三维各向同性板的气动弹性特性。McNamara 等[29]分析考虑热效应后的气动弹性耦合关系，如图 1-5 所示，并提出将流体和结构之间的热传递结合到气动弹性响应的过程中。可以看出，忽略图 1-5 中所示的"弱"耦合以及气动载荷对加热的影响，可以将热气动弹性问题简化为单独的气动热问题与气动弹性问题，即单向耦合。利用该项技术，NASA 兰利中心基于 CFL3d 开发的气动热弹性分析平台在 SR-71/YF-12、DARPA HTV-3X、NASP 及 NASA X-33 等高超声速项目中得到了应用。当出现较大变形时，会导致气动载荷和气动热的重新分布，需要考虑气动弹性对气动热的影响。Gupta 等[30]基于有限元方法发展了 CFD（Computational Fluid Dynamics，计算流体动力学）代码，对机翼和 X - 43 的外形飞行器进行了气动热弹性分析。McNamara 利用 Euler 和 N - S（Navier - Stokes）方程计算双楔形机翼的气动弹性。Lamorte 等[31] 利用 CFD 技术搭建了高超声速气动热弹性问题的求解平台，考虑了真实气体效应和湍流模型对稳定边界的影响，并评估了转捩位置对稳定性的影响。在时域耦合求解方面，Lohner 等[32] 初步建立了基于 CFD/CSD（Computational Structural Dynamics，计算结构动力学）/CTD（Computational Thermal Dynamics，计算热动力学）的耦合求解流程，采用 Euler 和 N - S 方程求解流场，利用线性及非线性理论处理结构大变形，采用 Nastran 求解器进行热转换，利用快速插值和映射算法实现载荷、热流、位移和温度在不同网格体系之间的转换。Tran 等[33] 针对流场-结构-热耦合问题建立了耦合模型，并提出了一种松耦合流程，将所发展的技术应用于壁板气动热弹性的模拟中（图 1 - 6）。Culler 和 McNamara[34] 提出了一种气动力-热-结构耦合预测 C/C 复合材料壁板的准稳态和瞬态响应的求解方法，非定常气动力采用三阶活塞理论，气动热计算采用参考焓方法，热传导和结构变形分别采用非线性瞬态热求解方法和非线性结构求解器（图 1 - 7）。Hosters[35] 等模拟了火箭喷嘴在超声速流中的非定常气动热弹性响应，其中利用了 ATCM 求解平台，该平台中 CFD 求解器为 DLR TAU，结构求解器为 ASTRA _ trans，气动热求解器为 ASTRA _ heat。Falkiewicz 等[36] 考核了气动加热对结构自由振动模态和频率的影响，气动力计算利用活塞理论，气动加热则是参考温度法，传热计算利用有限元技术及降阶模型技术，结构动态响应采用了模态叠加法（图 1 - 8）。Deshmukh 等[37] 学者针对壁板在气动-热-结构耦合中的响应问题，重点分析了边界层内湍流运动引起的脉动压力对耦合系统不稳定性的影响。Miller 等[38] 分析了流场-热-结构耦合求解的时间匹配流程，利用高精度的气动热和结构求解器，与准定常气动热弹性求解相组合，并对 4 种耦合求解流程进行对比分析。

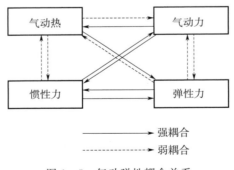

图 1 - 5　气动弹性耦合关系

国内杨智春等[39-40] 利用一阶活塞理论和冯·卡门壁板理论计算了双面受力壁板的气动热弹性稳定性，并分析了复合材料铺层方式对壁板热颤振的影响。苑凯华等[41] 采用三阶活塞理论、准定常热应力理论和非线性有限元方法分析了复合材料壁板颤振问题。张兵等[42] 基于多场耦合求解思路分析了类 X - 34 飞行器的头部热防护结构驻点温度和结构冷却系统功率随热防护层厚度的变化规律，其中考虑了材料非线性和辐射效应。Yang 等[43] 分析了气动热-弹性双向耦合求解二维高超声速曲面壁板的颤振问题，并与单向耦合求解

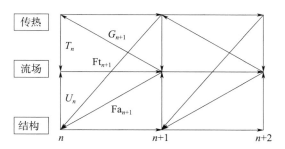

图 1-6 气动力-热-结构三场耦合算法典型流程 1

T_n—n 时刻的温度信息；U_n—n 时刻的结构位移信息；G_{n+1}—$n+1$ 时刻的热流信息；Ft_{n+1}—$n+1$ 时刻的温度载荷；

Fa_{n+1}—$n+1$ 时刻的气动载荷

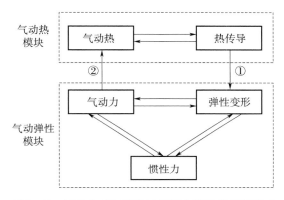

图 1-7 气动力-热-结构三场耦合算法典型流程 2

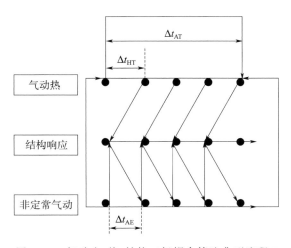

图 1-8 气动力-热-结构三场耦合算法典型流程 3

Δt_{AE}—气动弹性系统求解时间步长；Δt_{HT}—瞬态热传导求解时间步长；Δt_{AT}—气动加热与传热求解时间步长

进行了对比。Li 等[44]则分析了功能梯度材料结构在超声速流中的气动热弹性问题，指出由于热载作用，屈曲位置和振动中心位置会靠前，在颤振区域，功能梯度材料的动态特性会变得不连续并且对初始条件很敏感。

1.2.3　激波冲击下的壁板流固耦合响应

对于某些超声速甚至高超声速的飞行器，前缘产生的斜激波可能冲击在局部结构上。此时，该处结构不仅受到非定常气动载荷和结构变形耦合的影响，而且激波作用在上面时，会改变当地的流动形态和压强，进一步加剧了问题的复杂性。其结构的气弹效应不同于无激波作用下的气弹效应。例如 X-43A（图 1-9），其前体设计对进入超燃冲压发动机进气道的空气进行压缩。当前体激波打到唇口位置，不仅存在复杂的激波反射，而且还有激波相交以及激波-边界层干扰现象，造成此处更为复杂的流固耦合问题，可能造成结构破坏和快速疲劳，以及热防护困难、进气气流畸变，甚至发动机不启动等，对发动机性能及稳定性等有着重要的影响，在设计中需要充分考虑[45]。

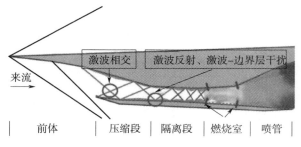

图 1-9　高超声速飞行器前体激波

对于这类问题，Visbal[17, 46]首先采用流固耦合分析方法研究了存在入射斜激波时柔性壁板上的超声速流动情况，如图 1-10 所示，在不同的激波强度和动压下得到了静变形和极限环振荡。结果表明，随着入射激波强度的不同，当动压远低于无入射激波情况下的值时，会出现超临界或者亚临界分叉。此外，他还讨论了黏性和空腔压力的影响。

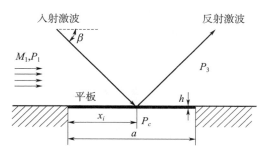

图 1-10　激波冲击下的平面壁板结构

M_1—来流马赫数；P_1—来流压强；β—激波角；P_3—反射激波后的压强；

P_c—空腹压强；x_i—入射激波冲击位置；a—壁板长度；h—壁板厚度

Miller 等[47]预测了壁板在马赫数为 3.0、考虑热效应时受到激波-湍流边界层相互作用后的气动弹性响应。图 1-11 为其研究模型，下壁面处安装有楔块，产生斜激波，作用于对面弹性壁板，同时壁板变形也会产生激波，会发生激波-激波干扰（Shock-Shock Interaction，SSI）。同时，考虑黏性效应时，当激波作用在壁板上时，会发生激波-湍流边界层干扰（Shock – Turbulent Boundary Layer Interaction，STBLI）。他们的研究表明，由于激波运动和一定的压力载荷，响应开始时出现了大幅度的振荡，之后随着屈曲后壁板几何刚度的增加，其振幅明显降低。Brouwer 等[48]开发了一种增强活塞理论（Enriched Piston Theory，EPT），以预测激波诱导极限环振荡中的非定常气动弹性载荷。结果表明，其所提出的 EPT 与激波诱导壁板颤振的 CFD 求解器具有良好的一致性，且 EPT 的计算成本比 CFD 求解器的计算成本低几个数量级。随后，他们[49]使用基于 CFD 的代理模型扩展了流固耦合建模方法，并在存在激波诱导分离的情况下进行了气动弹性仿真。他们发现，扩展的代理模型能够以分钟为单位进行流固耦合仿真，从而实现长时间的响应预测。Boyer 等[50]研究了激波、层流边界和壁板柔度之间的相互作用，发现激波冲击和层流边界层的引入导致了颤振响应的长时间演变、高阶模态活跃以及非周期颤振振荡的可能性。他们[51]随后探讨了在三维无黏流中反射斜激波对壁板颤振响应的影响（图 1 – 12），并得出结论：较强的斜激波会提高颤振振幅和频率，而较弱的斜激波可使壁板响应稳定。Shinde 等[52]通过直接数值模拟研究了层流中有限展长柔性壁板上的三维激波 - 边界层干扰（Shock – Wave Boundary Layer Interaction，SWBLI）。他们发现，由于激波冲击及其诱导的逆压梯度，三维非定常激波 - 边界层干扰表现出了 Görtler 不稳定性，且在较低雷诺数下柔性壁板的流动转为湍流。

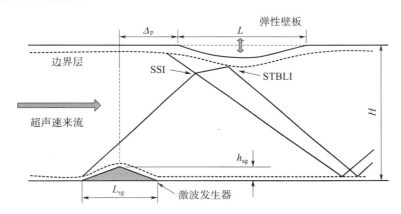

图 1 – 11　超声速流动中产生激波的楔块和弹性壁板

L_{sg}—激波发生器长度；h_{sg}—激波发生器高度；L—弹性壁板长度；
Δ_p—壁板前缘距激波发生器的水平距离；H—上下壁面垂直距离

除了计算研究激波和柔性表面之间的相互作用外，学者们也针对该问题进行了一些实验研究。Spottswood 等[53]首次研究了柔性壁板在高速流动影响下的响应，包括马赫数为 2 时的激波 - 边界层干扰（Shock – Boundary Layer Interaction，SBLI）。他们设计了一个与壁板试验件相对的激波发生器，以便在壁板上形成激波 - 边界层干扰和激波冲击，同时记录了全流场的动压及响应，为验证多学科气动热弹性分析方法提供了途径。Willems 等[54]进行了一项类似的实验（图 1 – 13），以研究超声速流中的激波 - 边界层干扰与流固耦合问题。结果证实，流动引起的结构变形由一个较大的静变形与一个与流动激励息息相关的小幅值振荡叠加而成。Gogulapati 等[55-56]进行了一系列实验和模拟来研究受激波冲击的柔性壁板

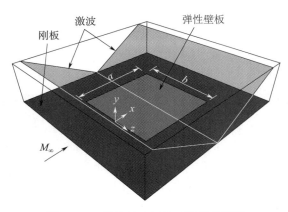

图 1 - 12　激波冲击下的三维壁板模型

响应。他们开发了一种流体-热-结构相互作用（Fluid—Thermal—Structural Interaction，FTSI）分析工具，以模拟激波冲击问题。结果表明，壁板的动态响应和壁板上的压强分布对激波运动十分敏感，且相对较小的激波运动产生的响应都因激波激励的类型而异。Currao 等[57]进行了一项马赫数为 5.8 时的激波冲击柔性壁板的高超声速气动弹性实验（图 1 - 14），发现激波在整个壁板厚度上引起压差，从而驱使其振荡，并在分离区域内发生转变，在再附着点形成完全湍流的边界层。他们还观察和测量了再附着区域的类Görtler 涡，其大小受壁板挠度的影响。

(a) 主要模型部件

(b) 位移传感器

图 1 - 13　实验装置和仪器

上述研究主要集中在平面壁板上，但在飞行器设计的工程实践中，其结构总是具有一定的曲率。与平面壁板相比，曲面壁板在气动载荷作用下会产生静气动弹性变形，并表现出更为复杂的特性。Dowell[58] 研究了曲面壁板的颤振振幅和边界，并指出静气动载荷对颤振边界具有重要影响。Bein 等[59] 采用三阶活塞理论和 Galerkin 方法计算并确定温度、正交异性、壁板位置、方向和曲率对常规高超声速飞行器表面曲面壁板气动弹性特性的影响。他们发现，气动加热对临界动压以及壁板极限环振幅均有较大的影响。Nydick 等[60]结合直接数值积分的 Galerkin 方法计算高超声速气流中曲面受热薄壁板的极限环响应。结果表明，气动加热、激波、结构曲率等对气动弹性特性有显著影响。Azzouz 等[61] 预测了超声速气流中曲面壁板的亚临界和颤振特性，揭示了曲面壁板颤振前的静态响应与平面壁

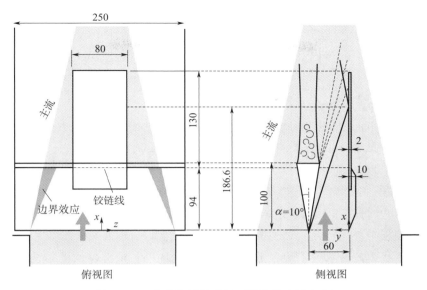

图 1 - 14　实验装置示意图（箭头为来流方向）

板有根本上的不同，曲率对二维圆柱壁板有不利影响；但对于三维圆柱壁板，当具有最佳高度时则有利。

　　与平面壁板不同的是，激波冲击下曲面壁板的流场中将出现更为复杂的激波，如图 1 - 15 所示。当 $M_1 > 1$ 时产生前缘激波，与入射激波相互作用并产生透射激波，随后透射激波向下冲击曲面壁板，并产生反射激波。同时，曲面壁板上也分布一系列膨胀波，在曲面壁板后缘也会产生后缘激波。当考虑黏性效应时，激波与边界层又会产生干扰问题。气动环境的复杂性会导致壁板颤振形式的多样性。

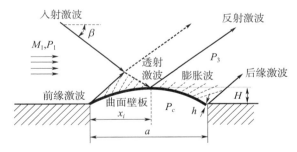

图 1 - 15　激波冲击下的曲面壁板结构

H—壁板弯曲高度

1.2.4　薄壁结构流固耦合响应及稳定性分析方法与发展动向

　　流固耦合下的壁板动力学系统的稳定性问题实际上是非自伴微分方程的广义特征值问题，需要研究当系统和载荷参数在很大范围内变动时在复数平面上的特征值性态。但对于跨声速双非线性耦合效应下的壁板响应，当前无法建立统一的动力学模型，基于变分方法或其他离散化方法，将偏微分方程化为常微分方程组，进而进行特征值性态分析的传统方法应用受限。Dowell[22, 26]提出了 4 类壁板颤振分析理论，后来 Cheng 等[62]将其扩充为 6 类，他们都指出在跨声速域内，使用非线性结构理论和求解流体的 Euler/N－S 方程是一种有效途径。

1.2.4.1 薄壁结构几何非线性响应的求解方法

流固耦合作用下的壁板系统是非保守的自治系统，其动力学特性十分复杂。影响其响应行为的结构因素有很多，如中面压力、曲率、初始应力、结构缺陷、长宽比、材料属性、约束条件等。

基于 Kirchhoff 假设和 Von Karman 非线性板理论的模型已用于许多非线性颤振的研究中，其在离散化时广泛采用了 Galerkin 法。该法假设一个基础函数，将方程的解展开为叠加形式，将壁板响应用前几阶结构模态进行空间近似，进而将偏微分方程离散为模态坐标上的常微分方程组进行求解。绝大部分超声速域内的壁板颤振问题的结构建模应用了该方法。Dowell[22, 26]、Ventres[63]、Friedmann 等[64]和 Chandiramani 等[65]学者的研究都使用了该方法。杨超等[66]基于 Galerkin 方法和三阶活塞理论，并利用气动热-气动弹性的双向耦合方法分析了曲面壁板在高超声速下的颤振问题。Li 等[67]基于活塞理论，并结合传统板理论和一阶剪切变形理论来分析超声速流中 Kirchhoff 和 Mindlin 板的颤振特性。也有部分学者利用 Rayleigh－Ritz 法进行分析。林华刚[68]借助 Rayleigh－Ritz 法分析了弹性支撑下板壳的自由振动特性，进而利用一阶活塞理论和 Galerkin 方法在频率内分析壁板非线性动力学响应。Bendiksen 等[18]指出，对于跨声速下行波颤振问题，没有对振荡模式进行先验假设或约束，因此如果使用 Galerkin 中的一组正常模态或假定（驻波）模态进行预测，可能无法捕获高阶谐波的影响。另外，在 Von Karman 非线性应变-位移模型中，由于其相对有限的适用范围和对面内边界条件的高灵敏度，不适合并入通用的非线性流固耦合求解程序中。

一些学者开始运用有限元方法进行结构建模。Olson[69]首次将有限元方法应用到二维壁板颤振边界的分析中。Mei[70]和 Gray[71]通过采用有限元法对复合材料壁板在超声速气流作用下的极限环振动进行了研究。Krause 等[72]使用有限元法及三阶活塞理论研究曲率对各向同性壁板颤振边界的影响，发现随着曲率增大颤振边界下降明显，在较大曲率时运动形态会由颤振变为混沌。Guimaraes 等[73]结合有限元法和 Rayleigh－Ritz 模型对超声速多间隔复合材料壁板颤振进行了比较研究，并分析了 Hopf 分岔中的跳跃现象。梁路等[74]基于有限元方法研究了具有复合材料壁板结构的机翼的气动弹性问题。王晓庆[75]建立了有限元复合材料层合板的颤振模型，并进行了优化设计。Zhuang 等[76]基于八节点 C⁰ 等参单元建立各向异性梯形波纹夹层板的有限元模型，并结合活塞理论分析了颤振特性。李丽丽等[77]将超声速活塞理论的非定常气动力模型与壁板的结构动力学方程相结合，得到了热壁板的颤振方程。一些学者利用有限元分析问题的便利性，结合压电驱动材料、电/磁流变材料、黏弹性材料在壁板结构中进行主动及被动颤振抑制的研究[78-82]。杨智春等[83]的研究指出，有限元法可以根据壁板的材料、外形、边界条件等实际物理性质选择由不同自由度数的结构单元进行建模，比较灵活，但求解非线性方程时自由度数目较大，计算成本较高。

1.2.4.2 非线性非定常气动力求解方法

非定常跨声速流动的精确仿真面临诸多困难：一是流动既含超声速区又含亚声速区；二是存在激波运动，当考虑黏性效应时，激波与边界层之间的干扰可能会造成流动分离，使问题更为复杂。

当前，壁板流固耦合响应分析中的非线性气动力应用了 4 种模型。第 1 种是活塞理论[84]，该理论认为非定常气动力和当地面板挠度之间存在对应关系，与 Von Karman 方程或结构有限元方程联立，获得壁板系统的动力学方程，在超声速及高超声速领域获得广泛应用。但该理论仅适用于超声速飞行条件（$M_\infty > \sqrt{2}$）和壁板振动频率较高（适合于耦合模态颤振问题，无法预测单模态颤振）的情况。一些学者发展了基于当地流的活塞理论[85]，一定程度上拓宽了其使用范围。第 2 种是非定常线性势流理论，其考虑了流场其他区域和结构变形对当地气动力的影响[7, 86]。该方法也可以应用于低速及亚声速情况，但在 $M_\infty = 1$ 时会出现奇异性。第 3 种是 Dowell[87] 提出的非定常"剪切流"理论，在结构附近应用预先定义的速度剖面（剪切流），求解由质量、动量和能量的平衡方程与理想气体公式组成的偏微分方程。该方法对于气动阻尼的模拟，在较高马赫数时理论和实验符合得很好，但在较低马赫数时理论和实验符合得很差。

以上 3 种简化的气动力模型虽然便于应用，但其适用范围和精度都较为有限，无法描述非线性效应特别强烈的跨声速流动。另外，这些模型给出的气动载荷往往表示为壁板位移、速度及其偏导数相关的函数，无法给出流场的细节，如黏性边界层、流动分离、激波运动等，无法准确分析流体与结构间的耦合机理[11]。一些学者开始采用基于数值求解跨声速小扰动方程、Euler 方程或 N-S 方程的方法获取非定常气动载荷，该方法的气动力求解模块相对独立，因而在计算壁板的流固耦合响应时，需要和结构求解器耦合起来求解。

Davis 等[10] 联立求解 Euler 方程和非线性板的结构方程，研究了 $M_\infty = 0.8 \sim 2.5$ 范围内二维薄壁板的气弹稳定性和响应，表明激波的出现会导致气弹响应出现发散和极限环等现象。Gordnier 等[12] 的研究中利用可压 N-S 方程求解壁板表面的气动力，并结合 Von Karman 理论，采用隐式迭代求解壁板响应，分析了 $M_\infty = 0.8$ 下壁板的稳定性，并解释了黏性边界层效应对气动弹性稳定性和颤振失稳后形态的影响。Boyer[50,51] 利用二阶中心差分法求解 N-S 方程和 Von Karman 方程，研究了入射斜激波作用下三维壁板的稳定性，发现斜激波的作用会使壁板颤振体现出更高阶模态。Hashimoto 等[14] 的研究则利用了耦合求解思路，将 N-S 方程和有限差分的 Von Karman 方程联立起来，研究了边界层效应对壁板颤振的影响。Alder[15] 的研究中采用隐式有限体积法对 N-S 方程进行了求解，耦合考虑了几何非线性的壁板有限元模型，分析了从高亚声速到低超声速下湍流边界层对壁板系统稳定边界的影响。Ostoich 等[20] 的研究中采用非线性三维有限元求解器联合 N-S 求解器，边界层采用直接数值模拟法，分析了壁板在 $M_\infty = 2.25$ 下流固耦合效应与湍流边界层的相互作用。Shishaeva 等[23] 联立 Abaqus 结构求解器和 FlowVision 流场求解器，分析了二维壁板从高亚声速到低超声速阶段的壁板响应，指出随着马赫数的变化，壁板会呈现出屈曲、动态稳定、单模态颤振、耦合颤振等多种响应形式。

　　笔者所在团队[88-89]开展了基于CFD/CSD（Computational Fluid Dynamics，计算流体力学/Computational Structural Dynamics，计算结构力学）耦合求解非线性壁板颤振的分析研究。张兵等[90]利用CFD/CSD耦合实现了超声速及高超声速壁板颤振的时域计算，分析了湍流边界层对颤振的影响。梅冠华等[91]结合有限元法和CFD方法耦合求解分析了曲面壁板在$M_\infty = 2$、0.8、0.9和1.2时的稳定性和失稳后形态。刘占生等[92]结合子循环和预测校正方法，将有限元求解器和流体求解器耦合预测超声速壁板非线性颤振的响应特性，并讨论了计算稳定性和效率。姚程等[93]利用CFD/CSD耦合方法分析了扩压器内弹性壁板在跨声速流动下的振动和稳定特性，并讨论了激波的自激振荡现象。CFD方法在模拟强非线性气动载荷时具有优势，但也存在着计算量大、参数变化时反复调用CFD求解器的不足。

1.2.4.3　流固耦合效应的稳定性分析方法

　　在分析亚声速或超声速下流固耦合系统的稳定性问题时，传统方法是将结构振动模型和简化的气动力模型联立后得到偏微分方程，再将其离散获得常微分方程。对该方程进行稳定性分析主要有3种理论方法。

　　1）定性分析法，如稳定性判据、Hopf分岔定理、中心流形理论等。Bolotin等[94]基于Routh‑Hurwitz判据分析了超声速气流和屈曲准静态压缩作用下弹性板非线性系统在不稳定区域的行为。刘济科[95]和张琪昌等[96]结合中心流形理论和后继函数判别法分别对二元机翼颤振分岔点的中心及稳定性问题进行了分析。孙立明[97]和赵秀芳[98]利用Normal Form直接方法分析了非线性参数对Hopf分岔的影响，并应用于二维壁板的稳定性分析中。Vedeneev[99]基于Kulikovskii失稳准则研究了有限长壁板在气流中的失稳问题，并讨论了层流边界层与壁板相互作用后的稳定特性。定性分析法不需得到微分方程解的表达式就可以研究解的性质，但更多关注的是系统的局部稳定性。

　　2）解析分析法，如摄动法、多重尺度法、谐波平衡法等。Shen[100]利用谐波平衡法将非线性系统等效为线性系统，将其应用于超声速流中屈曲壁板的颤振分析中，发现一些非线性行为可以从线性系统推导得到。Holmes[101]通过Galerkin法和模型截断给出了输流管和加载板系统的常微分方程，分析了系统随控制参数变化下的分岔现象。Yuen等[102]采用增量谐波平衡法研究了二维壁板在超声速气动载荷作用下的颤振以及壁板的后屈曲行为。Bolotin等[103]研究了超声速气流和准静态载荷作用下弹性板的非线性行为，在超声速气流压力和表面初始压缩作用下，可以观察到壁板发散、对称、非对称和混沌运动之间的各种过渡模式，以及一些滞后现象。李道春等[104]用谐波平衡法推导了二元机翼极限环颤振的非线性方程组，并得到了近似解析解。杨翊仁团队针对亚声速和超声速壁板颤振和稳定性分析开展了系统的研究，应用Hopf分岔代数判据、微分求积法、特征值理论等分析了二维及三维薄板的分岔临界条件[105-106]。孙巧珍等[107]利用分离变量方法推导了超声速流中三维壁板颤振本征问题的解，并利用复模态分析方法研究了壁板颤振前后频率及模态的变化规律。解析分析法能够得到运动特性与系统参数的直接依赖关系，但在强非线性系统中，谐波解的时不变假设不成立，对于跨声域下的壁板动态稳定性问题，以非谐波振荡为主，导致 Hopf 线性化会出现错误。

3）直接数值模拟法。以上两种方法在分析自由度较低的弱非线性系统有其优势，在处理强非线性耦合问题时，直接的数值模拟成为工程分析的主要工具。在时域内针对主控微分方程展开数值模拟（如前述的 CFD/CSD 耦合求解方法），利用时域积分方法获得壁板在不同控制参数下的动力学历程，借助频谱分析、相平面图及庞加莱映射等手段，分析壁板响应的各种复杂的非线性行为。但该方法计算时间长，计算结果只能反映时间历程关系，不便于直接获得系统特征和进行振动抑制控制器的设计。一些学者利用降阶模型技术提高计算效率并进行系统特征分析[108]。当前的降阶方法主要集中在两个方面：一是针对非线性结构进行降阶。Guo 等[109]提出了气动弹性模态的概念，用其代替传统自然模态，可以减少非线性壁板颤振分析中的耦合方程。Akhavan 等[110]采用三阶剪切变形理论、有限元法和虚功原理建立了复合材料弯曲纤维层合板的全阶动力学模型，基于静力凝聚法和模态求和法进行降阶，分析了不同边界条件、层合板厚度、初始挠度下系统的动态响应和基于失效准则的损伤指标等。梅冠华等[111]、谢丹等[112]、周建等[113]针对超声速下的壁板响应，利用本征正交分解（Proper Orthogonal Decomposition，POD）技术构造了非线性系统的降阶模型，分析了系统的分岔特性和稳定边界。二是针对非线性气动力求解进行降阶。Lucia 等[114]针对跨声速下弹性板的极限环振荡及激波运动问题，利用 POD 和区域分解技术得到耦合系统的降阶模型，探讨了降阶模型对壁板参数变化的鲁棒性。Kalashnikova 等[115]用连续 Galerkin 映射法分别针对流体和结构推导了降阶模型，其中结构降阶利用了线化 Von Karman 方程的本征模态，流体的降阶模型利用 POD 方法对线化 Euler 方程进行处理，流体与结构模型通过固壁边界条件耦合，并在 $M_\infty = 2.0$ 的壁板响应中进行了验证分析。结果表明，耦合系统的降阶模型能很好地分析颤振边界下的响应情况，并能合理地预测超临界的不稳定性增长率。比较遗憾的是，该方法并没有在跨声速条件下进行验证。

在跨声速域内，壁板的稳定边界及响应形态也受黏性效应的影响。对该因素的分析，除了利用剪切流理论、求解 N-S 方程等数值方法之外，进行实验分析也是探究其影响和机理的重要手段[8, 116]。

NASA 于 1961 年开展了 $M_\infty = 1.76 \sim 2.87$ 范围内薄玻璃纤维层压板的颤振实验，并与等效板刚度进行比较，发现壁板下空腔深度对颤振有明显的影响[117]。Muhlstein 等[13]和 Gaspers 等[118]学者的研究表明，湍流边界层对低超声速下的壁板颤振有较大的稳定作用，在 $M_\infty = 1.2$ 附近效果最大，这种增稳作用随着马赫数增大而迅速减小。Vedeneev 等[119]对单模态颤振现象做了实验研究，通过对壁板应变计、压力计和风洞振动计的频谱分析研究了单模态的形态。Lübker 等[120]通过实验研究了 $0.7 < M_\infty < 1.2$ 内矩形平板的气弹响应特性，并与 CFD/FE（Finite Element，Fe）耦合求解结果进行对比，得到了颤振边界、动态不稳定的频率、振幅和气动载荷等结果。国内关于壁板流固耦合效应实验的研究，当前大部分学者关注低速条件下的壁板稳定性分析。唐怀平[121]、施海健等[122]以考虑几何非线性的二维悬臂壁板模型为对象，在低速风洞中进行了极限环颤振现象的实验分

析。陈娜娜[123]对壁板低速流的颤振问题进行实验研究，分析了动压对气动弹性响应的影响。也有部分学者基于地面模拟试验进行超声速流中壁板稳定性及颤振抑制的分析，邵崇晖等[124]针对薄铝板，采用三阶活塞理论模拟超声速非定常气动载荷，在地面加载气动力来分析铝板的非线性动力学响应。跨声速域内，由于激波运动和边界层效应，需要利用风洞完成实验分析，但国内跨声速气动弹性的风洞实验主要针对线性结构的翼、舵等升力面构型展开，考虑几何非线性薄壁结构的跨声速风洞实验鲜见报道。

1.3　本书章节安排

本书围绕飞行器薄壁结构双非线性下的流固耦合问题，从问题描述、建模方法、求解技术、响应分析、耦合机理等方面展开论述，涵盖了复合材料、热效应、加速效应、黏性效应、激波冲击等因素，分析了薄壁结构流固耦合形态特征，探究了不同因素下形态演化规律。本书编写思路如下（图 1-16）。第 2 章为薄壁结构双非线性下的流固耦合动力学建模及求解技术；第 3 章为复合材料曲面薄壁结构的流固耦合动力学响应特征；第 4 章考虑了热效应的影响，分析复合材料薄壁结构的流固耦合动力学响应特征；第 5 章针对跨声速的特点，分析流固耦合形态的演化特征；第 6 章考虑加速效应的影响，分析流固耦合形态的演化特征；第 7 章分析了黏性效应对流固耦合形态的演化特征的影响；第 8 章考虑了激波冲击作用下薄壁结构的流固耦合形态的演化特征。

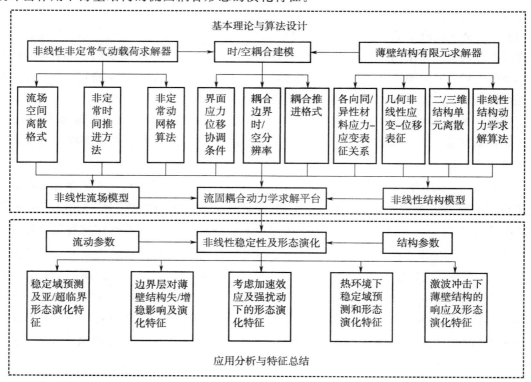

图 1-16　本书结构体系

第 2 章 薄壁结构双非线性下的流固耦合动力学建模及求解技术

2.1 薄壁结构的双非线性因素

高超声速飞行器的翼、身多采用骨架和蒙皮组成的薄壁加筋结构，其中壁板是直接承受气动载荷作用的结构部位。为了减小结构质量，改善结构性能，各种新型复合材料，如 C/C、SiC/C、蜂窝夹芯、防热隔热以及一些功能梯度材料等被大量应用于飞行器结构中[83,125]。复合材料壁板结构在气动载荷和热载荷作用下发生变形（如挠曲变形等），导致外部流场的边界发生改变，引起流场的形态（如边界层、激波等）和气流参数（如速度、压强等）的改变，使得作用在结构上的气动载荷和热载荷发生改变，进而影响壁板结构，使其产生新的变形或者振荡。

发生在复合材料薄壁结构上的流固耦合问题具有很强的非线性特征，主要表现在以下几个方面。

1）气动非线性：当飞行器速度处于跨声速、低超声速及高超声速范围时，流场中会出现激波运动、流动分离、气动加热现象，飞行器表面的承载结构承受了非线性非定常的气动载荷。

2）结构非线性：复合材料薄壁结构的轻质特点，使其在发生气动弹性现象时，薄壁结构静变形或横向振动的幅值很大，处于和厚度相当的量级[79]，这种大位移的变形运动使薄壁结构变形具有几何非线性特征；同时，在热环境下出现了热应力和材料属性的变化，会表现出材料非线性特征。

3）耦合作用的非线性：薄壁结构大变形改变了流场边界，导致飞行器外流场中激波的位置、强度及热流分布发生改变，或引起边界层分离及分离区域位置的改变[50,126]。这种气动、结构和热环境之间的耦合作用，给气流运动和结构变形运动引入了新的非线性因素。

为了准确模拟由气动和结构两场非线性引起的流固耦合问题，采用 CFD/CSD 耦合求解技术。该技术是指将 CFD 和 CSD 结合起来，用于求解结构在流体中的变形运动响应以及流场随结构变形而产生的变化的数值模拟技术。相比于传统工程算法，CFD/CSD 耦合求解技术计算精度高，能准确模拟流场的非线性气动力和结构的非线性变形响应，可以对流场和结构的非线性问题开展定性定量的研究。而随着计算机软硬件的飞速发展，其计算量大的缺点不断被弥补，在实际工程领域与理论研究中具有广阔的应用前景和价值。

2.2　基于 CFD 的非线性非定常气动载荷求解技术

2.2.1　守恒形式的流动控制方程

无黏非定常流场的控制方程为 Euler 方程，建立应用 Euler 方程求解空气动力学的模型，其守恒积分形式为

$$\frac{\partial}{\partial t}\int \boldsymbol{U}\,\mathrm{d}V + \int \boldsymbol{F}\,\mathrm{d}\boldsymbol{S} = \boldsymbol{0} \qquad (2-1)$$

式中　$\mathrm{d}V$ ——控制体的体积；

　　　　$\mathrm{d}\boldsymbol{S}$ ——控制体表面的外法向面积矢量；

　　　　$\boldsymbol{U}$ ——流场积分矢量；

　　　　$\boldsymbol{F}$ ——无黏通量项。

有黏非定常流场的控制方程为 N-S 方程，建立应用 N-S 方程求解空气动力学的模型，其守恒积分形式为

$$\frac{\partial}{\partial t}\int \boldsymbol{U}\,\mathrm{d}V + \int (\boldsymbol{F}-\boldsymbol{F}_v)\,\mathrm{d}\boldsymbol{S} = \boldsymbol{0} \qquad (2-2)$$

式中　$\boldsymbol{F}_v$ ——黏性通量项。

流场积分矢量 $\boldsymbol{U}$ 的展开式为

$$\boldsymbol{U} = [\rho_a \quad \rho_a u_a \quad \rho_a v_a \quad \rho_a w_a \quad \rho_a E]^{\mathrm{T}} \qquad (2-3)$$

无黏通量项 $\boldsymbol{F}$ 和黏性通量项 $\boldsymbol{F}_v$ 的展开式为

$$\boldsymbol{F} = \begin{bmatrix} \rho_a(u_a-u_b) & \rho_a(v_a-v_b) & \rho_a(w_a-w_b) \\ \rho_a u_a(u_a-u_b)+p & \rho_a u_a(v_a-v_b) & \rho_a u_a(w_a-w_b) \\ \rho_a v_a(u_a-u_b) & \rho_a v_a(v_a-v_b)+p & \rho_a v_a(w_a-w_b) \\ \rho_a w_a(u_a-u_b) & \rho_a w_a(v_a-v_b) & \rho_a w_a(w_a-w_b)+p \\ \rho_a H(u_a-u_b)+p\,u_b & \rho_a H(v_a-v_b)+p\,v_b & \rho_a H(w_a-w_b)+p\,w_b \end{bmatrix}$$

$$(2-4)$$

$$F_v = \begin{bmatrix} 0 & 0 & 0 \\ \tau_{xx} & \tau_{yx} & \tau_{zx} \\ \tau_{xy} & \tau_{yy} & \tau_{zy} \\ \tau_{xz} & \tau_{yz} & \tau_{zz} \\ \theta_x & \theta_y & \theta_z \end{bmatrix} \qquad (2-5)$$

式中　ρ_a 、p ——流场的密度和压强；

　　　　u_a 、v_a 、w_a ——流体的运动速度沿 x 、y 、z 3 个方向的分量；

　　　　u_b 、v_b 、w_b ——控制体边界的运动速度沿 x 、y 、z 3 个方向的分量；

　　　　H ——气流的焓。

对于理想气体，存在如下关系：

$$p = (\gamma - 1) \rho_a [E - 0.5(u_a^2 + v_a^2 + w_a^2)] \tag{2-6}$$

$$p + \rho_a E = \rho_a H \tag{2-7}$$

式中　E——气流的内能。

对于牛顿流体，黏性应力张量 τ 的各个分量定义为

$$\begin{cases} \tau_{xx} = \lambda(u_x + v_y + w_z) + 2\mu u_x \\ \tau_{yy} = \lambda(u_x + v_y + w_z) + 2\mu v_y \\ \tau_{zz} = \lambda(u_x + v_y + w_z) + 2\mu w_z \end{cases} \tag{2-8}$$

$$\begin{cases} \tau_{xy} = \tau_{yx} = \mu(u_y + v_x) \\ \tau_{xz} = \tau_{zx} = \mu(u_z + w_x) \\ \tau_{yz} = \tau_{zy} = \mu(v_z + w_y) \end{cases} \tag{2-9}$$

$$\begin{cases} \theta_x = u\tau_{xx} + v\tau_{xy} + w\tau_{xz} + kT_x \\ \theta_y = u\tau_{yx} + v\tau_{yy} + w\tau_{yz} + kT_y \\ \theta_z = u\tau_{zx} + v\tau_{zy} + w\tau_{zz} + kT_z \end{cases} \tag{2-10}$$

由 Prandtl 假设可得出：

$$\lambda = -\frac{2}{3}\mu$$

黏性系数 $\mu = \mu_l + \mu_t$，其中 μ_l 和 μ_t 分别代表层流黏性系数和湍流黏性系数。μ_t 由湍流模型决定，本书中湍流模型使用 SA 模型；μ_l 则由 Sutherland 公式求得，即

$$\mu_l = \frac{1 + C_s}{T + C_s} T^{1.5} \tag{2-11}$$

其中：

$$C_s = \frac{117}{T_\infty}$$

式（2-10）中，k 为热传导系数，可分为层流热传导系数 k_l 和湍流热传导系数 k_t，表达式为

$$k = k_l + k_t = \frac{1}{(\gamma - 1) M_\infty^2}\left(\frac{\mu_l}{Pr_l} + \frac{\mu_t}{Pr_t}\right) \tag{2-12}$$

式中　Pr_l——层流普朗特数，$Pr_l = 0.72$；

　　　Pr_t——湍流普朗特数，$Pr_t = 0.9$。

2.2.2　离散格式

在采用离散方法求解 N-S 方程时，黏性通量项一般采取中心差分进行离散，无黏通量项则根据要求可以选择不同的离散方法。本节在诸多通量差分格式中选择具有较高准确度、鲁棒性、计算效率和收敛特性的 AUSMpw＋（Advection Upstream Splitting Method，对流近风分裂方法）格式[127]。

AUSMpw＋格式的思路：由于无黏通量项可以分解为对流通量项和压力项，对其分别进行特征分裂，如下

$$F_{\frac{1}{2}} = F_{\frac{1}{2}}^{c} + P_{\frac{1}{2}} = (\bar{M}_{L}^{+} a_{\frac{1}{2}} \bar{U}_{L} + \bar{M}_{R}^{-} a_{\frac{1}{2}} \bar{U}_{R}) + (\Psi_{L}^{+} p_{L} + \Psi_{R}^{-} p_{R}) \qquad (2-13)$$

其中，下标 L、R 和 $\frac{1}{2}$ 分别表示单元界面左、右状态处和单元界面处的量。

在进行非定常计算时，网格单元界面处的声速定义为

$$a_{\frac{1}{2}} = \frac{1}{2}(a_{L} + a_{R}) \qquad (2-14)$$

界面两侧的马赫数定义为

$$M_{L,R} = \frac{|V_{L,R}|}{a_{\frac{1}{2}}} \qquad (2-15)$$

单元界面处的马赫数和压强分裂函数为

$$M_{L,R}^{\pm} = \begin{cases} \pm\dfrac{1}{4}(M_{L,R}\pm1)^{2} \pm \beta(M^{2}-1)^{2} & |M_{L,R}| \leqslant 1 \\[2mm] \dfrac{1}{2}(M_{L,R}\pm|M_{L,R}|) & |M_{L,R}| > 1 \end{cases} \qquad (2-16)$$

$$\Psi_{L,R}^{\pm} = \begin{cases} \dfrac{1}{2}\dfrac{M_{L,R}\pm|M_{L,R}|}{M_{L,R}} & |M_{L,R}| > 1 \\[2mm] \dfrac{1}{4}(M_{L,R}\pm1)^{2}(2\mp M_{L,R}) \pm \alpha M_{L,R}(M_{L,R}^{2}-1)^{2} & |M_{L,R}| \leqslant 1 \end{cases} \qquad (2-17)$$

其中，

$$-\frac{1}{16} \leqslant \beta \leqslant \frac{1}{2},\ -\frac{3}{4} \leqslant \alpha \leqslant \frac{3}{16}$$

定义 $m_{\frac{1}{2}} = M_{L}^{+} + M_{R}^{-}$，当 $m_{\frac{1}{2}} \geqslant 0$ 时：

$$\begin{cases} M_{L}^{+} = M_{L}^{+} + M_{R}^{-}[(1-\omega)(1+f_{R})-f_{L}] \\ M_{R}^{-} = M_{R}^{-} \cdot \omega(1+f_{R}) \end{cases} \qquad (2-18)$$

当 $m_{\frac{1}{2}} < 0$ 时：

$$\begin{cases} M_{L}^{+} = M_{L}^{+} \cdot \omega(1+f_{L}) \\ M_{R}^{-} = M_{R}^{-} + M_{L}^{+}[(1-\omega)(1+f_{L})-f_{R}] \end{cases} \qquad (2-19)$$

式中　ω 和 $f_{L,R}$——基于压力的修正权函数，可以表示为

$$\omega = 1 - \min\left(\frac{p_{L}}{p_{R}}, \frac{p_{R}}{p_{L}}\right)^{3} \qquad (2-20)$$

$$f_{L,R} = \begin{cases} \dfrac{p_{L,R}}{\Psi_{L}^{+} p_{L} + \Psi_{R}^{-} p_{R}} - 1 & |M_{L,R}| < 1 \\[2mm] 0 & |M_{L,R}| \geqslant 1 \end{cases} \qquad (2-21)$$

迎风格式通常具有一阶空间精度。为了获得更好的精度，采用了一种基于原始变量的 MUSCL（Monotonic Upstream-centered Scheme for Conservation Laws，单调上游中心守恒律格式）方法对网格单元界面上的高阶左、右两侧变量进行插值，并使用 minmod 限幅器[128]监测解的局部梯度并控制空间顺序。

$$
\begin{cases}
W_L = W_i + \dfrac{1}{4}\big[(1-\kappa)\,\bar{\nabla} + (1+\kappa)\,\bar{\Delta}\,\big]_i \\[2mm]
W_R = W_{i+1} - \dfrac{1}{4}\big[(1-\kappa)\,\bar{\Delta} + (1+\kappa)\,\bar{\nabla}\,\big]_{i+1} \\[2mm]
\bar{\Delta}_i = \min \operatorname{mod}\big[(W_{i+1}-W_i),\ \beta(W_i - W_{i-1})\big] \\[2mm]
\bar{\nabla}_i = \min \operatorname{mod}\big[(W_i - W_{i-1}),\ \beta(W_{i+1}-W_i)\big] \\[2mm]
\min \operatorname{mod}(x,\ \beta y) = \operatorname{sign}(x)\max\{0,\ \min[x\operatorname{sign}(y),\ \beta y\operatorname{sign}(x)]\}
\end{cases}
\tag{2-22}
$$

其中：

$$
W = [\rho \quad u \quad v \quad w \quad p]^{\mathrm{T}};
$$

$$
\beta = \frac{3-\kappa}{1-\kappa}\,.
$$

当 $\kappa = 1/3$ 时，该公式可产生三阶空间精度。

2.2.3　控制方程的时间推进格式

2.2.3.1　LU‑SGS（Lower‑Upper Symmetric Gauss‑Seidel）推进格式

以 Euler 方程为例，其半离散形式为

$$
\frac{\mathrm{d}U}{\mathrm{d}t} + R_{i,j,k} = \mathbf{0}
\tag{2-23}
$$

式中　$R_{i,j,k} = \dfrac{Q_{i,j,k}}{V_{i,j,k}}$。其中，$Q_{i,j,k}$ 为无黏通量项，等于 $\sum F \cdot \mathrm{d}S$；$V_{i,j,k}$ 为控制体体积。

对式（2‑23）进行时间方向的一阶隐式离散处理，得到

$$
\left(\frac{V_{i,j,k}}{\Delta t}I + \frac{\partial R}{\partial U}\right)\Delta U_{i,j,k} = -R_{i,j,k}
\tag{2-24}
$$

令 A、B、C 为通量项雅克比矩阵沿 i、j、k 3 个方向的分量，则有

$$
\frac{\partial R}{\partial U}(\Delta U_{i,j,k}) = (A\,\Delta U)_{i+\frac{1}{2},j,k} - (A\,\Delta U)_{i-\frac{1}{2},j,k} + (B\,\Delta U)_{i,j+\frac{1}{2},k} - (B\,\Delta U)_{i,j-\frac{1}{2},k} +
$$
$$
(C\,\Delta U)_{i,j,k+\frac{1}{2}} - (C\,\Delta U)_{i,j,k-\frac{1}{2}}
\tag{2-25}
$$

及

$$
\begin{cases}
(A\,\Delta U)_{i+\frac{1}{2},j,k} = A^{+}_{i,j,k}\,\Delta U_{i,j,k} + A^{-}_{i+1,j,k}\,\Delta U_{i+1,j,k} \\[2mm]
(A\,\Delta U)_{i-\frac{1}{2},j,k} = A^{+}_{i-1,j,k}\,\Delta U_{i-1,j,k} + A^{-}_{i,j,k}\,\Delta U_{i,j,k} \\[2mm]
(B\,\Delta U)_{i,j+\frac{1}{2},k} = B^{+}_{i,j,k}\,\Delta U_{i,j,k} + B^{-}_{i,j+1,k}\,\Delta U_{i,j+1,k} \\[2mm]
(B\,\Delta U)_{i,j-\frac{1}{2},k} = B^{+}_{i,j-1,k}\,\Delta U_{i,j-1,k} + B^{-}_{i,j,k}\,\Delta U_{i,j,k} \\[2mm]
(C\,\Delta U)_{i,j,k+\frac{1}{2}} = C^{+}_{i,j,k}\,\Delta U_{i,j,k} + C^{-}_{i,j,k+1}\,\Delta U_{i,j,k+1} \\[2mm]
(C\,\Delta U)_{i,j,k-\frac{1}{2}} = C^{+}_{i,j,k-1}\,\Delta U_{i,j,k-1} + C^{-}_{i,j,k}\,\Delta U_{i,j,k}
\end{cases}
\tag{2-26}
$$

式中，$A^{\pm}$、$B^{\pm}$、$C^{\pm}$ 的构造是为了保证雅克比 (+) 矩阵的特征值非负，而 (一) 矩阵的特征值非正。

以 $A = A^{+} + A^{-}$ 为例，计算如下：

$$A^{\pm} = \frac{1}{2}(A \pm \gamma_A I) \qquad (2-27)$$

式中　$\gamma_A = \max(|\lambda_A|)$，$\lambda_A$ 为雅克比矩阵 A 的特征值。

同理，可以得到雅克比矩阵 B 和 C。将式（2-25）～式（2-27）代入式（2-24）中，得到

$$\left[\left(\frac{V_{i,j,k}}{\Delta t} + \gamma_A + \gamma_B + \gamma_C \right) I + (A^{-}_{i+1,j,k} + B^{-}_{i,j+1,k} + C^{-}_{i,j,k+1}) \right.$$
$$\left. - (A^{+}_{i-1,j,k} + B^{+}_{i,j-1,k} + C^{+}_{i,j,k-1}) \right] \Delta U_{i,j,k} = -R_{i,j,k} \qquad (2-28)$$

整理得到基于 LU 分解的离散方程：

$$(L + D) D^{-1} (D + U) \Delta U_{i,j,k} = -R_{i,j,k}$$

其中：

$$\begin{cases} L = -(A^{+}_{i-1,j,k} + B^{+}_{i,j-1,k} + C^{+}_{i,j,k-1}) \\ D = \left(\dfrac{V_{i,j,k}}{\Delta t} + \gamma_A + \gamma_B + \gamma_C \right) I \\ U = A^{-}_{i+1,j,k} + B^{-}_{i,j+1,k} + C^{-}_{i,j,k+1} \end{cases} \qquad (2-29)$$

2.2.3.2　隐式双时间步推进格式

按照双时间步方法，引入基于伪时间的迭代过程即内迭代。内迭代采用二阶三点后向差分，并考虑到控制体体积随时间的变化，则半离散的流动控制方程可写为

$$V_{i,j,k} \frac{3U^{n+1}_{i,j,k} - 4U^{n}_{i,j,k} + U^{n-1}_{i,j,k}}{2\Delta t} + Q^{n+1}_{i,j,k} = 0 \qquad (2-30)$$

在控制方程左端附加守恒变量的伪时间导数项，即相当于求解如下控制方程：

$$\frac{\partial}{\partial \tau} \int_{V(t)} U dV + \frac{\partial}{\partial t} \int_{V(t)} U dV + \oint_{S(t)} F \cdot dS = 0 \qquad (2-31)$$

式中　τ ——伪时间变量。

引入伪时间的方程的离散形式为

$$V_{i,j,k} \frac{dU_{i,j,k}}{d\tau} + \frac{3V^{n+1}_{i,j,k}U^{n+1}_{i,j,k} - 4V^{n}_{i,j,k}U^{n}_{i,j,k} + V^{n-1}_{i,j,k}U^{n-1}_{i,j,k}}{2\Delta t} + Q^{n+1}_{i,j,k} = 0 \qquad (2-32)$$

令

$$R_{i,j,k} = \frac{1}{V_{i,j,k}} \left(\frac{3V^{n+1}_{i,j,k}U^{n+1}_{i,j,k} - 4V^{n}_{i,j,k}U^{n}_{i,j,k} + V^{n-1}_{i,j,k}U^{n-1}_{i,j,k}}{2\Delta t} + Q^{n+1}_{i,j,k} \right)$$

则

$$\frac{dU_{i,j,k}}{d\tau} + R'_{i,j,k} = 0 \qquad (2-33)$$

应用 LU-SGS 格式到式（2-33）中，得到 LU-SGS-τT 时间推进格式：

$$(\boldsymbol{L}' + \boldsymbol{D}')\,\boldsymbol{D}'^{-1}(\boldsymbol{D}' + \boldsymbol{U}')\Delta\bar{\boldsymbol{U}}_{i,j,k}^* = -\frac{1}{V_{i,j,k}^n}\left(\frac{3V_{i,j,k}^{n+1}\boldsymbol{Q}_{i,j,k}^{n+1} - 4V_{i,j,k}^n\boldsymbol{Q}_{i,j,k}^n + V_{i,j,k}^{n-1}\boldsymbol{Q}_{i,j,k}^{n-1}}{2\Delta t} + \boldsymbol{Q}_{i,j,k}^{n+1}\right)$$

$$(2-34)$$

其中：

$$\boldsymbol{L}' = -\alpha\,(\boldsymbol{A}_{i-1,j,k}^+ + \boldsymbol{B}_{i,j-1,k}^+ + \boldsymbol{C}_{i,j,k-1}^+)$$

$$\boldsymbol{D}' = [3/2 + \alpha\,(\gamma_A + \gamma_B + \gamma_C)\,]\,\boldsymbol{I}$$

$$\boldsymbol{U}' = \alpha\,(\boldsymbol{A}_{i+1,j,k}^- + \boldsymbol{B}_{i,j+1,k}^- + \boldsymbol{C}_{i,j,k+1}^-)$$

$$\alpha = \frac{\Delta t}{V_{i,j,k}^n}$$

2.2.3.3　非定常计算时的几何守恒律

考虑网格运动时，非定常流场控制方程的数值求解涉及网格体积变化率 $\partial V/\partial t$ 的计算。一般来说，为了保证流场求解的精确性，不宜直接用差分方法求解体积。为了保证计算的相容性，引入几何守恒律[129]（Geometric Conservation Law，GCL）对变形网格有限体积进行求解。第 $n+1$ 步时单元的控制体积为

$$V^{n+1} = \frac{4}{3}\,V^n - \frac{1}{3}\,V^{n-1} + \frac{2\Delta t}{3}\oint_S \boldsymbol{V}_b \cdot \mathrm{d}\boldsymbol{S}$$

$$(2-35)$$

式中　$\boldsymbol{V}_b$ ——控制体网格的运动速度，$\boldsymbol{V}_b = \{u_b, \ v_b, \ w_b\}$。

2.3　薄壁结构非线性结构动力学求解技术

2.3.1　二维曲面薄壁结构的非线性有限元模型

2.3.1.1　基于 CR 理论的二维梁转换矩阵

图 2-1 显示了基于 CR（Co-Rotational Formulation，共旋公式）理论的二维梁单元大位移、大转动的变形过程。节点 1 和 2 在总体坐标系中的坐标为（x_1，z_1）和（x_2，z_2），单元在总体坐标系和局部坐标系下的位移矢量定义为

$$\begin{cases} \boldsymbol{d} = [u_1 \quad w_1 \quad \theta_1 \quad u_2 \quad w_2 \quad \theta_2\,]^{\mathrm{T}} \\ \boldsymbol{d}_l = [\bar{u} \quad \bar{\theta}_1 \quad \bar{\theta}_2\,]^{\mathrm{T}} \end{cases}$$

$$(2-36)$$

由图 2-1 可以得到如下几何关系：

$$\begin{cases} \bar{u} = l_c - l_0 \\ \bar{\theta}_1 = \theta_1 - \alpha \\ \bar{\theta}_2 = \theta_2 - \alpha \end{cases}$$

$$(2-37)$$

式中　l_0、l_c 和 α ——变形前后的单元长度和变形转角。

$$\begin{cases} l_0 = \sqrt{l_x^2 + l_z^2} \\ l_c = \sqrt{(l_x + u_2 - u_1)^2 + (l_z + w_2 - w_1)^2} \\ \alpha = \beta - \beta_0 \end{cases}$$

$$(2-38)$$

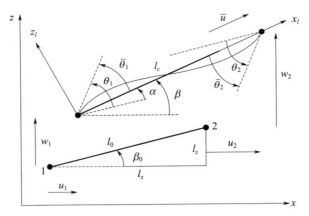

图 2 - 1　基于 CR 理论的二维梁的变形

其中，β_0 和 β 由下式确定：

$$\begin{cases} \tan\beta_0 = \dfrac{l_z}{l_x} \\[3mm] \tan\beta = \dfrac{(l_z + w_2 - w_1)}{(l_x + u_2 - u_1)} \end{cases} \tag{2-39}$$

对式（2-37）求微分，并代入式（2-38），同时假设 $c = \cos\beta$，$s = \sin\beta$，可得

$$\begin{cases} \delta\bar{u} = c(\delta u_2 - \delta u_1) + s(\delta w_2 - \delta w_1) = \begin{bmatrix} -c & -s & 0 & c & s & 0 \end{bmatrix}\delta\boldsymbol{d} \\ \delta\bar{\theta}_1 = \delta\theta_1 - \delta\alpha = \delta\theta_1 - \delta\beta \\ \delta\bar{\theta}_2 = \delta\theta_2 - \delta\alpha = \delta\theta_2 - \delta\beta \end{cases} \tag{2-40}$$

对式（2-39）求微分，并利用式（2-38）和式（2-39）推导化简，可得

$$\delta\beta = \frac{1}{l_c}\begin{bmatrix} s & -c & 0 & -s & c & 0 \end{bmatrix}\delta\boldsymbol{d} \tag{2-41}$$

将式（2-41）代入式（2-40）中，得

$$\delta\boldsymbol{d}_l = \boldsymbol{T}\delta\boldsymbol{d} \tag{2-42}$$

其中：

$$\boldsymbol{T} = \begin{bmatrix} -c & -s & 0 & c & s & 0 \\[2mm] \dfrac{-s}{l_c} & \dfrac{c}{l_c} & 1 & \dfrac{s}{l_c} & \dfrac{-c}{l_c} & 0 \\[3mm] \dfrac{-s}{l_c} & \dfrac{c}{l_c} & 0 & \dfrac{s}{l_c} & \dfrac{-c}{l_c} & 1 \end{bmatrix} \tag{2-43}$$

是总体坐标系与局部坐标系之间的转换矩阵。

2.3.1.2　单元内力推导

局部坐标系下和总体坐标系下的内力定义为

$$\begin{cases} \boldsymbol{f}_l = \begin{bmatrix} \bar{N} & \bar{M}_1 & \bar{M}_2 \end{bmatrix}^{\mathrm{T}} \\ \boldsymbol{F}_i = \begin{bmatrix} X_1 & Z_1 & M_1 & X_2 & Z_2 & M_2 \end{bmatrix}^{\mathrm{T}} \end{cases} \tag{2-44}$$

假设材料仍为线性关系，则可以用局部位移的线性关系描述局部坐标系下的内力为

$$
\begin{cases}
\bar{N} = \dfrac{EA}{l_c} \cdot \bar{u} \\[2mm]
\bar{M}_1 = \dfrac{EI_z}{l_c} \cdot (4\,\bar{\theta}_1 + 2\,\bar{\theta}_2) \\[2mm]
\bar{M}_2 = \dfrac{EI_z}{l_c} \cdot (2\,\bar{\theta}_1 + 4\,\bar{\theta}_2)
\end{cases}
\tag{2-45}
$$

式中　E——弹性模量；

　　　A——二维梁的截面积；

　　　I_z——二维梁的转动惯量。

通过虚功原理可以得到两者之间的关系为

$$
\boldsymbol{F}_i = \boldsymbol{T}^{\mathrm{T}} \boldsymbol{f}_l
\tag{2-46}
$$

2.3.1.3　切线刚度矩阵

定义在总体坐标系下的切线刚度矩阵为 $\boldsymbol{K}_t$，有

$$
\delta \boldsymbol{F}_i = \boldsymbol{K}_t \delta \boldsymbol{d}
\tag{2-47}
$$

对式（2-46）求微分，可得

$$
\delta \boldsymbol{F}_i = \boldsymbol{T}^{\mathrm{T}} \delta \boldsymbol{f}_l + \boldsymbol{f}_l^{\mathrm{T}} \delta \boldsymbol{T} = \boldsymbol{T}^{\mathrm{T}} \delta \boldsymbol{f}_l + \bar{N} \delta \boldsymbol{T}_1 + \bar{M}_1 \delta \boldsymbol{T}_2 + \bar{M}_2 \delta \boldsymbol{T}_3
\tag{2-48}
$$

式中　$\boldsymbol{T}_1$、$\boldsymbol{T}_2$ 和 $\boldsymbol{T}_3$——转换矩阵 $\boldsymbol{T}$ 的 3 个行向量。

设

$$
\begin{cases}
\boldsymbol{r} = \begin{bmatrix} -c & -s & 0 & c & s & 0 \end{bmatrix}^{\mathrm{T}} \\[1mm]
\boldsymbol{p} = \begin{bmatrix} s & -c & 0 & -s & c & 0 \end{bmatrix}^{\mathrm{T}}
\end{cases}
\tag{2-49}
$$

则 $\boldsymbol{T}_1$、$\boldsymbol{T}_2$ 和 $\boldsymbol{T}_3$ 可以表示为

$$
\begin{cases}
\boldsymbol{T}_1 = \boldsymbol{r}^{\mathrm{T}} \\[2mm]
\boldsymbol{T}_2 = -\dfrac{\boldsymbol{p}^{\mathrm{T}}}{l_c} + \begin{bmatrix} 0 & 0 & 1 & 0 & 0 & 0 \end{bmatrix} \\[2mm]
\boldsymbol{T}_3 = -\dfrac{\boldsymbol{p}^{\mathrm{T}}}{l_c} + \begin{bmatrix} 0 & 0 & 0 & 0 & 0 & 1 \end{bmatrix}
\end{cases}
\tag{2-50}
$$

对式（2-49）微分，得到

$$
\begin{cases}
\delta \boldsymbol{r} = \boldsymbol{p} \delta \beta \\[1mm]
\delta \boldsymbol{p} = -\boldsymbol{r} \delta \beta
\end{cases}
\tag{2-51}
$$

联立式（2-50）和式（2-51），有

$$
\begin{cases}
\delta \boldsymbol{T}_1 = \delta \boldsymbol{r}^{\mathrm{T}} = \dfrac{(\boldsymbol{p}\,\boldsymbol{p}^{\mathrm{T}})}{l_c} \delta \boldsymbol{d} \\[3mm]
\delta \boldsymbol{T}_2 = \delta \boldsymbol{T}_3 = \dfrac{1}{l_c^2} (\boldsymbol{r}\,\boldsymbol{p}^{\mathrm{T}} + \boldsymbol{p}\,\boldsymbol{r}^{\mathrm{T}}) \delta \boldsymbol{d}
\end{cases}
\tag{2-52}
$$

将式（2-49）~式（2-51）代入式（2-48）右端第二项中，可得

$$
\boldsymbol{f}_l^{\mathrm{T}} \delta \boldsymbol{T} = \left[\dfrac{(\boldsymbol{p}\,\boldsymbol{p}^{\mathrm{T}})}{l_c} \bar{N} + \dfrac{1}{l_c^2} (\boldsymbol{r}\,\boldsymbol{p}^{\mathrm{T}} + \boldsymbol{p}\,\boldsymbol{r}^{\mathrm{T}}) (\bar{M}_1 + \bar{M}_2) \right] \delta \boldsymbol{d}
\tag{2-53}
$$

由于在局部坐标系中满足小应变-小位移关系，用线性弹性结构关系表示为

$$\delta \boldsymbol{f}_l = \boldsymbol{K}_l \delta \boldsymbol{d}_l = \boldsymbol{K}_l \boldsymbol{T} \delta \boldsymbol{d} \tag{2-54}$$

式中　　$\boldsymbol{K}_l$——局部坐标下的单元线性刚度矩阵。

将式（2-53）代入式（2-48）中，并利用式（2-44）和式（2-54），得到式（2-47）中总体坐标系下的切线刚度矩阵为

$$\boldsymbol{K}_t = \boldsymbol{K}_{tl} + \boldsymbol{K}_{t\sigma} = \boldsymbol{T}^{\mathrm{T}} \boldsymbol{K}_l \boldsymbol{T} + \left[\frac{\bar{N}}{l_c} \boldsymbol{p}\, \boldsymbol{p}^{\mathrm{T}} + \frac{(\bar{M}_1 + \bar{M}_2)}{l_c^2} (\boldsymbol{r}\, \boldsymbol{p}^{\mathrm{T}} + \boldsymbol{p}\, \boldsymbol{r}^{\mathrm{T}}) \right] \tag{2-55}$$

式中　　$\boldsymbol{K}_{tl}$——线弹性刚度矩阵；

　　　　$\boldsymbol{K}_{t\sigma}$——几何刚度矩阵；

　　　　$\boldsymbol{K}_l$——对应的自由度为 $\bar{u}$、$\bar{\theta}_1$、$\bar{\theta}_2$ 的传统线性二维梁单元的刚度矩阵，有

$$\boldsymbol{K}_l = \begin{bmatrix} \dfrac{EA}{l_c} & 0 & 0 \\[2mm] 0 & \dfrac{4E\,I_z}{l_c} & \dfrac{1E\,I_z}{l_c} \\[2mm] 0 & \dfrac{2E\,I_z}{l_c} & \dfrac{4E\,I_z}{l_c} \end{bmatrix} \tag{2-56}$$

将式（2-56）代入式（2-55）中，设 $\bar{A} = \dfrac{EA}{l_c}$，$\bar{B} = \dfrac{12E\,I_z}{l_c^3}$，$\bar{C} = \dfrac{6E\,I_z}{l_c^2}$，$\bar{D} = \dfrac{4E\,I_z}{l_c^2}$，则

$$\boldsymbol{K}_{tl} = \begin{bmatrix} \bar{A}\,c^2 + \bar{B}\,s^2 & & & & & \\ \bar{A}\,sc - \bar{B}\,sc & \bar{A}\,s^2 + \bar{B}\,c^2 & & & & \\ -\bar{C}\,s & \bar{C}\,c & \bar{D} & & & \\ -\bar{A}\,c^2 - \bar{B}\,s^2 & -\bar{A}\,sc + \bar{B}\,sc & \bar{C}\,s & \bar{A}\,c^2 + \bar{B}\,s^2 & & \\ -\bar{A}\,sc + \bar{B}\,sc & -\bar{A}\,s^2 - \bar{B}\,c^2 & -\bar{C}\,c & \bar{A}\,sc - \bar{B}\,sc & \bar{A}\,s^2 + \bar{B}\,c^2 & \\ -\bar{C}\,s & \bar{C}\,c & \dfrac{1}{2}\bar{D} & \bar{C}\,s & -\bar{C}\,c & \bar{D} \end{bmatrix} \tag{2-57}$$

设 $Q_1 = \dfrac{\bar{N}}{l_c}$，$Q_2 = \dfrac{(\bar{M}_1 + \bar{M}_2)}{l_c^2}$，则几何刚度矩阵的表达式为

$$\boldsymbol{K}_{t\sigma} = \begin{bmatrix} Q_1\,s^2 - 2Q_2 sc & & & & & \\ -Q_1 sc - Q_2(s^2 - c^2) & Q_1\,c^2 + 2Q_2 sc & & & & \\ 0 & 0 & 0 & 0 & & \\ -Q_1\,s^2 + 2Q_2 sc & Q_1 sc + Q_2(s^2 - c^2) & 0 & Q_1\,s^2 - 2Q_2 sc & & \\ Q_1 sc + Q_2(s^2 - c^2) & -Q_1\,c^2 - 2Q_2 sc & 0 & -Q_1 sc - Q_2(s^2 - c^2) & Q_1\,c^2 + 2Q_2 sc & \\ 0 & 0 & 0 & 0 & 0 & 0 \end{bmatrix} \tag{2-58}$$

2.3.2　三维复合材料薄壁结构的非线性有限元模型

2.3.2.1　曲面壁板壳元的几何方程

以有限元的壳元为基础，薄壁结构的中面变形可以看作薄膜变形和弯曲变形相互耦合的结果，在选择其结构场变量时，需同时考虑位移量和转动量。为了更好地描述其应力应变状态，在分析时，还需引入一阶剪切变形（Mindlin‐Reissner 剪切变形理论）假设，即板壳结构中面的法线在结构变形后仍保持直线，但不一定再垂直于变形后的结构中面。考虑横向剪切变形的影响，并假设横向剪切应变沿板壳厚度方向为常数。复合材料中，曲面壁板结构单元以三角形壳元为基础，其结合了 TMT 板元[130]（Timoshenko‐Mindlin Triangle Plate Bending Element）和 OPT 膜元[131]（Optimal Triangle Membrane Element）。该类型单元的结构变形量包括位移和转动，并且可以避免剪切锁死。图 2‐2 所示为复合材料薄壁结构，其中 (X, Y, Z) 为单元参考坐标系，(L, T) 为铺层材料参考坐标系。

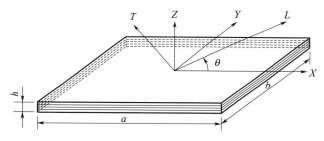

图 2‐2　复合材料薄壁结构

壳元节点位移有如下表达形式：

$$\begin{cases} u = u_0 - z \dfrac{\partial w_0}{\partial x} \\[2mm] v = v_0 - z \dfrac{\partial w_0}{\partial y} \\[2mm] w = w_0 \end{cases} \tag{2-59}$$

式中　u_0——中面上节点沿 X 方向的位移；

v_0——中面上节点沿 Y 方向的位移；

w_0——中面上节点沿 Z 方向的位移。

壳元的非线性几何方程为

$$
\left\{
\boldsymbol{\varepsilon} =
\begin{Bmatrix}
\dfrac{\partial u_0}{\partial x} - z\, \dfrac{\partial^2 w_0}{\partial x} \\[2mm]
\dfrac{\partial v_0}{\partial y} - z\, \dfrac{\partial^2 w_0}{\partial y} \\[2mm]
\left(\dfrac{\partial u_0}{\partial y} + \dfrac{\partial v_0}{\partial x}\right) - 2z\, \dfrac{\partial^2 w_0}{\partial x \partial y}
\end{Bmatrix}
=
\begin{Bmatrix}
\varepsilon_x \\ \varepsilon_y \\ \gamma_{xy}
\end{Bmatrix}
=
\begin{Bmatrix}
\varepsilon_x^0 \\ \varepsilon_y^0 \\ \gamma_{xy}^0
\end{Bmatrix}
+ z
\begin{Bmatrix}
\kappa_x^0 \\ \kappa_y^0 \\ \kappa_{xy}^0
\end{Bmatrix}
= \boldsymbol{\varepsilon}_0 + z\boldsymbol{\kappa}
\right.
$$

$$(2-60)$$

$$
\boldsymbol{\gamma}_z =
\begin{Bmatrix}
\dfrac{\partial w_0}{\partial x} + \theta_x \\[2mm]
\dfrac{\partial w_0}{\partial y} + \theta_y
\end{Bmatrix}
=
\begin{Bmatrix}
\gamma_{xz} \\ \gamma_{yz}
\end{Bmatrix}
$$

其中，$\boldsymbol{\varepsilon}_0$ 包含薄膜应变，$\boldsymbol{\kappa}$ 和 $\boldsymbol{\gamma}_z$ 包含弯曲应变，可进一步整理为

$$
\begin{cases}
\boldsymbol{\varepsilon}_0 = \boldsymbol{B}_m \boldsymbol{a}_m \\
\boldsymbol{\kappa} = \boldsymbol{B}_b \boldsymbol{a}_b \\
\boldsymbol{\gamma}_z = \boldsymbol{B}_s \boldsymbol{a}_b
\end{cases}
$$

$$(2-61)$$

式中　$\boldsymbol{B}_m$——薄膜应变矩阵；

　　　$\boldsymbol{B}_b$——弯曲应变矩阵；

　　　$\boldsymbol{B}_s$——横向剪切应变矩阵；

　　　$\boldsymbol{a}_m$——OPT 单元位移向量；

　　　$\boldsymbol{a}_b$——TMT 单元位移向量。

OPT 单元位移向量 $\boldsymbol{a}_m$ 表达式为

$$
\boldsymbol{a}_m = \{u_1 \quad v_1 \quad \theta_{z1} \quad u_2 \quad v_2 \quad \theta_{z2} \quad u_3 \quad v_3 \quad \theta_{z3}\}^{\mathrm{T}}
$$

TMT 单元位移向量 $\boldsymbol{a}_b$ 表达式为

$$
\boldsymbol{a}_b = \{w_1 \quad \theta_{x1} \quad \theta_{y1} \quad w_2 \quad \theta_{x2} \quad \theta_{y2} \quad w_3 \quad \theta_{x2} \quad \theta_{y3}\}^{\mathrm{T}}
$$

2.3.2.2　单元局部坐标系中复合材料曲面壁板壳元的刚度矩阵

任一单层在材料参考坐标系下的偏轴应力-应变关系[132]为

$$
\begin{cases}
\begin{Bmatrix}
\sigma_x \\ \sigma_y \\ \tau_{xy}
\end{Bmatrix}_{\mathrm{lam}}
=
\begin{Bmatrix}
Q_{11} & Q_{12} & Q_{16} \\
\bar{Q}_{12} & Q_{22} & Q_{26} \\
Q_{16} & Q_{26} & Q_{66}
\end{Bmatrix}^k
\begin{Bmatrix}
\varepsilon_x \\ \varepsilon_y \\ \gamma_{xy}
\end{Bmatrix}_{\mathrm{lam}}
= \boldsymbol{Q}_m^k
\begin{Bmatrix}
\varepsilon_x \\ \varepsilon_y \\ \gamma_{xy}
\end{Bmatrix}_{\mathrm{lam}} \\[6mm]
\begin{Bmatrix}
\tau_{xz} \\ \tau_{yz}
\end{Bmatrix}_{\mathrm{lam}}
=
\begin{bmatrix}
Q_{55} & Q_{45} \\
Q_{45} & Q_{44}
\end{bmatrix}^k
\begin{Bmatrix}
\gamma_{xz} \\ \gamma_{yz}
\end{Bmatrix}_{\mathrm{lam}}
= \boldsymbol{Q}_s^k
\begin{Bmatrix}
\gamma_{xz} \\ \gamma_{yz}
\end{Bmatrix}_{\mathrm{lam}}
\end{cases}
$$

$$(2-62)$$

式中　σ——正应力；

　　　τ——切向应力；

　　　k——单层编号；

　　　lam——单层材料参考坐标系；

　　　$\boldsymbol{Q}_m^k$、$\boldsymbol{Q}_s^k$——单层刚度矩阵，分别为薄膜弯曲耦合单层刚度矩阵，横向剪切单层刚度矩阵。

单元局部坐标系下的单层本构方程可写为

$$
\left\{
\begin{aligned}
&\left\{\begin{array}{c}\sigma_x \\ \sigma_y \\ \tau_{xy}\end{array}\right\}_{\text{loc}}^{k} = \boldsymbol{T}_\sigma \boldsymbol{Q}_m^k \boldsymbol{T}_\sigma^{\mathrm{T}} \left\{\begin{array}{c}\varepsilon_x \\ \varepsilon_y \\ \gamma_{xy}\end{array}\right\}_{\text{loc}}^{k} \\
&\left\{\begin{array}{c}\tau_{xz} \\ \tau_{yz}\end{array}\right\}_{\text{loc}}^{k} = \boldsymbol{T}_\tau \boldsymbol{Q}_s^k \boldsymbol{T}_\tau^{\mathrm{T}} \left\{\begin{array}{c}\gamma_{xz} \\ \gamma_{yz}\end{array}\right\}_{\text{loc}}^{k}
\end{aligned}
\right.
\tag{2-63}
$$

式中　k ——单层编号；

　　　loc——单元局部坐标系；

　　　$\boldsymbol{T}_\sigma$、$\boldsymbol{T}_\tau$ ——单层材料参考坐标系与单元局部坐标系之间的转换矩阵，由材料纤维

　　　　　　方向与单层材料参考坐标系 L 轴夹角决定。

单元局部坐标系内，所有单层的合力、合力矩如下：

$$
\left\{
\begin{aligned}
&\boldsymbol{N}_e = \left\{\begin{array}{c}N_x \\ N_y \\ N_{xy}\end{array}\right\} = \sum_{k=1}^{n} \int_{h_{k-1}}^{h_k} \left\{\begin{array}{c}\sigma_x \\ \sigma_y \\ \tau_{xy}\end{array}\right\}_{\text{loc}}^{k} \mathrm{d}z \\
&\boldsymbol{M}_e = \left\{\begin{array}{c}M_x \\ M_y \\ M_{xy}\end{array}\right\} = \sum_{k=1}^{n} \int_{h_{k-1}}^{h_k} \left\{\begin{array}{c}\sigma_x \\ \sigma_y \\ \tau_{xy}\end{array}\right\}_{\text{loc}}^{k} z\,\mathrm{d}z \\
&\boldsymbol{Q}_e = \left\{\begin{array}{c}Q_x \\ Q_y\end{array}\right\} = \sum_{k=1}^{n} \int_{h_{k-1}}^{h_k} \left\{\begin{array}{c}\tau_{xz} \\ \tau_{yz}\end{array}\right\}_{\text{loc}}^{k} \mathrm{d}z
\end{aligned}
\right.
\tag{2-64}
$$

式中　n ——壁板层数；

　　　h_k ——第 k 单层的厚度；

　　　z ——单元局部坐标系下厚度方向坐标。

整理式（2-64），得到

$$
\left\{\begin{array}{c}\boldsymbol{N}_e \\ \boldsymbol{M}_e \\ \boldsymbol{Q}_e\end{array}\right\} = \left[\begin{array}{ccc}\boldsymbol{A} & \boldsymbol{B} & \boldsymbol{0} \\ \boldsymbol{B} & \boldsymbol{D} & \boldsymbol{0} \\ \boldsymbol{0} & \boldsymbol{0} & \boldsymbol{C}_s\end{array}\right] \left\{\begin{array}{c}\boldsymbol{\varepsilon}_0 \\ \boldsymbol{\kappa} \\ \boldsymbol{\gamma}_z\end{array}\right\}
\tag{2-65}
$$

其中：

$$
\boldsymbol{A} = \sum_{k=1}^{n} \boldsymbol{T}_\sigma \boldsymbol{Q}_m^k \boldsymbol{T}_\sigma^{\mathrm{T}} (h_k - h_{k-1})
$$

$$
\boldsymbol{B} = \frac{1}{2} \sum_{k=1}^{n} \boldsymbol{T}_\sigma \boldsymbol{Q}_m^k \boldsymbol{T}_\sigma^{\mathrm{T}} (h_k^2 - h_{k-1}^2)
$$

$$
\boldsymbol{D} = \frac{1}{3} \sum_{k=1}^{n} \boldsymbol{T}_\sigma \boldsymbol{Q}_m^k \boldsymbol{T}_\sigma^{\mathrm{T}} (h_k^3 - h_{k-1}^3)
$$

$$
\boldsymbol{C}_s = \sum_{k=1}^{n} \boldsymbol{T}_\tau \boldsymbol{Q}_s^k \boldsymbol{T}_\tau^{\mathrm{T}} (h_k - h_{k-1})
$$

故单元局部坐标系中复合材料曲面壁板壳元的刚度矩阵为

$$K_l = \begin{bmatrix} \int_A B_m^T A B_m \, dA & \int_A B_m^T A B_b \, dA \\ \int_A B_b^T A B_m \, dA & \int_A B_b^T D B_b \, dA + \int_A B_s^T C_s B_s \, dA \end{bmatrix} \qquad (2-66)$$

式中　积分域 dA ——曲面壁板单元中面的面积。

局部坐标系下的位移和载荷以如下形式表述：

$$d_l = [u_1^T \quad \theta_1^T \quad u_2^T \quad \theta_2^T \quad u_3^T \quad \theta_3^T]^T$$

$$f_l = [F_1^T \quad M_1^T \quad F_2^T \quad M_2^T \quad F_3^T \quad M_3^T]^T$$

其中：

$$u_i^T = [u_i \quad v_i \quad w_i] \quad i = 1, 2, 3$$

$$\theta_i^T = [\theta_{xi} \quad \theta_{yi} \quad \theta_{zi}] = \frac{1}{2}[R_{32} - R_{23} \quad R_{13} - R_{31} \quad R_{21} - R_{12}] \quad i = 1, 2, 3$$

其中 R 的定义见 2.3.2.3 节。

则在局部坐标系下载荷和单元位移的线性关系如下：

$$f_l = K_l d_l \qquad (2-67)$$

式中　　K_l ——线性壳元的局部刚度矩阵。

2.3.2.3　壁板壳元的几何非线性描述方式

图 2-3 展示了基于 CR 理论[133-134]的三角形壳元结构大位移、大转动的变形过程。变形前，局部坐标系原点取在壳元几何形心上，其方位向量的正交矩阵为

$$R_0 = [e_1 \quad e_2 \quad e_3] \qquad (2-68)$$

式中　　e ——3 个坐标轴的方位矢量。

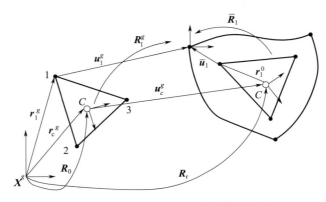

图 2-3　公旋坐标系下的壳元结构变形

壳元刚体运动部分由质心平动和绕质心的转动组成。质心平动位移为 u_c^g，壳元绕质心的转动变换矩阵为 R_r。

壳元的结构变形可以通过 3 节点的变形量来描述，u_i 为节点位移，R_i 为节点转动变换矩阵。

表示局部坐标系下壳元结构大位移、大转动、小变形过程的位移量和转动量分别为

$$u_i = R_r^{\mathrm{T}}(r_i^g + u_i^g - r_c^g - u_c^g) - r_i^0 \quad i = 1,2,3 \tag{2-69}$$

$$R_i = R_r^{\mathrm{T}} R_i^g R_0 \quad i = 1,2,3 \tag{2-70}$$

式中　r_i^0——总体坐标系下壳元变形前几何形心至节点的矢量;

　　　r_c^g——总体坐标系下壳元变形前几何形心位置矢量;

　　　u_c^g——总体坐标系下壳元变形过程的几何形心的位移矢量;

　　　r_i^g——总体坐标系下壳元变形前节点位置矢量;

　　　u_i^g——总体坐标系下壳元变形过程的节点位移矢量;

　　　R_r^{T}——总体坐标系下矢量到局部坐标系下的矢量的转换矩阵。

2.3.2.4　总体坐标系下壁板壳元的切线刚度矩阵

采用参数化的描述空间角度变化的方法,将旋转矢量由轴矢量表示,任意的有限旋转可以由沿轴矢量（L）的唯一角度 ψ 来描述,如图 2-4 所示。

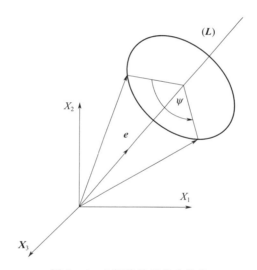

图 2-4　空间旋转量的参数化

定义节点的总体旋转矩阵[135]为

$$R_i^g = \exp(\tilde{\psi}_i) = I + \frac{\sin(\psi)}{\psi}\tilde{\psi}_i + \frac{1}{2}\left[\frac{\sin\left(\dfrac{\psi}{2}\right)}{\dfrac{\psi}{2}}\right]^2 \tilde{\psi}_i \tag{2-71}$$

其中,转动角度 ψ 的反对称矩阵 $\tilde{\psi}$ 形式为

$$\tilde{\psi} = \begin{bmatrix} 0 & -q_3 & q_2 \\ q_3 & 0 & -q_1 \\ -q_2 & q_1 & 0 \end{bmatrix} \tag{2-72}$$

式中　　q_1、q_2、q_3——是 $\boldsymbol{\psi}=e\psi$ 的三个分量，$|\boldsymbol{\psi}|=\sqrt{q_1^2+q_2^2+q_3^2}$。

则节点变形的转动角度增量和旋转向量之间的关系为

$$\delta\boldsymbol{\theta}_i^g=\boldsymbol{T}_m(\boldsymbol{\psi}_i)\delta\boldsymbol{\psi}_i \tag{2-73}$$

其中，转换矩阵 $\boldsymbol{T}_m(\boldsymbol{\psi}_i)$ 的表达式为

$$\boldsymbol{T}_m(\boldsymbol{\psi}_i)=(\boldsymbol{R}_i^g+\boldsymbol{I})/\sqrt{1-(q_1^2+q_2^2+q_3^2)} \tag{2-74}$$

总体坐标系下的位移和载荷可定义为

$$\boldsymbol{d}_g=[\boldsymbol{u}_{g1}^{\mathrm{T}}\quad\boldsymbol{\theta}_{g1}^{\mathrm{T}}\quad\boldsymbol{u}_{g2}^{\mathrm{T}}\quad\boldsymbol{\theta}_{g2}^{\mathrm{T}}\quad\boldsymbol{u}_{g3}^{\mathrm{T}}\quad\boldsymbol{\theta}_{g3}^{\mathrm{T}}]^{\mathrm{T}} \tag{2-75}$$

$$\boldsymbol{F}_g=[\boldsymbol{F}_{g1}^{\mathrm{T}}\quad\boldsymbol{M}_{g1}^{\mathrm{T}}\quad\boldsymbol{F}_{g2}^{\mathrm{T}}\quad\boldsymbol{M}_{g2}^{\mathrm{T}}\quad\boldsymbol{F}_{g3}^{\mathrm{T}}\quad\boldsymbol{M}_{g3}^{\mathrm{T}}]^{\mathrm{T}} \tag{2-76}$$

微分局部坐标系下的位移-载荷方程（2-67）并根据几何关系，可以得到总体坐标系和局部坐标系之间的载荷变换关系：

$$\boldsymbol{F}_g=\boldsymbol{T}_g^{\mathrm{T}}\boldsymbol{f}_l \tag{2-77}$$

其中，变换矩阵 $\boldsymbol{T}_g=\boldsymbol{P}\boldsymbol{E}^{\mathrm{T}}$ 的展开形式如下：

$$\boldsymbol{P}=\begin{bmatrix}\partial\bar{\boldsymbol{u}}_i/\partial\boldsymbol{u}_{ei} & \partial\bar{\boldsymbol{u}}_i/\partial\boldsymbol{\theta}_{ei} \\ \partial\boldsymbol{\theta}_{er}/\partial\boldsymbol{u}_{ei} & \partial\boldsymbol{\theta}_{er}/\partial\boldsymbol{\theta}_{ei}\end{bmatrix}$$

$$\begin{cases}\delta\boldsymbol{u}_{ei}=\boldsymbol{R}_r^{\mathrm{T}}\delta\boldsymbol{u}_i^g \\ \delta\boldsymbol{\theta}_{ei}=\delta\bar{\boldsymbol{\theta}}_i+\delta\boldsymbol{\theta}_{er} \\ \delta\boldsymbol{\theta}_{er}=[-\boldsymbol{e}_2^{\mathrm{T}}\delta\boldsymbol{e}_3\quad\boldsymbol{e}_1^{\mathrm{T}}\delta\boldsymbol{e}_3\quad\boldsymbol{e}_2^{\mathrm{T}}\delta\boldsymbol{e}_1]^{\mathrm{T}}\end{cases}$$

及

$$\boldsymbol{E}=\mathrm{diag}(\boldsymbol{R}_r,\boldsymbol{R}_r,\boldsymbol{R}_r,\boldsymbol{R}_r,\boldsymbol{R}_r,\boldsymbol{R}_r)$$

以上所得到的载荷和变换矩阵均是通过空间角度增量计算的，下面给出以旋转矢量表述的形式。定义相应的位移和载荷为

$$\boldsymbol{d}_e=[\boldsymbol{u}_1^{\mathrm{T}}\quad\boldsymbol{\psi}_1^{\mathrm{T}}\quad\boldsymbol{u}_2^{\mathrm{T}}\quad\boldsymbol{\psi}_2^{\mathrm{T}}\quad\boldsymbol{u}_3^{\mathrm{T}}\quad\boldsymbol{\psi}_3^{\mathrm{T}}]^{\mathrm{T}} \tag{2-78}$$

$$\boldsymbol{F}_e=[\boldsymbol{F}_1^{\mathrm{T}}\quad\boldsymbol{M}_1^{\mathrm{T}}\quad\boldsymbol{F}_2^{\mathrm{T}}\quad\boldsymbol{M}_2^{\mathrm{T}}\quad\boldsymbol{F}_3^{\mathrm{T}}\quad\boldsymbol{M}_3^{\mathrm{T}}]^{\mathrm{T}} \tag{2-79}$$

根据虚功原理，可得到上述载荷为

$$\boldsymbol{F}_e=\boldsymbol{B}_g^{\mathrm{T}}\boldsymbol{F}_g=\boldsymbol{T}^{\mathrm{T}}\boldsymbol{f}_l \tag{2-80}$$

其中，载荷变换矩阵的展开形式为

$$\begin{aligned}\boldsymbol{T}&=\boldsymbol{T}_g\boldsymbol{B}_g \\ \boldsymbol{B}_g&=\mathrm{diag}[\boldsymbol{I}_3,\boldsymbol{T}_m(\boldsymbol{\psi}_1),\boldsymbol{I}_3,\boldsymbol{T}_m(\boldsymbol{\psi}_2),\boldsymbol{I}_3,\boldsymbol{T}_m(\boldsymbol{\psi}_3)]\end{aligned} \tag{2-81}$$

对上述方程微分，即可得到总体坐标系下的对应参数化描述方法的壁板壳元切线刚度矩阵，其表达式为

$$\boldsymbol{K}_{te}=\boldsymbol{T}^{\mathrm{T}}\boldsymbol{K}_l\boldsymbol{T}+\boldsymbol{K}_{\sigma m} \tag{2-82}$$

其中：

$$\begin{cases}\boldsymbol{K}_{\sigma m}=\mathrm{diag}(\boldsymbol{0}_3,\boldsymbol{K}_{\sigma m1},\boldsymbol{0}_3,\boldsymbol{K}_{\sigma m2},\boldsymbol{0}_3,\boldsymbol{K}_{\sigma m3}) \\ \boldsymbol{K}_{\sigma mi}=\partial\boldsymbol{T}_m^{\mathrm{T}}\dfrac{(\boldsymbol{M}_i)}{\partial\boldsymbol{\psi}_i}\quad i=1,2,3\end{cases} \tag{2-83}$$

2.3.3　非线性结构动力学求解技术

结构动力学方程可以表示如下：

$$M\ddot{d} + C\dot{d} + Kd = F_e \tag{2-84}$$

式中　M ——质量矩阵；

　　　　C ——阻尼矩阵；

　　　　K ——刚度矩阵；

　　　　F_e ——物体承受的所有外力；

　　　　$\ddot{d}$、$\dot{d}$、d ——物体运动的加速度、速度和位移。

非线性结构的动力学平衡方程为

$$M\ddot{d} + C\dot{d} + F_i = F_e \tag{2-85}$$

由此，在忽略阻尼的情况下，在第 $n+1$ 时间步，整个壁板上基于有限元模型的结构动力学方程为

$$M\ddot{d}_{n+1} + F_{i,n+1} - F_{e,n+1} = 0 \tag{2-86}$$

式中　M ——壁板总体质量矩阵；

　　　　$F_{i,n+1}$ ——总的内部载荷；

　　　　$F_{e,n+1}$ ——总的外部载荷；

　　　　$\ddot{d}_{n+1}$ ——节点加速度矢量。

第 n 步和第 $n+1$ 步内部载荷和节点变形增量之间的关系为

$$F_{i,n+1} = F_{i,n} + K_{T,n}\Delta d \tag{2-87}$$

式中　$K_{T,n}$ ——第 n 时间步壁板切线刚度矩阵；

　　　　Δd ——由 n 时间步到 $n+1$ 时间步节点变形增量。

将式（2-87）代入式（2-86），得到壁板结构动力学方程：

$$M\ddot{d}_{n+1} + K_{T,n}\Delta d = F_{e,n+1} - F_{i,n} \tag{2-88}$$

引入预估-校正的子迭代步，采用 Newmark 方法求解上述壁板结构动力学方程。其基本步骤如下：

1）计算初值 d_0、$\dot{d}_0$、$\ddot{d}_0$；

2）计算局部坐标系下的刚度矩阵、质量矩阵及单元内力 f_i；

3）计算转换矩阵 T，组装总体切线刚度矩阵 $K_{T,n}$、质量矩阵 M 和节点内力 $F_{i,n}$；

4）Newmark 方法子迭代；

5）得到下一时刻的节点位移、速度、加速度；

6）判断是否满足收敛标准，否则返回第 2）步继续计算。

含有预估-校正的 Newmark 子迭代步骤如下：

1）预估步。初始变形增量由下式确定：

$$\hat{\boldsymbol{K}}_n \Delta \boldsymbol{d} = \hat{\boldsymbol{R}}_{n+1} \tag{2-89}$$

式中　$\hat{\boldsymbol{K}}_n$——等效刚度矩阵；

　　　$\hat{\boldsymbol{R}}_{n+1}$——等效载荷矩阵。

　　$\hat{\boldsymbol{K}}_n$ 和 $\hat{\boldsymbol{R}}_{n+1}$ 表达式如下：

$$\begin{cases} \hat{\boldsymbol{K}}_n = a_0 \boldsymbol{M} + \boldsymbol{K}_{T,n} \\ \hat{\boldsymbol{R}}_{n+1} = \boldsymbol{F}_{e,n+1} + \boldsymbol{M}(a_2 \dot{\boldsymbol{d}}_n + a_3 \ddot{\boldsymbol{d}}_n) - \boldsymbol{F}_{i,n} \end{cases} \tag{2-90}$$

通过第 i 次迭代得到 $n+1$ 时间步的预估信息为

$$\begin{cases} \boldsymbol{d}_{n+1}^i = \boldsymbol{d}_{n+1}^{i-1} + \Delta \boldsymbol{d}^i \\ \dot{\boldsymbol{d}}_{n+1}^i = a_1 \Delta \boldsymbol{d}^i - a_4 \dot{\boldsymbol{d}}_n^i - a_5 \ddot{\boldsymbol{d}}_n^i \\ \ddot{\boldsymbol{d}}_{n+1}^i = a_0 \Delta \boldsymbol{d}^i - a_2 \dot{\boldsymbol{d}}_n^i - a_3 \ddot{\boldsymbol{d}}_n^i \end{cases} \tag{2-91}$$

其中：

$$\begin{cases} a_0 = \dfrac{1}{\beta \Delta t^2} \\ a_1 = \dfrac{\gamma}{\beta \Delta t} \\ a_2 = \dfrac{1}{\beta \Delta t} \\ a_3 = \dfrac{1}{2\beta} - 1 \\ a_4 = \dfrac{\gamma}{\beta} - 1 \\ a_5 = \dfrac{\Delta t}{2} \cdot \left(\dfrac{\gamma}{\beta} - 2 \right) \end{cases} \tag{2-92}$$

2）校正步。结构非平衡力为

$$\boldsymbol{\psi}_{n+1}^i = \boldsymbol{F}_{e,n+1} - (\boldsymbol{M} \ddot{\boldsymbol{d}}_{n+1}^i + \boldsymbol{F}_{i,n+1}^i) \tag{2-93}$$

新的平衡方程为

$$\hat{\boldsymbol{K}}_n \Delta \boldsymbol{d}^i = \boldsymbol{\psi}_{n+1}^i \tag{2-94}$$

求解方程（2-94），得到第 i 次迭代后变形增量的校正值。利用校正值更新第 $i+1$ 次迭代的变形增量：

$$\Delta \boldsymbol{d}^{i+1} = \Delta \boldsymbol{d}^i + \Delta \boldsymbol{d}^i \tag{2-95}$$

重复上述校正过程，直到满足收敛条件 $\boldsymbol{\psi}_{n+1}^i \to 0$。

2.4　基于 CFD/CSD 的流固耦合动力学求解技术

2.4.1　流体-结构耦合边界上的数据交换方法

流固耦合问题的时域耦合求解中，流体-结构耦合面上必须满足应力平衡关系、位移协调关系及速度协调关系。由于气动载荷和结构响应不能以相同的格式离散同步求解，使得上述关系不能得到严格满足，会给耦合系统引入新的非线性因素，因此需要引入满足上述关系的数据交换技术，以确保耦合界面的连续性和相容性条件。流固耦合问题中的非线性因素除了气动非线性因素及结构非线性因素外，还包括二者相互的耦合作用的非线性因素，因而流体域和结构域的耦合求解需要建立高精度、高可靠性的求解方法。

由于 CFD 网格与 CSD 网格在交界面上的节点往往不重合，因此在流固耦合分析中，需要在共有边界上进行两种数据传输：一种是将 CSD 求解器计算的位移插值到 CFD 网格上，另一种是将 CFD 程序计算的气动载荷转换到 CSD 节点上。两种变换都应考虑精度、平滑度、鲁棒性和能量守恒的标准。目前，较流行的插值方法可以分为两类：①曲面拟合方法，如无限平板样条法（Infinite‑Plate Splines，IPS），其利用一个具有加权系数的全局函数，主要用于位移传递；②曲面跟踪法，如守恒体积变换（Constant Volume Transformation，CVT），其利用有限元的形状函数，将流体节点投影到最近的结构单元上，主要用于载荷传递。

然而，上述两种常用的方法（IPS 和 CVT）不能在 CFD 和 CSD 模块之间的边界上保持能量守恒。本节使用一种改进的边界元法（Boundary Element Method，BEM）进行数据传输，该方法通过载荷和位移的联合传递实现能量守恒，具有较强的鲁棒性和准确性。

弹性连续体的平衡表示为

$$\frac{\partial^2 \boldsymbol{d}_i}{\partial x_j \partial x_j} + \left(\frac{1}{1-2\nu}\right)\frac{\partial^2 \boldsymbol{d}_j}{\partial x_i \partial x_j} = \boldsymbol{0} \quad i,j = 1,2,3 \qquad (2-96)$$

式中　$\boldsymbol{d}$——位移矢量；

　　　x 和 ν——笛卡儿坐标轴和泊松比。

利用 Betti 互动原理和 Somigliana 恒等式，任意内点 p 处的位移，可以由边界上 q 点的牵引力 $\boldsymbol{t}(q)$ 和位移 $\boldsymbol{d}(q)$ 的积分方程得到：

$$C_{ij}(p)\,\boldsymbol{d}_i(p) + \int_\Gamma T_{ij}(p,q)\,\boldsymbol{d}_j(q)\mathrm{d}\Gamma(q) = \int_\Gamma U_{ij}(p,q)\,\boldsymbol{t}_j(q)\mathrm{d}\Gamma(q) \qquad (2-97)$$

式中，$C_{ij}(p)$ 由 p 的位置决定，$T_{ij}(p,q)$ 和 $U_{ij}(p,q)$ 分别是牵引力和位移的 Kelvin 解，其基本形式为

$$\begin{cases}
T_{ij}(p,q) = \dfrac{-1}{8\pi(1-\nu)\,r^2}\left\{(1-2\nu)\left[\dfrac{n_i(x_j^p - x_j^q) - n_j(x_i^p - x_i^q)}{r}\right] + \right. \\
\left. \left[(1-2\nu)\,\delta_{ij} + \dfrac{3(x_i^p - x_i^q)(x_i^p - x_i^q)}{r^2}\right]\dfrac{n_k(x_k^p - x_k^q)}{r}\right\} \\
U_{ij}(p,q) = \dfrac{1}{16\pi\mu(1-\nu)r}\left\{(3-4\nu)\,\delta_{ij} + \dfrac{(x_i^p - x_i^q)(x_i^p - x_i^q)}{r^2}\right\}
\end{cases}$$

$$(2-98)$$

式中　r——内点 p 处到边界上 q 点的距离；

　　　ν——弹性模量；

　　　n_i——法向矢量沿 i 轴的分量。

　　为了求解边界积分方程（2-97），需要将边界离散为一组边界元，然后通过两个固有坐标（a_1，a_2）描述每个单元的几何变化和变量：

$$\begin{cases} x = \sum_{n=1}^{N} O_n(a_1,a_2) x_n^e \\ x,a = \sum_{n=1}^{N} O_{n,a}(a_1,a_2) x_n^e \end{cases} \qquad (2-99)$$

式中　N——边界单元的总数；

　　　x 和 x,a——全局笛卡儿坐标和其导数；

　　　x_n^e——第 n 个单元节点的全局坐标；

　　　O_n——第 n 个单元的形状函数；

　　　$O_{n,a}$——第 n 个单元形状函数对变量 a 的导数。

　　位移和牵引力的核函数为

$$\begin{cases} \boldsymbol{H}_{ij}(p,q) = \int_{-1}^{1}\int_{-1}^{1} T_{ij}(p,q) O_n(a_1,a_2) J(a_1,a_2) \mathrm{d}a_1 \mathrm{d}a_2 \\ \boldsymbol{G}_{ij}(p,q) = \int_{-1}^{1}\int_{-1}^{1} U_{ij}(p,q) O_n(a_1,a_2) J(a_1,a_2) \mathrm{d}a_1 \mathrm{d}a_2 \end{cases} \qquad (2-100)$$

式中　$J(a_1, a_2)$——雅可比变换。

　　（-1，1）的积分可以利用高斯积分方法得到。边界积分方程就可以在局部坐标系中描述如下：

$$\boldsymbol{G}_{ij}(p)\,\boldsymbol{d}_i(p) + \sum_{m=1}^{M} \boldsymbol{H}_{ij}^m(p,q)\,\boldsymbol{d}_j(q) = \sum_{m=1}^{M} \boldsymbol{G}_{ij}^m(p,q)\,\boldsymbol{t}_j(q) \qquad (2-101)$$

式中　M——边界单元的总数。

　　对于位于内部源和边界上的点，积分可以用矩阵形式写为

$$\begin{cases} \boldsymbol{d}_i + \boldsymbol{H}_{bi}\,\boldsymbol{d}_b = \boldsymbol{G}_{bi}\,\boldsymbol{t}_b \\ \boldsymbol{H}_{bb}\,\boldsymbol{d}_b = \boldsymbol{G}_{bb}\,\boldsymbol{t}_b \end{cases} \qquad (2-102)$$

其中，$\boldsymbol{H}$ 和 $\boldsymbol{G}$ 由 $\boldsymbol{H}_{ij}^m$ 和 $\boldsymbol{G}_{ij}^m$ 构成，下标 b 和 i 表示边界值和内部值。

　　如果整个边界上的位移 $\boldsymbol{d}_b$ 是已知的，那么可以通过转换矩阵 $\boldsymbol{B}$ 执行从边界位移到内部位移 $\boldsymbol{d}_i$ 的转换：

$$\begin{cases} \boldsymbol{d}_i = \boldsymbol{B}\,\boldsymbol{d}_b \\ \boldsymbol{B} = \boldsymbol{G}_{bi}\,\boldsymbol{G}_{bb}^{-1}\,\boldsymbol{H}_{bb} - \boldsymbol{H}_{bi} \end{cases} \qquad (2-103)$$

　　边界点可以看作 CFD 表面网格节点，内部点可以看作 CSD 网格节点。在气动弹性问题中，内部点（CSD 网格节点）的位移是由结构求解器确定的。为了获得边界点（CFD 表面网格节点）的位移，必须建立 $\boldsymbol{B}$ 的逆表达式。然而，由于 CSD 网格比 CFD 表面网格粗得多，因此矩阵 $\boldsymbol{B}$ 是非方阵的，并且通常是不可逆的。可以利用最小应变能要求来确定样条矩阵。

　　利用形状函数并对边界元进行积分，应变能函数可以表示为

$$\boldsymbol{W} = \boldsymbol{d}_b^{\mathrm{T}}\boldsymbol{N}\,\boldsymbol{t}_b \qquad (2-104)$$

式中　W——应变能；

　　　N——面积积分矩阵。

根据式（2-102），应变能可写为

$$W = d_b^{\mathrm{T}} R d_b \qquad (2-105)$$

其中：

$$R = N G_{bb}^{-1} H_{bb}$$

为避免过度变形，应将应变能 W 最小化。因此，目标函数由拉格朗日乘子法构造为

$$F = d_b^{\mathrm{T}} R d_b - \lambda^{\mathrm{T}} (B d_b - d_i) \qquad (2-106)$$

通过分别对目标函数 d_b 和 λ 进行微分，并将其设为零，可得到 CFD 网格和 CSD 网格之间位移的样条矩阵：

$$S = (R + R^{\mathrm{T}})^{-1} B^{\mathrm{T}} [B (R + R^{\mathrm{T}})^{-1} B^{\mathrm{T}}]^{-1} \qquad (2-107)$$

$$\begin{cases} d_b = S d_i \\ d_a = S d_s \end{cases} \qquad (2-108)$$

式中　d_s——结构节点的位移矢量；

　　　d_a——气动节点的位移矢量。

一旦得到 S，就可以将其用于双向变换。一种是用 S 向 CFD 网格传递位移，另一种是通过 S 的变换将 CFD 网格中的力映射到 CSD 网格中，从而满足两个变换之间功的守恒要求。

$$f_s = S^{\mathrm{T}} f_a \qquad (2-109)$$

$$W_s = f_s^{\mathrm{T}} d_s = (S^{\mathrm{T}} f_a)^{\mathrm{T}} d_s = f_a^{\mathrm{T}} (S d_s) = f_a^{\mathrm{T}} d_a = W_a \qquad (2-110)$$

式中　f_s——结构节点力的矢量；

　　　f_a——气动节点力的矢量。

用边界元法处理 CFD 与 CSD 求解器之间的转换有两个主要缺点：1）CSD 网格必须位于 CFD 模型中，该模型被视为一个封闭边界。当两个网格系统相互封闭时，矩阵可能出现奇异。对于 CFD 表面网格，可能存在没有封闭边界或 CSD 网格点不在 CFD 表面网格内的情况。2）CFD 模型可以构造为结构化网格、非结构化网格、重叠网格或多块网格。网格点的数目通常比 CSD 网格大得多，这可能会给边界元矩阵的形成和运算带来不便，特别是对大型非对称矩阵 G_{bb} 的求逆问题提出了挑战。

本节采用中间边界元模型，将 CFD 和 CSD 网格点融合为第三平台。两个不同网格系统之间的映射矩阵可以通过中间边界联系起来。首先，利用式（2-103）生成一个通用样条矩阵 B_{bm}，将 CSD 网格的信息传递给中间边界元模型；然后，通过式（2-107）构造边界元矩阵 S_{mi}，将中间边界元模型中的信息传递到 CFD 网格中；最后，式（2-108）改写为

$$\begin{cases} d_a = S d_s \\ S = B_{bm} S_{mi} \end{cases} \qquad (2-111)$$

间接 BEM 法由于虚拟构造了一个简单的 BEM 边界，弥补了直接 BEM 法当中的不

足，可以有效处理更为复杂的几何体，如流场的非结构网格、嵌套网格及多块网格等。最具优势的是，所设计的样条矩阵可以处理结构位移和气动载荷的双向能量守恒插值，并且以上整个矩阵的构造只需要初始时刻的结构和流场网格信息，从而可以在整个流固耦合模拟中重复使用。

2.4.2　耦合边界运动时的流场网格动态生成技术

在薄壁结构的流固耦合问题中，当气动载荷作用在弹性结构上时会造成结构的变形，进而改变流体域的边界。为求解变形后的流体域，需要运用动网格技术对流体域网格进行变形。由于弹性边界的运动幅值可能会很大，因此一种具有良好的动态网格生成能力的技术对流固耦合研究十分重要。

当前的动网格技术主要有 4 种：网格变形法、网格重构法、浸入边界法（Immersed Boundary Method，IBM）和嵌套网格法。其中，网格变形法更适合于处理气动弹性问题。网格变形法有很多，其中的超限插值法（Transfinite Interpolate，TFI）虽然只能使用于结构化网格，但其计算量较小，能够实现相对复杂的网格变形。由于本节采用的网格都是结构化网格，并且拓扑结构简单，因此 TFI 较适合于本节所进行的研究工作。TFI 的基本思想是令远场边界保持静止，物面边界由壁面运动给出，同时由超限插值的方法生成内部网格。

具体方法如下。

设域的任意两个相邻顶点 A、B 发生运动，如图 2-5 所示，那么以 A、B 为端点的曲线边界上任意一点 P 的插入位移为

$$\begin{cases} \mathrm{d}x_p = \left(1 - \dfrac{a}{c}\right)\mathrm{d}x_A + \left(1 - \dfrac{b}{c}\right)\mathrm{d}x_B \\ \mathrm{d}y_p = \left(1 - \dfrac{a}{c}\right)\mathrm{d}y_A + \left(1 - \dfrac{b}{c}\right)\mathrm{d}y_B \end{cases} \tag{2-112}$$

其中：

$$c = \|AB\|;$$
$$a = \|AP\|;$$
$$b = \|BP\|.$$

在已知边界的位移后，通过超限插值法得到网格内部点的位移，最终得到变形的网格节点，即

$$\begin{bmatrix} x(\xi,\eta) \\ y(\xi,\eta) \end{bmatrix} = \begin{bmatrix} x_0(\xi,\eta) \\ y_0(\xi,\eta) \end{bmatrix} + \begin{bmatrix} \mathrm{d}x(\xi,\eta) \\ \mathrm{d}y(\xi,\eta) \end{bmatrix} \tag{2-113}$$

$$\begin{cases} \mathrm{d}x(\xi,\eta) = f_x(\xi,\eta) + \phi_1(\eta)\left[\mathrm{d}x_{b1}(\xi) - f_x(\xi,0)\right] + \phi_2(\eta)\left[\mathrm{d}x_{b3}(\xi) - f_x(\xi,1)\right] \\ \mathrm{d}y(\xi,\eta) = f_y(\xi,\eta) + \phi_1(\eta)\left[\mathrm{d}y_{b1}(\xi) - f_y(\xi,0)\right] + \phi_2(\eta)\left[\mathrm{d}y_{b3}(\xi) - f_y(\xi,1)\right] \end{cases} \tag{2-114}$$

$$\begin{cases} f_x(\xi,\eta) = \psi_1(\xi)\,\mathrm{d}x_{b4}(\eta) + \psi_2(\xi)\,\mathrm{d}x_{b2}(\eta) \\ f_y(\xi,\eta) = \psi_1(\xi)\,\mathrm{d}y_{b4}(\eta) + \psi_2(\xi)\,\mathrm{d}y_{b2}(\eta) \end{cases} \tag{2-115}$$

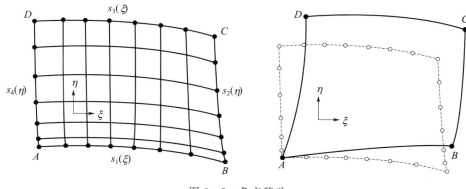

图 2-5　角点移动

$$
\begin{cases}
\psi_1(\xi) = 1 - s_1(\xi) \\
\psi_2(\xi) = s_3(\xi) \\
\phi_1(\eta) = 1 - s_4(\eta) \\
\phi_2(\eta) = s_2(\eta)
\end{cases}
\tag{2-116}
$$

式中　$x(\xi, \eta)$、$y(\xi, \eta)$——最终网格点坐标；

　　　$x_0(\xi, \eta)$、$y_0(\xi, \eta)$——初始网格点坐标；

　　　$\mathrm{d}x(\xi, \eta)$、$\mathrm{d}y(\xi, \eta)$——网格点位移；

　　　$s_1(\xi)$——$\eta = 0$ 块边界的延展函数；

　　　$s_2(\eta)$——$\xi = 1$ 块边界的延展函数；

　　　$s_3(\xi)$——$\eta = 1$ 块边界的延展函数；

　　　$s_4(\eta)$——$\xi = 0$ 块边界的延展函数。

延展函数定义为

$$
s_1(\xi) = \frac{A \text{ 点到 } x(\xi, 0) \text{ 点的距离}}{A \text{ 点到 } B \text{ 点的曲线距离}}
\tag{2-117}
$$

完成了流体域边界处网格的插值后，沿 i、j 或 k 方向进行面插值就可以实现整个流体域内部网格的变形。

2.4.3　基于半步交错格式的流固耦合求解算法

当前针对基于气动（CFD）/结构（CSD）时域耦合求解非线性气动弹性的模型已经发展了全耦合、松耦合、紧耦合和二阶松耦合[136] 4 种耦合方式，分别对应不同的时间推进方法，如表 2-1 所示。

表 2-1　当前几种耦合求解格式比较

耦合方式	基本原理	优点	缺点
全耦合	将气动和结构求解器写成统一表达式,同步时间推进	同步推进精度较高	高度非线性,难于求解

续表

耦合方式	基本原理	优点	缺点
松耦合	气动和结构的求解器相互独立,各自积分推进,满足一定条件相互交换数据	减少计算复杂度,简化了隐式/显式的处理,有助于子循环求解,保持程序模块化	整个耦合系统为一阶时间精度,积分不同步有可能降低计算精度
紧耦合	在一个时间步内反复调用气动和结构求解器,满足收敛准则后推进到下一时刻	消除了气动和结构积分不同步引起的误差	计算效率较低,稳定性有待分析
二阶松耦合	利用半步交错时间积分	提高了传统松耦合方法的计算精度	流场求解器和结构求解器的时间推进格式需做处理

本节在流体-结构耦合求解过程中采用 Farhat 等[137]二阶松耦合的半步交错耦合格式,如图 2-6 所示。

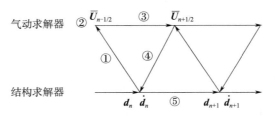

图 2-6　半步交错耦合格式

耦合求解方法的主要步骤如下。

1)用第 n 步结构运动预测第 $n+\dfrac{1}{2}$ 步的结构位移:

$$d_{n+\frac{1}{2}} = d_n + \frac{\Delta t}{2} \dot{d}_n \tag{2-118}$$

式中　$\dot{d}$ ——结构节点的速度;

　　　d ——结构节点的位移;

　　　Δt ——求解器的时间步长。

使用边界元法将预测的结构位移传递给流场系统:

$$x_{n+\frac{1}{2}} = S\, d_{n+\frac{1}{2}} \tag{2-119}$$

式中　S ——流场和结构系统之间的转换矩阵,见式(2-111);

　　　$x_{n+\frac{1}{2}}$ ——在第 $n+\dfrac{1}{2}$ 时间步时流体域中表面网格节点的位移。

该算法中,流体和结构的位移和速度在边界上有如下关系:

$$\begin{cases} x_n = \dfrac{x_{n+\frac{1}{2}} + x_{n-\frac{1}{2}}}{2} = \dfrac{d_n + \frac{1}{2}\Delta t \dot{d}_n + d_{n-1} + \frac{1}{2}\Delta t \dot{d}_{n-1}}{2} = d_n \\[4mm] V_b = \dot{x}_n = \dfrac{x_{n+\frac{1}{2}} - x_{n-\frac{1}{2}}}{\Delta t} = \dfrac{d_n + \frac{1}{2}\Delta t \dot{d}_n - d_{n-1} - \frac{1}{2}\Delta t \dot{d}_{n-1}}{\Delta t} = \dot{d}_n \end{cases} \tag{2-120}$$

满足气动和结构边界上的位移及速度连续条件。为了在边界上满足应力连续，流场物面压强梯度需要施加网格运动的加速度信息：

$$\frac{\partial p}{\partial n} = -\rho \ddot{\boldsymbol{x}} \cdot \boldsymbol{n} \tag{2-121}$$

式中　$\ddot{\boldsymbol{x}}$ ——流体域中表面网格节点的加速度；

$\quad\quad \boldsymbol{n}$ ——垂直于表面的向量。

2）使用超限插值技术更新流体网格的位置，利用几何守恒定律计算控制体积（V^{n+1}），见式（2-35），有限体积法用于计算流场。

3）求解流体控制方程，得到气动表面上的载荷 $\boldsymbol{F}_{a,n+\frac{1}{2}}$。利用边界元法将气动载荷转换为结构单元载荷：

$$\boldsymbol{F}_{s,n+\frac{1}{2}} = \boldsymbol{S}^{\mathrm{T}} \boldsymbol{F}_{a,n+\frac{1}{2}} \tag{2-122}$$

计算等效载荷：

$$\boldsymbol{F}_{s,n+1} = 2\boldsymbol{F}_{s,n+\frac{1}{2}} - \boldsymbol{F}_{s,n} \tag{2-123}$$

用非线性 Newmark 算法求解得到第 $n+1$ 时间步的结构运动。

2.5　薄壁结构的流固耦合算例验证

2.5.1　非线性非定常流场计算方法验证

AGARD CT2 和 CT5 是常用的非定常经典算例，本节通过这两个算例对计算方法进行验证。NACA0012 翼型振荡规律设为

$$\alpha(t) = \alpha_0 + \alpha_m \sin(2kt) \tag{2-124}$$

式中　α_0 ——初始迎角；

$\quad\quad \alpha_m$ ——迎角振幅；

$\quad\quad k$ ——振荡减缩频率；

$\quad\quad t$ ——无量纲化时间。

减缩频率定义为

$$k = \frac{\omega C}{2M_\infty a} \tag{2-125}$$

式中　ω ——振荡角速度；

$\quad\quad C$ ——翼型弦长；

$\quad\quad a$ ——声速；

$\quad\quad M_\infty$ ——来流马赫数。

无量纲化时间定义为

$$t = \frac{t^* M_\infty a}{C} \tag{2-126}$$

所有算例每个振荡周期内的物理时间步数为 80，内迭代次数为 10。俯仰轴心定义为 x_m/C。

AGARD 算例计算条件如表 2-2 所示。

表 2-2　AGARD 算例计算条件

算例	$\alpha_0 / (°)$	$\alpha_m / (°)$	k	$M\infty$	x_m/C
CT2	3.16	4.59	0.081 1	0.6	0.273
CT5	0.016	2.51	0.081 4	0.755	0.25

图 2-7 和图 2-8 为按所设置条件计算得到的升力和俯仰力矩系数。从图 2-7 和图 2-8 中可以看出，CFD 计算得到的翼型升力系数和俯仰力矩系数与实验值吻合得很好，说明了本节所述方法应用于无黏非定常流场计算时的可靠性。

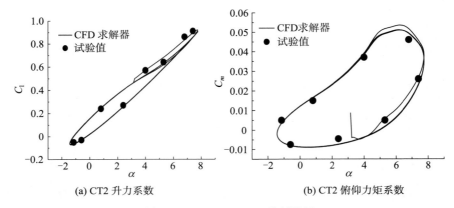

(a) CT2 升力系数　　　　　　　　(b) CT2 俯仰力矩系数

图 2-7　AGARD CT2 算例结果

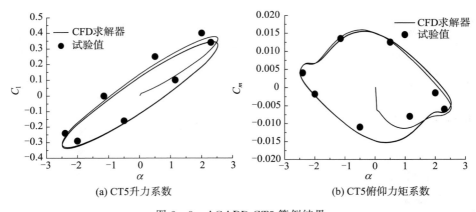

(a) CT5升力系数　　　　　　　　(b) CT5俯仰力矩系数

图 2-8　AGARD CT5 算例结果

2.5.2　复合材料结构的非线性响应分析方法验证

2.5.2.1　复合材料薄壁结构的非线性静变形算例验证

本节计算所采用的复合材料柱面壁板几何模型如图 2-9 所示，壁板曲边为自由端，而直边铰支。壁板几何和材料参数为：$h=12.7$ mm 或 $h=6.35$ mm，$E_1=3.3$ GPa，$E_2=$

$1.1\,\mathrm{GPa}$，$G_{12} = 0.66\,\mathrm{GPa}$，泊松比 $\mu_{12} = 0.25$。两种复合材料铺层方式为 $[0°/90°/0°]$ 和 $[90°/0°/90°]$，以逆时针方向为正。整个壁板划分为 392 个三角壳元。在壁板中心位置作用一点载荷。位移监测点取壁板中心。

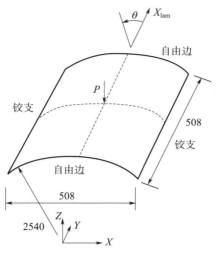

图 2-9　铰支柱面壁板几何模型

图 2-10 展示了 $h = 12.7\,\mathrm{mm}$ 条件下的载荷-位移曲线，图 2-11 展示了 $h = 6.35\,\mathrm{mm}$ 条件下的载荷-位移曲线。由图 2-10 和图 2-11 可知，两种铺层方式下，厚度较大的壁板发生了位移跳跃（snap through），厚度较小的壁板发生了位移回跳（snap back）。在铺层角度为 $[0°/90°/0°]$ 的情况下，厚度较小的壁板在位移回跳发生时，计算结果与文献 [138] 和 [139] 中的结果有一定差异；其余情况下，均符合得较好，由此验证了本节所建立的有限元模型及采用的非线性结构静变形分析方法的可靠性。

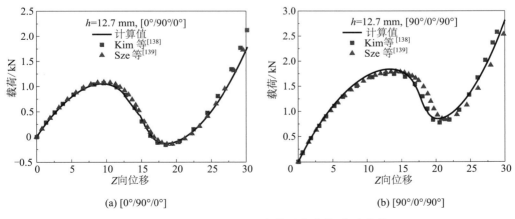

(a) $[0°/90°/0°]$　　　　　　　　　(b) $[90°/0°/90°]$

图 2-10　$h = 12.7\,\mathrm{mm}$ 条件下的载荷-位移曲线

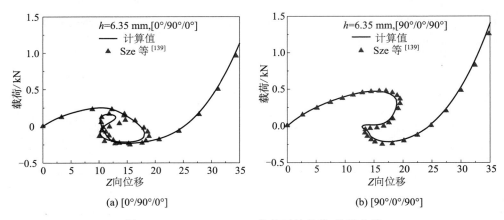

(a) [0°/90°/0°]　　　　　　　　　　(b) [90°/0°/90°]

图 2-11　$h = 6.35$ mm 条件下的载荷-位移曲线

2.5.2.2　复合材料薄壁结构的非线性动态响应算例验证

本节计算所采用的复合材料球面壁板几何模型如图 2-12 所示。壁板几何和材料参数为：$a = 0.5$ m，$R = 5$ m，$E_1 = 181$ GPa，$E_2 = 10.3$ GPa，$G_{12} = G_{13} = 7.17$ GPa，$G_{23} = 3.58$ GPa，$\mu_{12} = 0.28$，$\rho_s = 1\,600$ kg/m³。壁板包含 8 个等厚度的单层。材料铺层方式为 $[0°/\pm 45°/90°]_s$，以逆时针方向为正。整个壁板划分为 512 个三角壳元，非定常推进时间步为 0.000 1 s，与参考文献[140]和[141]一致。壁板受到均布载荷 $q = 1.0 \times 10^4$ N/m²。

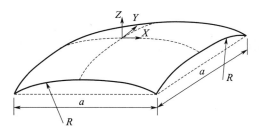

图 2-12　复合材料球面壁板几何模型

本节计算了两种厚度条件 $a/h = 50$ 和 $a/h = 100$ 下的结构动态响应，位移监测点取壁板中心，考核 Z 向的无量纲化位移 w/h。$a/h = 50$ 条件下的计算结果如图 2-13 所示，$a/h = 100$ 条件下的计算结果如图 2-14 所示。由图 2-13 和图 2-14 可知，除 $a/h = 100$ 条件下的振幅极值与文献[140]和[141]中的数据有略微差异外，其余结果与文献中的结果吻合得很好，说明了所采用的壁板非线性动态响应分析方法的可靠性。

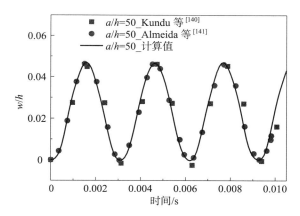

图 2-13　$a/h = 50$ 时壁板中心的 Z 向位移

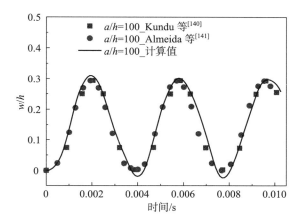

图 2-14　$a/h = 100$ 时壁板中心的 Z 向位移

2.5.3　二维薄壁结构的跨声速流固耦合的稳定性验证

2.5.3.1　二维薄壁结构的几何模型

二维薄壁结构几何模型如图 2-15 所示，弹性壁板的长度为 a，宽度为 b，厚度为 h，密度为 ρ_s，其中 $a/b = 0$，弹性壁板边缘固定并于与刚性表面平滑连接，薄壁板的边界条件为固支。对于二维壁板，计算域如图 2-16 所示。当在无黏条件下计算时，刚性表面设置为无穿透条件，$L_1 = L_2 = L_3 = 10a$。

该算例的参数：马赫数和流体密度定义为 M_∞ 和 ρ_∞。

基准壁板模型参数：$h/a = 0.02$，$a/b = 0$（二维），杨氏模量 $E = 7 \times 10^{10}$ Pa，泊松比 $\nu = 0.3$，质量比 $\mu_s = 0.1$。

无量纲刚度定义为

$$D = \frac{Eh^3}{12(1 - \nu^2)} \tag{2-127}$$

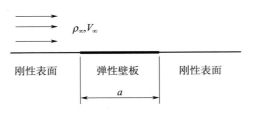

图 2 - 15　二维薄壁结构几何模型

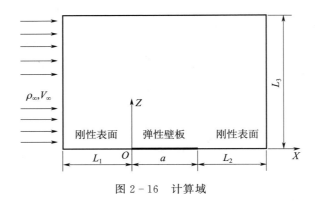

图 2 - 16　计算域

质量比定义为

$$\mu_s = \frac{\rho_\infty a}{\rho_s h} \qquad (2-128)$$

无量纲密度定义为

$$\mu = \frac{\rho_\infty}{\rho_s} \qquad (2-129)$$

无量纲动压定义为

$$\lambda = \frac{\rho_\infty V_\infty^2 a^3}{D} \qquad (2-130)$$

简支情况下的结构固有频率为

$$\omega_n = \pi^2 \sqrt{\frac{D}{(\rho_s h)}} \left(\frac{n^2}{a^2}\right) \qquad (2-131)$$

固支情况下的结构固有频率为

$$\omega_n = 4\pi^2 n^2 \sqrt{\frac{D}{3(\rho_s h a^4)}} \qquad (2-132)$$

2.5.3.2　二维薄壁结构的跨声速域稳定域预测及超临界响应分析验证

利用 2.4 节中的耦合求解方法获得其稳定边界（图 2 - 17），结果与 Alder[15]、Davis[10] 等的结果符合较好，也成功捕捉到了该壁板在跨声速下的稳定边界。在 $M_\infty < 1$ 的流动中，壁板不稳定性形态是屈曲；在 $M_\infty > 1$ 的流动中，壁板不稳定性表现为颤振。图 2 - 18 显示了 $M_\infty > 1$ 壁板颤振时的频率，相符较好。

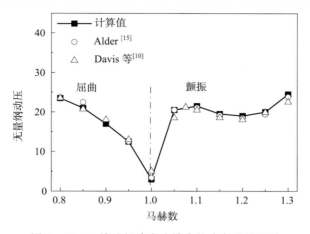

图 2 - 17　二维壁板跨声速域内的稳定边界预测

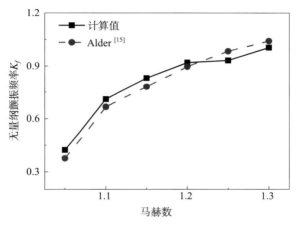

图 2 - 18　二维壁板颤振频率预测

本节针对二维壁板在低超声速 $M_\infty = 1.2$ 时的超临界及后颤振响应进行了分析，考虑了两种不同边界条件（固支和简支），极限环振荡幅值和频率结果与 Dowell[8]、Gornider 等[12] 的结果进行了比较（图 2 - 19），与后者相符较好。

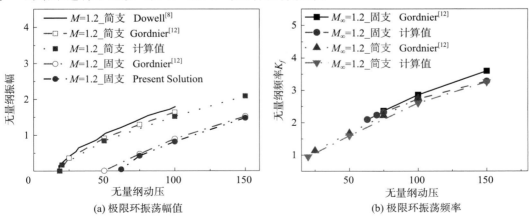

(a) 极限环振荡幅值　　　　　　　　　　　(b) 极限环振荡频率

图 2 - 19　二维壁板超临界的极限环振荡特性分析

2.5.3.3　跨声速域强扰动下的壁板形态演化分析及验证

针对图 2-15 所示的二维壁板，在 $M_\infty = 0.9$ 和 0.95 条件下进行了超临界下的响应形态分析，$x/a = 0.5$ 处的屈曲位置随动压的变化规律如图 2-20 所示。由图 2-20 可以看到，在不同的扰动下，壁板屈曲的平衡位置有两个。当动压较小时，这两个屈曲位置相对于壁板初始位置是对称的；随着动压增大，屈曲位置呈现出不对称，这种不对称与较大动压下不同扰动造成的激波强弱有关。对于 $M_\infty = 0.95$，当动压增大到 $\lambda = 2\,000$ 时，仅有一个屈曲位置；当动压增大到 $\lambda = 2\,500$ 时，在强扰动下，$\dot{w} = -100\sin(2\pi x)$，屈曲转换为非简谐的行波形式的极限环振荡，如图 2-21 所示。初步分析，在此大动压下，激波强度过大，使得壁板无法在屈曲位置处保持平衡，从而引起了动态振荡。其振荡中除了包含一阶结构模态形式外，还存在高阶模态作用。为了分析这种强非线性特征，以图 2-21（b）中的 A、B、C、D 点为例，分析流场中的激波位置和壁板位移的对应关系以及表面压强系数 c_p 的分布，如图 2-22 所示。显然，在图 2-22 中可以观察到双激波结构，而且前面的激波处于不稳定状态，会向后移动，移动中伴随着减弱过程，这种激波的移动也伴随着壁板的行波振荡形式。

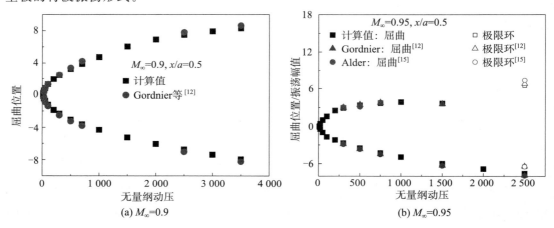

(a) $M_\infty = 0.9$　　　　　　　　　　(b) $M_\infty = 0.95$

图 2-20　壁板参考点位置随动压的变化规律

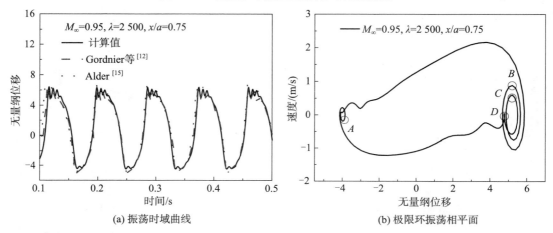

(a) 振荡时域曲线　　　　　　　　　(b) 极限环振荡相平面

图 2-21　$M_\infty = 0.95$，$\lambda = 2\,500$ 下壁板非简谐振荡形态

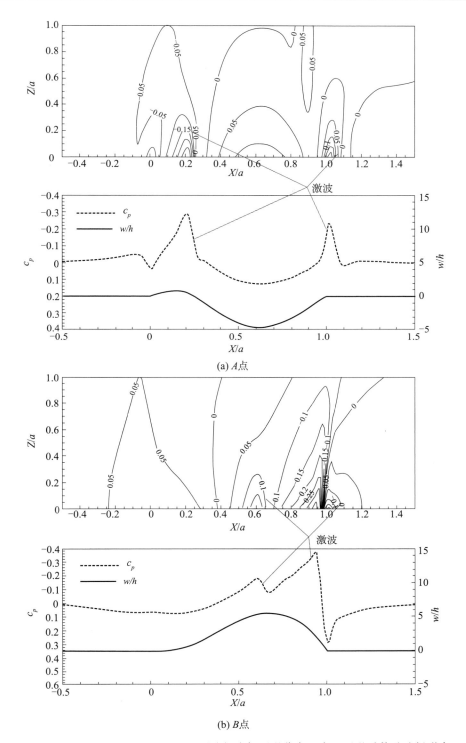

图 2 - 22　$M_\infty = 0.95$，$\lambda = 2\,500$ 下壁板流场压强分布、表面压强系数及壁板形态

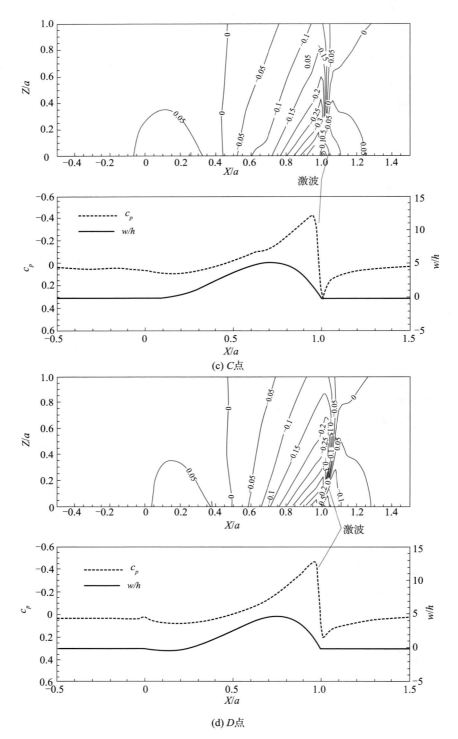

图 2 - 22　$M_{\infty} = 0.95, \lambda = 2\,500$ 下壁板流场压强分布、表面压强系数及壁板形态（续）

2.5.4　三维薄壁结构的动稳定性算例验证

考虑一个三维各向同性壁板，如图 2 - 23 所示，其几何和材料特性为：$a/b=1$，$h/a=0.002$，$\mu=0.3$，$\mu_s=\rho_a a/\rho_s h=0.1$，颤振分析时选取的计算状态为：超声速 $M_\infty=1.2$，壁板的流场网格为 H 型，包括 $121\times121\times39$ 节点，结构有限元模型由 1152 个三角壳元构成。

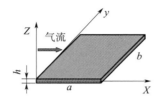

图 2 - 23　三维壁板的几何构型

图 2 - 24 和图 2 - 25 显示了壁板极限环颤振振幅和频率随动压的变化，并与 Dowell[8]、Gordnier 等[12] 的结果进行了对比。显然，与 Gordnier 等[12] 的结果相符较好。Gordnier 等[12] 的求解器中同样采用了基于 CFD 的非定常载荷计算，而 Dowell[8] 幅值稍高，这是由于其选用了线性势流理论来计算流场。图 2 - 26 显示了 $M_\infty=1.414$ 和 $M_\infty=1.6$ 时壁板极限环颤振振幅随动压的变化，本节方法和 Dowell[8] 的计算方法出现了明显的差异，原因可能在于 Dowell 选用了线性势流理论来分析流场，而此时超声速气弹响应中，激波的运动会导致非线性气动力的出现。该算例也说明了本节所提算法在处理气动力非线性和几何大变形结构非线性引起的气动弹性响应上的有效性。

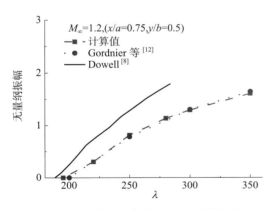

图 2 - 24　壁板极限环颤振振幅随动压的变化（一）

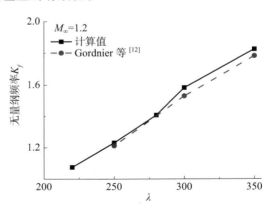

图 2 - 25　壁板极限环颤振频率随动压的变化

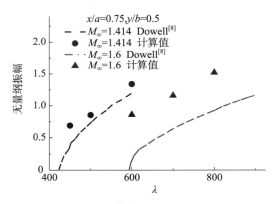

图 2 - 26　壁板极限环颤振振幅随动压的变化（二）

本章小结

本章建立了薄壁结构双非线性下流动耦合动力学的模型，并阐述了非线性方程的结构建模耦合求解算法：非定常气动计算采用 AUSMpw＋法和隐式双时间格式求解 Euler/N－S 方程；基于 CR 理论的二维梁模型、三维复合材料壳单元建立了结构的非线性有限元模型，非线性响应计算采用了 Newmark 方法；采用半步交错耦合策略联立流体和结构方程，流体和结构的数据交换采用的是边界元法，非定常计算中的动网格算法采用了超限插值法。本章分别验证了非线性非定常求解器、非线性结构求解器以及流固耦合算法的可靠性。

第3章　复合材料曲面薄壁结构的流固耦合动力学响应特征

影响复合材料曲面壁板气弹响应的非线性因素有很多，复合材料铺层角度、壁板曲率、来流动压是其中几个重要因素。铺层角度和初始曲率与壁板的刚度特性有关，会影响壁板的几何非线性特征；来流动压改变引起流场中激波、流动分离等非线性流动现象的变化，导致作用在壁板上的气动载荷的性质发生改变。结构变形的几何非线性和产生气动载荷的流场非线性特征是耦合系统非线性的主要来源。

本章通过综合前文所给出的基于 CFD 的非定常流场气动力求解技术、复合材料曲面壁板非线性结构响应求解方法、非线性流固耦合求解方法，来对复合材料曲面壁板非线性气弹响应进行求解并分析计算结果，主要考察不同来流马赫数下，来流动压、铺层角度、初始曲率不同时壁板的非线性气弹响应。

3.1　复合材料曲面薄壁结构的模型及计算条件

计算所采用的复合材料曲面薄壁结构几何模型如图 3－1 所示。薄壁结构几何和材料属性参数为：$a=b=1.0$ m，$h=0.005$ m，$E_1=40.0$ GPa，$E_2=1.0$ GPa，$G_{12}=0.6$ GPa，$G_{13}=0.5$ GPa，$\mu_{12}=0.25$，$\rho_s=1\,500$，质量比 $\mu_s=(\rho_\infty a)/(\rho_s h)=0.2$。壁板 4 个边界均固支。壁板包含 5 个等厚度铺层。

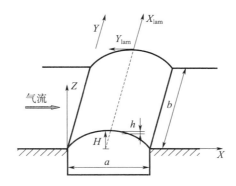

图 3－1　复合材料曲面薄壁结构几何模型

均匀来流马赫数和密度定义为 M_∞ 和 ρ_∞，本节计算 4 个马赫数下复合材料曲面壁板非线性气弹响应：亚声速 0.76、跨声速 0.96、超声速 1.2 及 1.67，每个马赫数下无量纲的来流动压定义如式（2－130）所示。其中，D 为壁板刚度，对复合材料，其表达式为

$$D=\frac{E_1 h^3}{12(1-\mu_{12}\mu_{21})},\mu_{21}=\frac{E_2}{E_1}\mu_{12} \tag{3-1}$$

可见，同一马赫数下，当壁板几何和材料属性参数不变时，来流动压随密度变化而改

变。根据不同初始曲率和铺层角度，定义壁板的 3 种结构形态，如表 3 - 1 所示。

表 3 - 1　壁板 3 种结构形态

Case	初始曲率	铺层角度
CaseA	$H/h = 5$	$[0°/90°/0°/90°/0°]$
CaseB	$H/h = 10$	$[0°/90°/0°/90°/0°]$
CaseC	$H/h = 10$	$[45°/-45°/45°/-45°/45°]$

壁板被划分为 $45×45×2$ 壳元。流场网格为 H 型，CaseA 共 $121×121×39$ 个网格点，CaseB 和 CaseC 则为 $121×121×41$ 个网格点。

马赫数及来流动压的计算条件如表 3 - 2 所示。

表 3 - 2　马赫数及来流动压的计算条件

Case	CaseA	CaseB	CaseC
$M_\infty = 0.76$	$\lambda = 198、15\ 315、26\ 164、28\ 422$	—	—
$M_\infty = 0.96$	$\lambda = 145、4\ 842、6\ 633、7\ 453$	$\lambda = 5\ 176、7\ 453$	$\lambda = 14\ 507、14\ 608$
$M_\infty = 1.20$	$\lambda = 226、371、671、866$	$\lambda = 226、493、530$	$\lambda = 226、1\ 279、2\ 602$
$M_\infty = 1.67$	$\lambda = 64、87、113$	$\lambda = 64、91、113$	$\lambda = 64、85、113$

3.2　不同马赫数下复合材料曲面薄壁结构的流固耦合响应分析

3.2.1　亚声速 $M_\infty = 0.76$ 下的响应分析

当亚声速 $M_\infty = 0.76$ 时，各动压下复合材料曲面薄壁结构的气弹响应结果如表 3 - 3 所示。

表 3 - 3　$M_\infty = 0.76$ 时各动压下复合材料曲面薄壁结构的气弹响应结果

气弹响应	静变形	振荡
CaseA	$\lambda = 198、347、770、1\ 715$	$\lambda = 15\ 315、26\ 164、28\ 422$
CaseB	$\lambda = 198、347、770、1\ 715$	—
CaseC	$\lambda = 198、347、770、2\ 114$	—

3.2.1.1　CaseA $M_\infty = 0.76$ 时的静气弹响应

图 3 - 2 展示了参考点（$x/a = 0.5$，$y/b = 0.5$）上，不同来流动压下 3 种结构形态的非线性静气弹响应计算结果，其中 w/h 为无量纲化的 Z 方向位移（下文所述 Z 方向位移均为无量纲化的位移）。在所给动压范围内，3 种结构形态的壁板非线性静气弹响应均表现为静变形。位移均随着动压增大而增大，并体现出非线性变化趋势。

动压较小时，位移之间的差值很小。随着动压逐渐增大，大曲率壁板的位移比小曲率壁板的小，这是由于壁板的弯曲刚度随着曲率增大而增大；CaseC 位移比 CaseA 和 CaseB 大，这也是由于考虑几何非线性时，采用后两种情况下的材料铺层角度的壁板弯曲刚度较大。

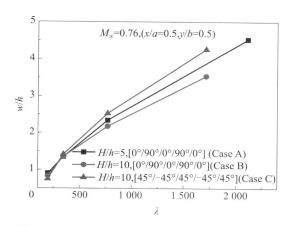

图 3 - 2　$M_\infty = 0.76$ 时的静变形与来流动压关系

3.2.1.2　CaseA $\lambda = 198$ 及 $\lambda = 15\,315$ 下的响应

图 3 - 3 及图 3 - 4 分别为 CaseA 在来流动压 $\lambda = 198$ 和 $\lambda = 15315$ 下，流场 $y/b = 0.5$ 截面上的马赫数云图及壁板 Z 向位移云图（下文所述马赫数云图及位移云图方位和此处定义方位一致）。由图 3 - 3 和图 3 - 4 可以看出，动压较大时，流场中存在超声速区域，且随着动压逐渐增大，超声速区域逐渐沿流向后移，同时壁板 Z 方向位移最大点也随之逐渐后移。

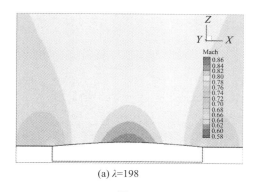

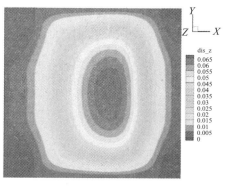

(a) $\lambda = 198$　　　　　　　　　　　　　　　　(b) $\lambda = 15\,315$

图 3 - 3　CaseA $M_\infty = 0.76$ 时的马赫数云图（见彩插）

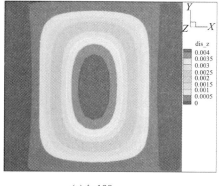

(a) $\lambda = 198$　　　　　　　　　　　　　　　　(b) $\lambda = 15\,315$

图 3 - 4　CaseA $M_\infty = 0.76$ 时的位移云图（见彩插）

3.2.1.3　CaseA $\lambda = 26\ 164$ 下的响应

图 3-5 展示了 CaseA 在来流动压 $\lambda = 26\ 164$ 下的非线性气弹响应结果，包括壁板变形运动的时间历程、相平面图和频谱，参考点 $x/a = 0.75$，$y/b = 0.5$（如无特殊说明，下文参考点和此处定义一致）。由图 3-5 可以看出，壁板变形运动最终呈现出随机的、不规则的高频振荡特征。

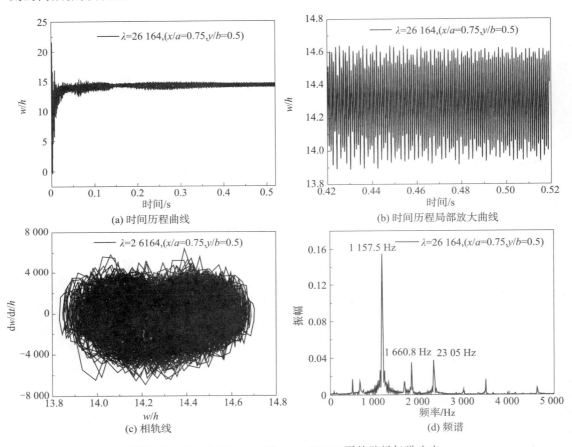

(a) 时间历程曲线　　　　　　　　(b) 时间历程局部放大曲线

(c) 相轨线　　　　　　　　　　(d) 频谱

图 3-5　CaseA $M_\infty = 0.76$、$\lambda = 26\ 164$ 下的壁板气弹响应

3.2.1.4　CaseA $\lambda = 28\ 422$ 下的响应

图 3-6 展示了 CaseA 在来流动压 $\lambda = 28\ 422$ 下的非线性气弹响应结果，壁板变形运动与动压 $\lambda = 26\ 164$ 下的结果相似。

图 3-7 和图 3-8 分别为 CaseA 在来流动压 $\lambda = 26\ 164$，$t = 0.484\ 5$ s 时和 $\lambda = 28\ 422$，$t = 0.302\ 5$ s 时的马赫数云图和位移云图，所给时刻壁板振幅均达到最大值。由图 3-7 和图 3-8 可以看出，流场中存在超声速区域，且超声速区域面积比小动压时明显增大；激波位置后移。$\lambda = 28\ 422$ 时，激波后面出现了一个小的涡流区域，这可能是壁板非线性气弹响应呈现混沌特性的主要原因。

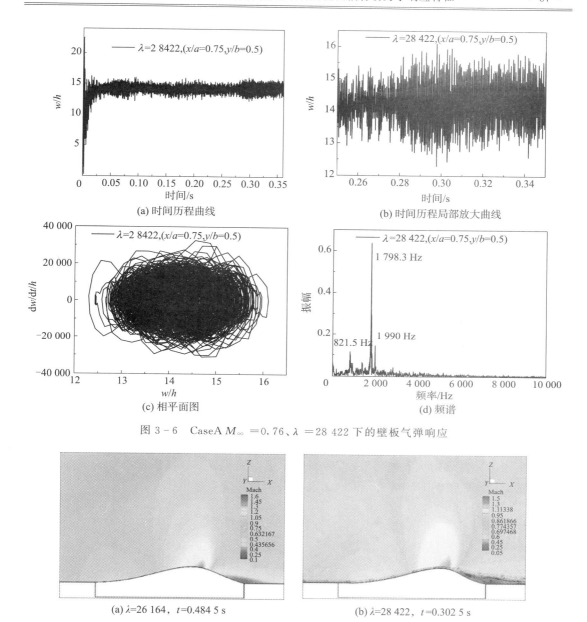

图 3 - 6　CaseA $M_\infty = 0.76$、$\lambda = 28\,422$ 下的壁板气弹响应

(a) $\lambda = 26\,164$，$t = 0.484\,5$ s　　　　　(b) $\lambda = 28\,422$，$t = 0.302\,5$ s

图 3 - 7　CaseA $M_\infty = 0.76$ 振幅达到最大值时的马赫数云图 （见彩插）

3.2.2　跨声速 $M_\infty = 0.96$ 下的响应分析

跨声速 $M_\infty = 0.96$ 时，各动压下复合材料曲面壁板的气弹响应结果如表 3 - 4 所示。

表 3 - 4　$M_\infty = 0.96$ 时各动压下复合材料曲面壁板的气弹响应结果

气弹响应	静变形	振荡
CaseA	$\lambda = 145、316、1\,229、1\,665、$ $2\,737、4\,842、5\,259、5\,598、6\,493$	$\lambda = 6\,633、6\,850、6\,869、7\,453$

续表

气弹响应	静变形	振荡
CaseB	$\lambda = 145、316、1\ 229、2\ 737、$ $3\ 372、4\ 770、4\ 930、5\ 093、5168$	$\lambda = 5\ 716、5\ 217、7\ 256、7\ 453$
CaseC	$\lambda = 145、316、1\ 229、2\ 737、$ $7\ 256、8\ 480、9\ 573、10\ 145、13\ 250$	$\lambda = 14\ 507、14\ 608、15\ 312$

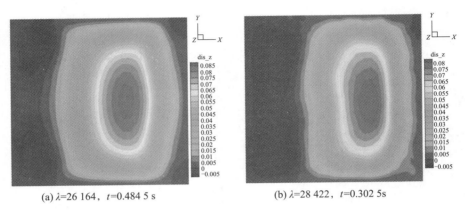

(a) $\lambda=26\ 164$，$t=0.484\ 5$ s　　　　　　(b) $\lambda=28\ 422$，$t=0.302\ 5$s

图 3-8　CaseA $M_\infty = 0.76$ 振幅达到最大值时的位移云图（见彩插）

3.2.2.1　$M_\infty = 0.96$ 时的静气弹响应

图 3-9 展示了参考点（$x/a=0.5$，$y/b=0.5$）上不同来流动压下 3 种结构形态的非线性静气弹响应结果。由图 3-9 可以看出，随着动压增大，CaseA 情况下，壁板位移先向正方向增大，然后向负方向减小；CaseB 情况下，壁板位移在动压较小时减小得快，且都是负的；CaseC 情况下的结果与 CaseB 相似，但位移绝对值更大。

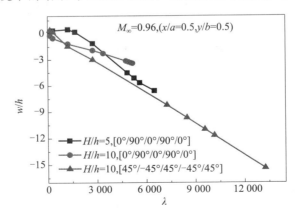

图 3-9　$M_\infty = 0.96$ 时的静变形与来流动压关系

以动压 $\lambda = 1\ 229$ 之前某点为分隔点，CaseB 的位移大于 CaseC，CaseC 的位移大于 CaseA；以动压 $\lambda = 3\ 372$ 附近某点为分隔点，CaseC 的位移大于 CaseA，CaseA 的位移大于 CaseB，且此时三者的数值关系与亚声速时较大动压下三者的数值关系类似。

3.2.2.2　CaseA λ＝145 和 λ＝4842 下的响应

图 3－10 及图 3－11 分别为 CaseA 在来流动压 λ＝145 和 λ＝4 842 下的马赫数云图和位移云图。由图 3－10 和图 3－11 可以看出，流场中存在大面积的超声速区域；壁板前部向上变形，而后部向下变形。

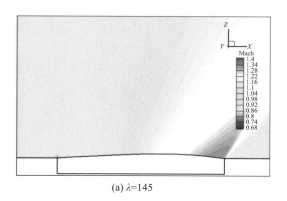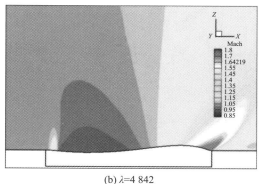

(a) λ＝145　　　　　　　　　　　　　　　(b) λ＝4 842

图 3－10　CaseA M_∞ ＝0.96 时的马赫数云图（见彩插）

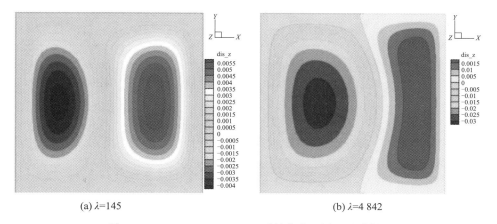

(a) λ＝145　　　　　　　　　　　　　　　(b) λ＝4 842

图 3－11　CaseA M_∞ ＝0.96 时的位移云图（见彩插）

3.2.2.3　CaseA λ＝6 633 下的响应

图 3－12 展示了 CaseA 在来流动压 λ＝6 633 下的非线性气弹响应结果。由气弹响应的时间历程曲线［图 3－12（a）］可以看出，在经历了一段不规则振荡之后，壁板的运动形态基本是等幅、等频的周期性振荡，即进入极限环；位移极值的绝对值不同，分别保持在＋15 和－5 附近，每个振荡周期内都有微小变化。由频谱［图 3－12（d）］可以看到，振荡主要频率有 3 个：f_1＝403.8 Hz、f_2＝807.6 Hz、f_3＝1 211.4 Hz，其比例关系为 f_1：f_2：f_3 ≈ 1：2：3。

图 3－13 及图 3－14 分别为 CaseA 在来流动压 λ＝6 633 下，t＝0.402 8 s 和 t＝0.466 s 两个时刻的马赫数云图和位移云图。t＝0.402 8 s 时，壁板振幅达到最大值，激波后方有一

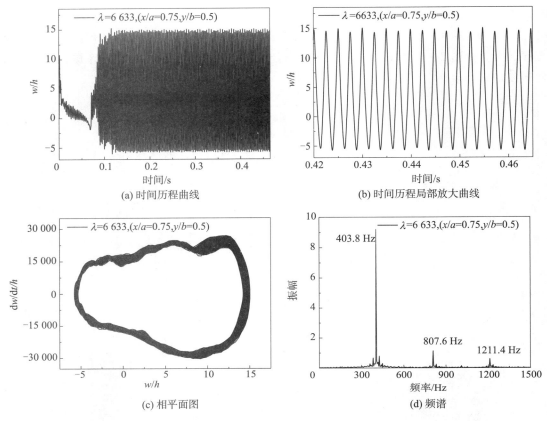

图 3-12　CaseA $M_\infty = 0.96$、$\lambda = 6\,633$ 下的壁板气弹响应

个小的涡流区域；而 $t = 0.466$ s 时，壁板振幅达到最小值，超声速区域面积减小，激波减弱。由位移云图可知，壁板前部有两个振幅极值点，与小动压 $\lambda = 145$ 和 $\lambda = 4\,842$ 下的结果有区别，说明有更高阶的结构模态参与了振荡。

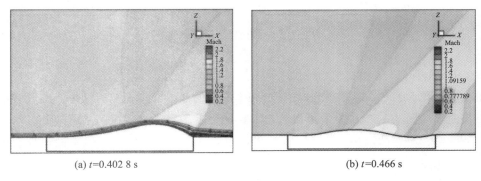

图 3-13　CaseA $M_\infty = 0.96$、$\lambda = 6\,633$ 下的马赫数云图（见彩插）

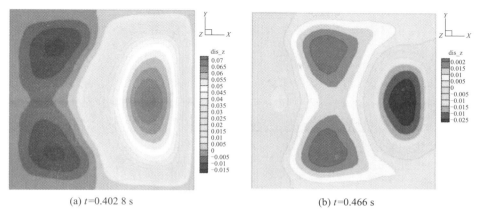

(a) $t=0.402\ 8$ s　　　　　　　　　　　(b) $t=0.466$ s

图 3 - 14　CaseA $M_\infty = 0.96$、$\lambda = 6\ 633$ 下的位移云图（见彩插）

3.2.2.4　CaseA $\lambda = 7453$ 下的响应

图 3 - 15 展示了 CaseA 在来流动压 $\lambda = 7\ 453$ 下的非线性气弹响应结果。其与 $\lambda =$

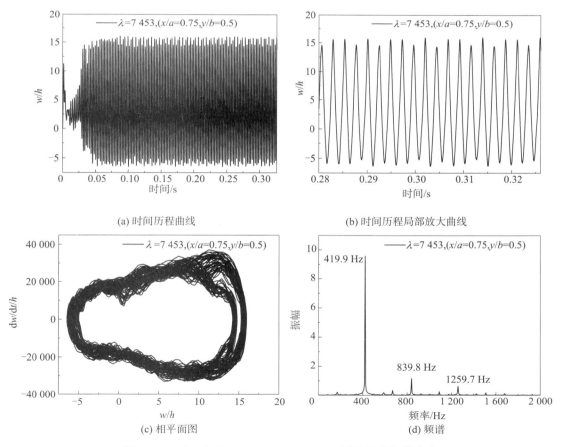

(a) 时间历程曲线　　　　　　　　　　(b) 时间历程局部放大曲线

(c) 相平面图　　　　　　　　　　　　(d) 频谱

图 3 - 15　CaseA $M_\infty = 0.96$、$\lambda = 7\ 453$ 下的壁板气弹响应

6 633 下的结果相似之处在于振荡主要频率有 3 个：$f_1 = 419.9$ Hz、$f_2 = 839.8$ Hz、$f_3 = 1\,259.7$ Hz，其比例关系为 $f_1 : f_2 : f_3 \approx 1 : 2 : 3$；与 $\lambda = 6\,633$ 下的结果的区别在于振荡频率有所增大。

3.2.2.5　CaseB $\lambda = 5\,176$ 下的响应

图 3-16 展示了 CaseB 在来流动压 $\lambda = 5\,176$ 下的非线性气弹响应结果。与 CaseA 在动压 $\lambda = 7\,453$ 下的结果相似，振荡主要频率有 3 个：$f_1 = 394.5$ Hz、$f_2 = 789$ Hz、$f_3 = 1\,186$ Hz，其比例关系为 $f_1 : f_2 : f_3 \approx 1 : 2 : 3$。

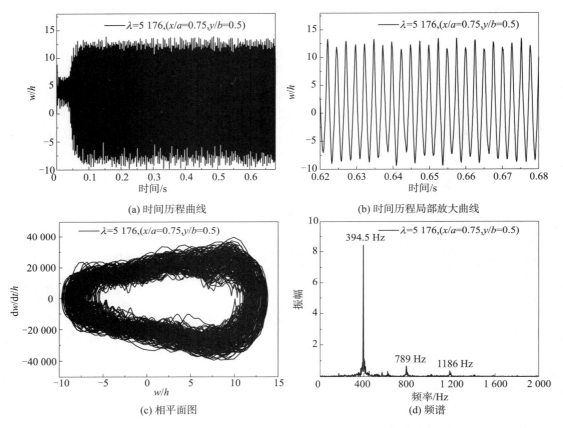

(a) 时间历程曲线　　　　　　　　　(b) 时间历程局部放大曲线

(c) 相平面图　　　　　　　　　　　(d) 频谱

图 3-16　CaseB $M_\infty = 0.96$、$\lambda = 5\,176$ 下的壁板气弹响应

图 3-17 和图 3-18 分别为 CaseB 在来流动压 $\lambda = 5\,176$ 下，$t = 0.644\,8$ s 和 $t = 0.646$ s 两个时刻的马赫数云图和位移云图。$t = 0.644\,8$ s 时，壁板振幅达到最大值，马赫数云图和位移云图与 CaseA 在动压下的结果相似；$t = 0.646$ s 时，壁板振幅达到最小值，与 CaseA 不同的是壁板振幅有 4 个正的极值。

3.2.2.6　CaseB $\lambda = 7\,453$ 下的响应

图 3-19 展示了 CaseB 在来流动压 $\lambda = 7\,453$ 下的非线性气弹响应结果。其振荡主要频率有三个：$f_1 = 445.5$ Hz、$f_2 = 899$ Hz、$f_3 = 1\,344$ Hz，其比例关系为 $f_1 : f_2 : f_3 \approx 1 :$

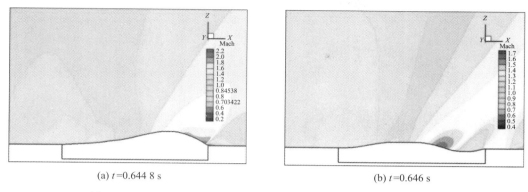

(a) $t=0.644\,8$ s　　　　　　　　　　　(b) $t=0.646$ s

图 3 - 17　CaseB $M_\infty = 0.96$、$\lambda = 5\,176$ 下的马赫数云图（见彩插）

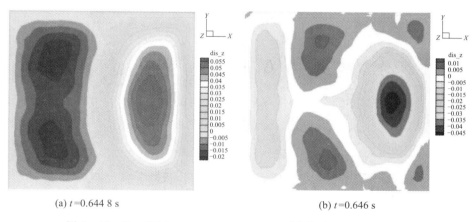

(a) $t=0.644\,8$ s　　　　　　　　　　　(b) $t=0.646$ s

图 3 - 18　CaseB $M_\infty = 0.96$、$\lambda = 5\,176$ 下的位移云图（见彩插）

2：3。与 CaseA 在动压 $\lambda = 7\,453$ 下的结果相比，相轨迹曲线有差别，同时振幅最小值偏大，f_1 偏大。

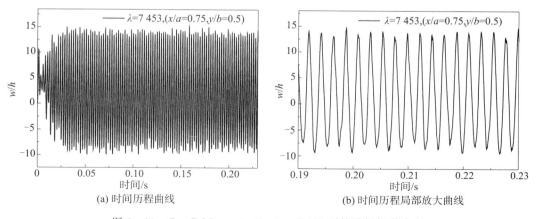

(a) 时间历程曲线　　　　　　　　　　　(b) 时间历程局部放大曲线

图 3 - 19　CaseB $M_\infty = 0.96$、$\lambda = 7\,453$ 下的壁板气弹响应

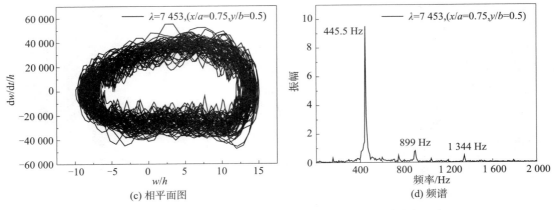

(c) 相平面图　　　　　　　　　　(d) 频谱

图 3 - 19　CaseB $M_\infty = 0.96$、$\lambda = 7\ 453$ 下的壁板气弹响应（续）

3.2.2.7　CaseC $\lambda = 14\ 057$ 下的响应

图 3 - 20 展示了 CaseC 在来流动压 $\lambda = 14\ 057$ 下的非线性气弹响应结果。从时间历程曲线 ［图 3 - 20 （a）］ 中可以看到，振荡运动形态是近似周期性的。在每个振荡循环内，振幅随时间的变化轨迹为不断下降的曲线，振幅先达到最小值后，再急剧增大到最大值，

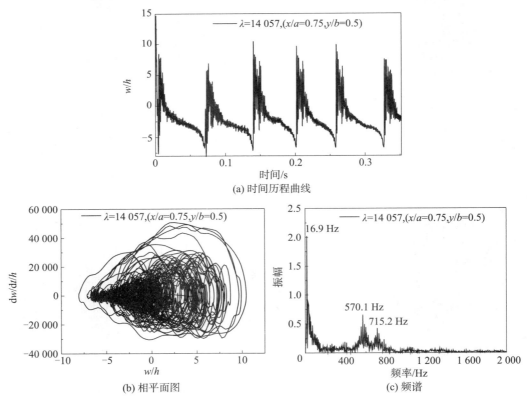

(a) 时间历程曲线

(b) 相平面图　　　　　　　　　　(c) 频谱

图 3 - 20　CaseC $M_\infty = 0.96$、$\lambda = 14\ 057$ 下的壁板气弹响应

进入下一个循环。同时，由频谱［图 3 - 20（c）］可以看到，振荡运动的主要频率 $f_1 \approx$ 16.9 Hz，数值相当小，尤其相比于壁板结构的一阶模态频率（约为 93 Hz），表现为单模态颤振形态。其在每个周期中的响应趋近于屈曲位置，但壁板无法在该处保持平衡，进而造成了行波类的振荡。

　　图 3 - 21 和图 3 - 22 分别为 CaseC 在来流动压 $\lambda = 14\,057$ 下，$t = 0.259$ s 和 $t = 0.327$ s 两个时刻的马赫数云图和位移云图。$t = 0.259$ s 时，壁板振幅达到最大值；而 $t = 0.327$ s 时达到最小值。由图 3 - 21 和图 3 - 22 可以看到，两个时刻壁板末端上方流场中存在一个小的涡流区域，且均位于激波后；而壁板变形状态不同，激波的位置和分离区域的大小有所差异；超声速区域内压强下降，壁板后部方向位移始终为正；CaseC 铺层角度导致结构刚性关于面 $y/b = 0.5$ 不对称，从而引起整个壁板面方向位移分布的不对称。另外，发现该壁板运动的流场中存在多重激波结构，壁板的前缘和中间位置都存在激波，壁板振荡过程中，中间位置的激波前后运动，而且其后有旋涡存在，这种多重激波运动及旋涡的存在可能使得壁板无法在屈曲位置保持平衡，进而产生了低频类单模态振荡行为。

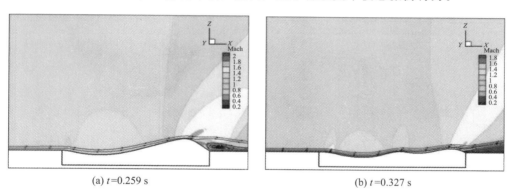

(a) t=0.259 s　　　　　　　　　　　　(b) t=0.327 s

图 3 - 21　CaseC $M_\infty = 0.96$、$\lambda = 14\,057$ 下的马赫数云图（见彩插）

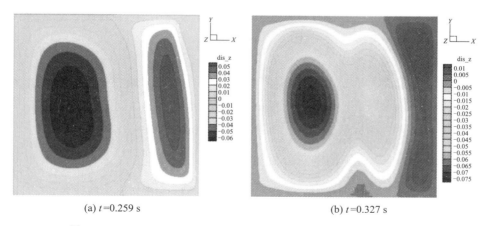

(a) t=0.259 s　　　　　　　　　　　　(b) t=0.327 s

图 3 - 22　CaseC $M_\infty = 0.96$、$\lambda = 14\,057$ 下的位移云图（见彩插）

3.2.2.8　CaseC $\lambda = 14\,608$ 下的响应

图 3 - 23 展示了 CaseC 在来流动压 $\lambda = 14\,608$ 下的非线性气弹响应结果。在经过大约 4 个近似周期性的振荡后，壁板运动状态呈现出混沌特征。混沌运动主频为 $f_1 = 582.4\ \text{Hz}$。

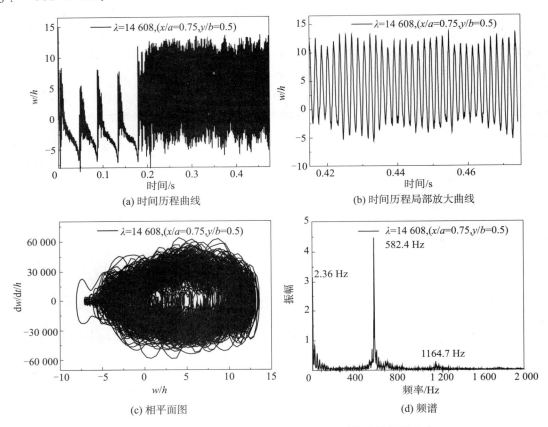

(a) 时间历程曲线　　　　　　　　　　(b) 时间历程局部放大曲线

(c) 相平面图　　　　　　　　　　　　(d) 频谱

图 3 - 23　CaseC $M_\infty = 0.96$、$\lambda = 14\,608$ 下的壁板气弹响应

3.2.2.9　振幅与动压的关系

图 3 - 24 给出了 $M_\infty = 0.96$ 时，不同动压下 3 种结构形态的壁板振幅与来流动压之间的关系。由图 3 - 24 可以看出，振幅绝对值最大约为厚度的 17.5 倍。一般而言，振幅随动压增加而有所增加。

3.2.3　超声速 $M_\infty = 1.2$ 下的响应分析

超声速 $M_\infty = 1.2$ 时，各动压下复合材料曲面壁板的气弹响应结果如表 3 - 5 所示。

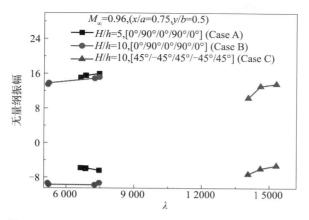

图 3 - 24　$M_\infty = 0.96$ 时壁板振荡幅值与来流动压关系

表 3 - 5　$M_\infty = 1.2$ 时各动压下复合材料曲面壁板的气弹响应结果

气弹响应	静变形	振荡
CaseA	$\lambda = 226、323、350、363、369$	$\lambda = 371、671、866$
CaseB	$\lambda = 226、406、450、475、488、491$	$\lambda = 493、494、497、530$
CaseC	$\lambda = 226、494、634、866、1\,095、1\,193、1\,268$	$\lambda = 1\,279、1\,920、2\,602$

3.2.3.1　$M_\infty = 1.2$ 时的静气弹响应

图 3 - 25 展示了参考点（$x/a = 0.5$，$y/b = 0.5$）上不同来流动压下 3 种结构形态的非线性静气弹响应结果。随着动压增大，CaseA、CaseB、CaseC 3 种情况下的壁板的位移均呈非线性减小趋势（负向）；与亚声速和跨声速结果相似，CaseC 情况下壁板位移的绝对值大于 CaseA，而 CaseA 的绝对值大于 CaseB。

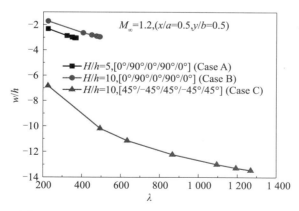

图 3 - 25　$M_\infty = 1.2$ 时的静变形与来流动压关系

3.2.3.2　CaseA、CaseB、CaseC $\lambda = 226$ 下的静气弹响应

图 3 - 26 及图 3 - 27 分别为 CaseA、CaseB、CaseC 各自在来流动压 $\lambda = 226$ 下的马赫数云图和位移云图。对比所得到的马赫数云图可知，3 种结构形态下，在壁板前缘和后缘

处存在斜激波和膨胀波；在 CaseB、CaseC 情况下，由于壁板较大的曲率，前缘亚声速区外还存在弓形激波。对比所得到的位移云图可知，在 CaseA、CaseB 情况下，壁板前部向下变形，后部向上变形；在 CaseC 情况下，整个壁板向下变形。

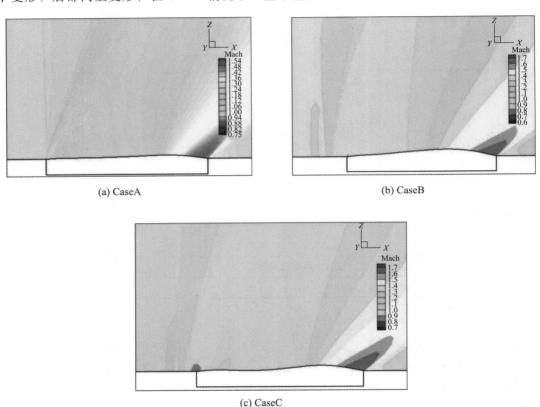

(a) CaseA　　　　　　　　　　　　　　　(b) CaseB

(c) CaseC

图 3-26　$M_\infty = 1.2$、$\lambda = 226$ 下的静气弹响应马赫数云图（见彩插）

3.2.3.3　CaseA $\lambda = 371$ 下的响应

图 3-28 展示了 CaseA 在来流动压 $\lambda = 371$ 下的非线性气弹响应结果。其中，时间历程 ［图 3-28 (a) ~ (c)、(e) ］包括 $t \in [0, 1.67]$ s、$t \in [0, 0.58]$ s、$t \in [0.58, 1.34]$ s、$t \in [1.34, 1.67]$ s 4 个时间段的图像；相平面图 ［图 3-28 (d) 和 (f) ］、频谱 ［图 3-28 (g) 和 (h) ］包括 $t \in [0.58, 1.34]$ s、$t \in [1.34, 1.67]$ s 两个时间段的图像。由时间历程可以看出，整个变形运动的演变过程可以分为 $t \in [0, 0.58]$ s、$t \in [0.58, 1.34]$ s、$t \in [1.34, 1.67]$ s 3 个阶段：第 1 阶段的运动形态呈现无规则特征，第 2 阶段的运动形态呈现近似周期特征，第 3 阶段的运动形态已经演变为极限环。类似的更长时间的运动演变过程也出现在 Gordnier 与 Viabal[12]、Shishaeva 等[23] 关于其他超声速下的平板颤振分析中。第 2 阶段与第 3 阶段的振荡均存在 4 个主要频率，其中第 2 阶段的 4 个主要频率：$f_1 = 102.6$ Hz、$f_2 = 203.9$ Hz、$f_3 = 306.6$ Hz、$f_4 = 407.9$ Hz，其比例关系为 $f_1 : f_2 : f_3 : f_4 \approx 1 : 2 : 3 : 4$；第 3 阶段的 4 个主要频率：$f_1 = 102$ Hz、$f_2 = 203.9$ Hz、$f_3 = 305.9$ Hz、$f_4 = 407.8$ Hz，其比例关系为 $f_1 : f_2 : f_3 : f_4 \approx 1 : 2 : 3 : 4$。

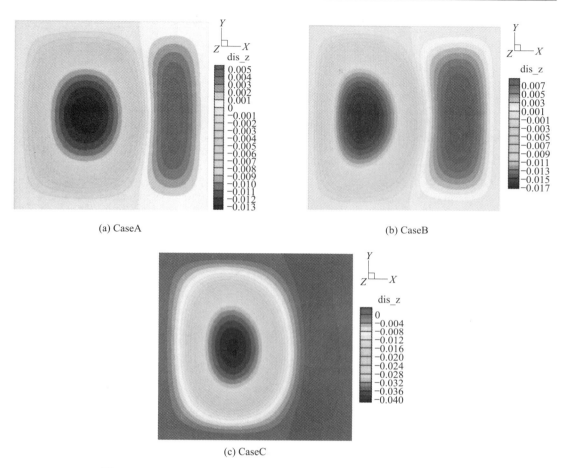

图 3 - 27　$M_\infty = 1.2$、$\lambda = 226$ 下的静气弹响应位移云图（见彩插）

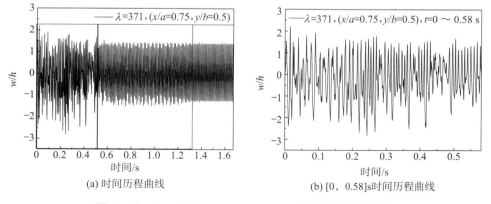

图 3 - 28　CaseA $M_\infty = 1.2$、$\lambda = 371$ 下的壁板气弹响应

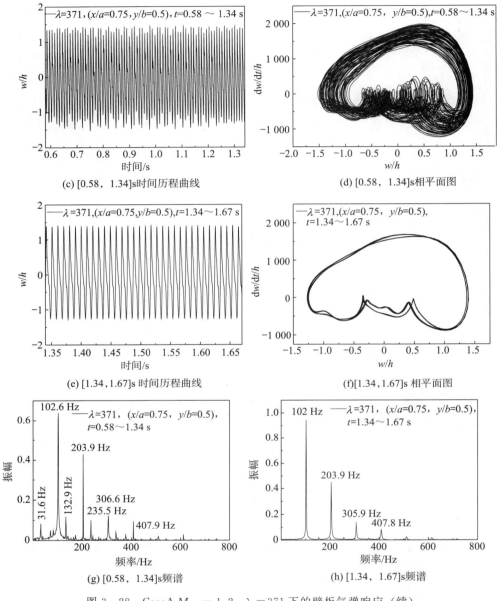

(c) [0.58，1.34]s时间历程曲线

(d) [0.58，1.34]s相平面图

(e) [1.34,1.67]s 时间历程曲线

(f)[1.34,1.67]s 相平面图

(g) [0.58，1.34]s频谱

(h) [1.34，1.67]s频谱

图 3 - 28　CaseA $M_\infty = 1.2$、$\lambda = 371$ 下的壁板气弹响应（续）

　　图 3 - 29 为 CaseA 在来流动压 $\lambda = 371$ 下，$t = 1.508$ s 和 $t = 1.515$ s 两个时刻的位移云图。$t = 1.508$ s 时壁板振幅达到最大值，而 $t = 1.515$ s 时壁板振幅达到最小值。对比所得到的位移云图可知，壁板前部向下变形，后部向上变形；同时，由于变形运动包含了非对称的振荡模态，因此位移云图关于 $y/b = 0.5$ 中面不对称。

3.2.3.4　CaseA $\lambda = 671$ 下的响应

　　图 3 - 30 展示了 CaseA 在来流动压 $\lambda = 671$ 下的非线性气弹响应结果。由图 3 - 30 可

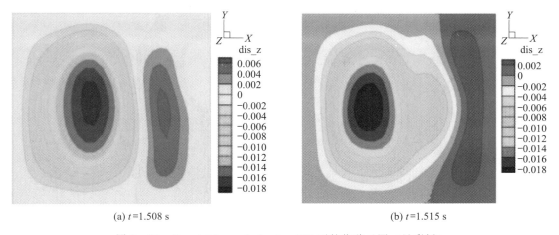

(a) $t=1.508$ s　　　　　　　　　　　　　　(b) $t=1.515$ s

图 3-29　CaseA $M_\infty = 1.2$、$\lambda = 371$ 下的位移云图（见彩插）

以看出，其运动形态呈现出一定的不规则振荡特征，4 个主要的振荡频率为 $f_1 = 74.6$ Hz、$f_2 = 151.5$ Hz、$f_3 = 226.2$ Hz、$f_4 = 303.1$ Hz，其比例关系为 $f_1 : f_2 : f_3 : f_4 \approx 1 : 2 : 3 : 4$。

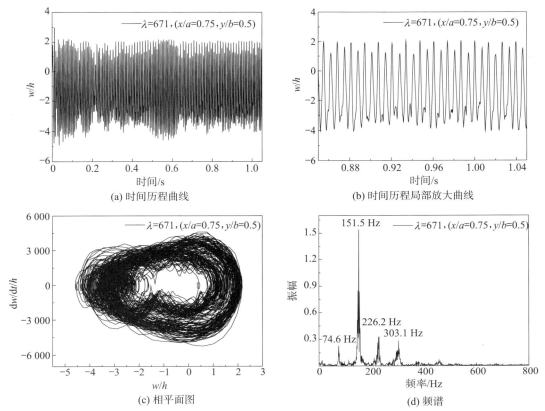

图 3-30　CaseA $M_\infty = 1.2$、$\lambda = 671$ 下的壁板气弹响应

3.2.3.5　CaseA λ = 866 下的响应

图 3 - 31 展示了 CaseA 在来流动压 λ = 866 下的非线性气弹响应结果。与动压 λ = 671 下的结果相比，可以看到动压提高使得运动形态由不规则振荡变为极限环；4 个主要的振荡频率为 $f_1 = 170.9$ Hz、$f_2 = 341.9$ Hz、$f_3 = 512.8$ Hz、$f_4 = 683.8$ Hz，其比例关系为 $f_1 : f_2 : f_3 : f_4 \approx 1 : 2 : 3 : 4$。

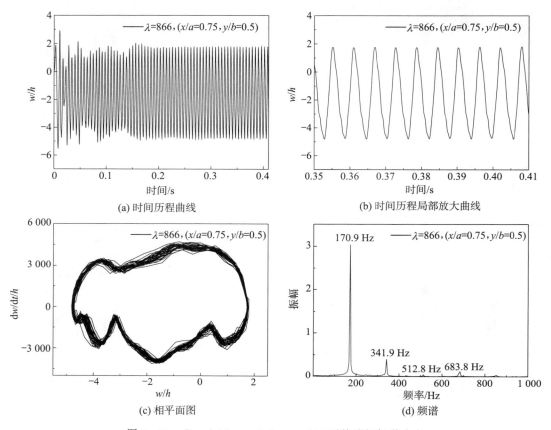

(a) 时间历程曲线　　　　　　　　　　(b) 时间历程局部放大曲线

(c) 相平面图　　　　　　　　　　　　(d) 频谱

图 3 - 31　CaseA $M_\infty = 1.2$、λ = 866 下的壁板气弹响应

图 3 - 32 为 CaseA 在来流动压 λ = 866 下，$t = 0.361$ s 和 $t = 0.388$ s 两个时刻的位移云图。$t = 0.361$ s 时壁板振幅达到最大值；而 $t = 0.388$ s 时壁板振幅达到最小值，且此时整个壁板主要向下变形。

3.2.3.6　CaseB λ = 493 下的响应

图 3 - 33 展示了 CaseB 在来流动压 λ = 493 下的响应结果。由时间历程［图 3 - 33 (a)］可以看出，运动形态在经历了一段不规则振荡之后进入极限环，其振幅曲线在最大值处有明显的曲折。由频谱［图 3 - 33 (d)］可以看出，壁板变形运动有 8 个主要的振荡频率：$f_1 = 114.2$ Hz、$f_2 = 228.4$ Hz、$f_3 = 342.6$ Hz、$f_4 = 456.9$ Hz、$f_5 = 571.1$ Hz、$f_6 = 685.3$ Hz、$f_7 = 799.5$ Hz、$f_8 = 913.7$ Hz，其比例关系为 $f_1 : f_2 : f_3 : f_4 : f_5 :$

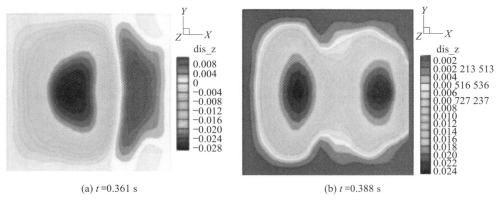

(a) t =0.361 s　　　　　　　　　　　(b) t =0.388 s

图 3 - 32　CaseA $M_\infty = 1.2$、$\lambda = 866$ 下的位移云图（见彩插）

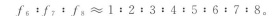

$f_6 : f_7 : f_8 \approx 1 : 2 : 3 : 4 : 5 : 6 : 7 : 8$。

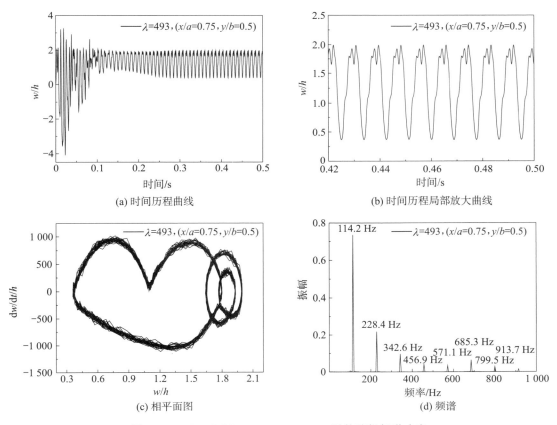

(a) 时间历程曲线　　　　　　　　　　(b) 时间历程局部放大曲线

(c) 相平面图　　　　　　　　　　　　(d) 频谱

图 3 - 33　CaseB $M_\infty = 1.2$、$\lambda = 493$ 下的壁板气弹响应

　　图 3 - 34 为 CaseB 在来流动压 $\lambda = 493$ 下，$t = 0.422$ s 和 $t = 0.425$ s 两个时刻的马赫数云图和位移云图。$t = 0.422$ s 时壁板振幅达到最大值，而 $t = 0.425$ s 时壁板振幅达到最小值。由马赫数云图可知，由于壁板较大的曲率，前缘亚声速区外存在弓形激波。

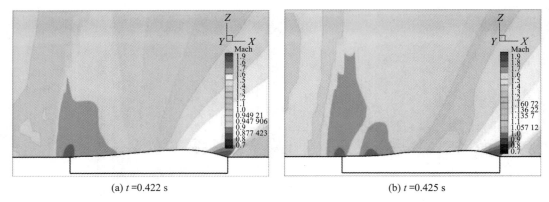

(a) t =0.422 s　　　　　　　　　　　　(b) t =0.425 s

图 3 - 34　CaseB M_∞ = 1.2、λ =493 下的马赫数云图（见彩插）

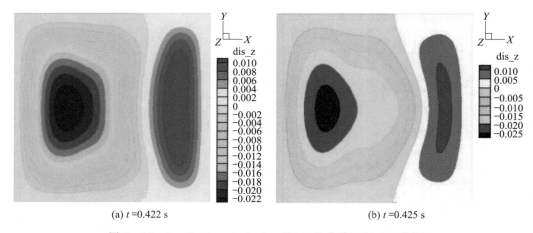

(a) t =0.422 s　　　　　　　　　　　　(b) t =0.425 s

图 3 - 35　CaseB M_∞ =1.2、λ=493 下的位移云图（见彩插）

3.2.3.7　CaseB λ =530 下的响应

图 3 - 36 展示了 CaseB 在来流动压 λ =530 下的响应结果。在经历了一段不规则振荡之后，壁板开始近似周期性地振荡。由频谱 [图 3 - 36（d）] 可以看出，振荡运动有若干主要频率：f_1 =21.4 Hz、f_2 =97.6 Hz、f_3 =119 Hz、f_4 =140.4 Hz、f_5 =238 Hz、f_6 =259.4 Hz、f_7 =357 Hz、f_8 =476 Hz，其数值关系为 $f_3 = f_1 + f_2$、$f_4 = f_1 + f_3$、$f_6 = f_3 + f_4$、$f_3 : f_5 : f_7 : f_8 \approx 1 : 2 : 3 : 4$。

3.2.3.8　CaseC λ =1 279 下的响应

图 3 - 37 展示了 CaseC 在来流动压 λ =1 279 下的响应结果。其中，时间历程 [图 3 - 37（a）（b）（e）（h）] 包括 $t \in [0, 1.3]$ s、$t \in [0.08, 0.3]$ s、$t \in [0.4, 0.8]$ s、$t \in [0.85, 1.3]$ s 4 个时间段的图像；相平面图 [图 3 - 37（c）（f）（j）]、频谱 [图 3 - 37（d）（g）（j）] 包括 $t \in [0.08, 0.3]$ s、$t \in [0.4, 0.8]$ s、$t \in [0.85, 1.3]$ s 3 个时间段的图像。由图 3 - 37 可以看出，整个变形运动演变过程中存在 $t \in [0.08, 0.3]$ s、$t \in$

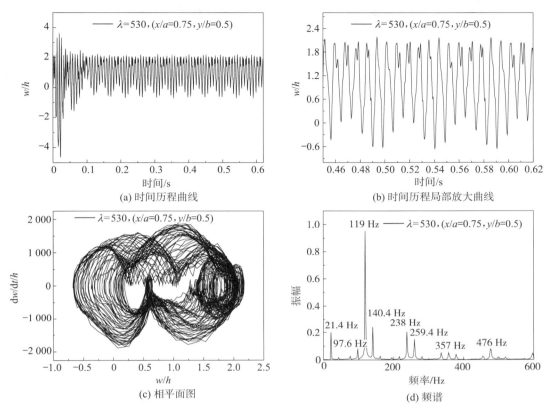

图 3 - 36　CaseB $M_\infty = 1.2$、$\lambda = 530$ 下的壁板气弹响应

$[0.4，0.8]$ s、$t \in [0.85，1.3]$ s 3 个关键阶段：第 1 阶段的运动形态呈现近似周期特征，其频谱上 4 个主要的频率之间的关系为 $f_3 = f_1 + f_2$、$f_4 = f_2 + f_3$，其中 $f_1 = 59.1$ Hz，$f_2 = 259$ Hz、$f_3 = 318.1$ Hz、$f_4 = 577.1$ Hz。第 2 阶段的运动其频谱上 6 个主要的频率之间的关系为 $f_1 : f_2 : f_3 : f_4 : f_5 : f_6 \approx 1 : 2 : 3 : 4 : 5 : 6$，其中 $f_1 = 166.7$ Hz、$f_2 = 333.3$ Hz、$f_3 = 500$ Hz、$f_4 = 666.6$ Hz、$f_5 = 833.3$ Hz、$f_6 = 999.9$ Hz。在 $t \approx 0.5$ s 时刻之前，运动形态为极限环且振幅较第 1 阶段大；在 $t \approx 0.5$ s 时刻之后，f_1 对应的振幅增大，f_2 对应的振幅减小。第 3 阶段的运动其频谱上 6 个主要的频率之间的关系为 $f_1 : f_2 : f_3 : f_4 : f_5 : f_6 \approx 1 : 2 : 3 : 4 : 5 : 6$，其中 $f_1 = 166.7$ Hz、$f_2 = 333.5$ Hz、$f_3 = 502.1$ Hz、$f_4 = 668.9$ Hz、$f_5 = 835.6$ Hz、$f_6 = 1\,002.4$ Hz，其频率组成与第 2 阶段相似，其运动形态为近似周期性的等幅振荡。

　　图 3 - 38 为 CaseC 在来流动压 $\lambda = 1\,279$ 下，$t = 1.016\,6$ s 和 $t = 1.044\,55$ s 两个时刻的位移云图。$t = 1.016\,6$ s 时壁板振幅达到最大值，而 $t = 1.044\,55$ s 时壁板振幅达到最小值。整个壁板主要向下变形，该结果与 CaseC 在动压 $\lambda = 226$ 下的静气弹响应的结果相似；振幅最小值点随时间前后移动。

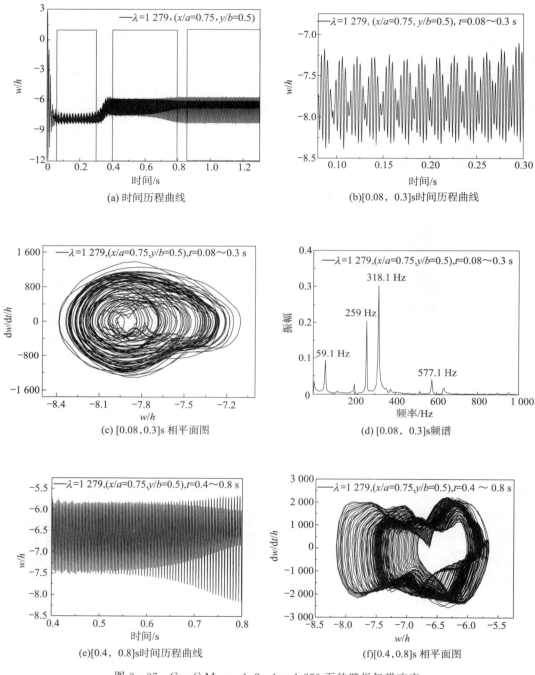

图 3 - 37　CaseC $M_\infty = 1.2$、$\lambda = 1\,279$ 下的壁板气弹响应

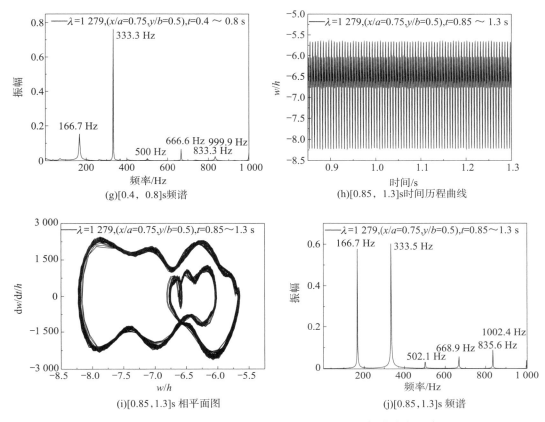

(g)[0.4，0.8]s频谱

(h)[0.85，1.3]s时间历程曲线

(i)[0.85,1.3]s 相平面图

(j)[0.85,1.3]s 频谱

图 3 - 37　CaseC $M_\infty = 1.2$、$\lambda = 1\,279$ 下的壁板气弹响应（续）

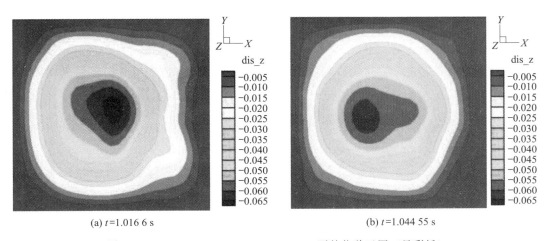

(a) t=1.016 6 s

(b) t=1.044 55 s

图 3 - 38　CaseC $M_\infty = 1.2$、$\lambda = 1\,279$ 下的位移云图（见彩插）

3.2.3.9　CaseC $\lambda = 2\,602$ 下的响应

图 3 - 39 展示了 CaseC 在来流动压 $\lambda = 2\,602$ 下的结果。当动压提高到 2 602 时，运动形态最终稳定在极限环，其 3 个主要频率为 $f_1 = 405.4$ Hz、$f_2 = 811$ Hz、$f_3 =$

1 216.4 Hz,比例关系为 $f_1 : f_2 : f_3 \approx 1 : 2 : 3$。

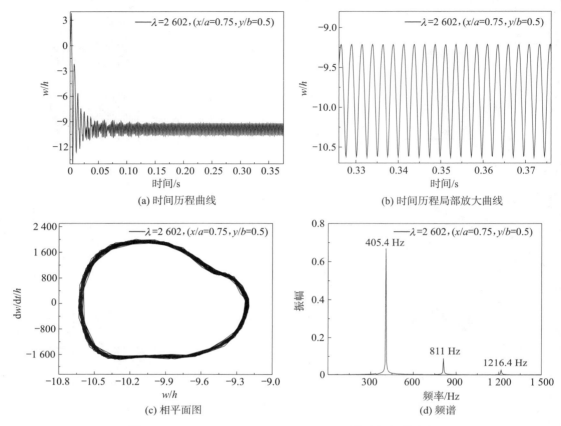

(a) 时间历程曲线　　　　　　　　　　(b) 时间历程局部放大曲线

(c) 相平面图　　　　　　　　　　　　(d) 频谱

图 3 - 39　CaseC $M_\infty = 1.2$、$\lambda = 2\ 602$ 下的壁板气弹响应

3.2.3.10　振幅与动压的关系

图 3 - 40 给出了 $M_\infty = 1.2$ 时,不同动压下 3 种结构形态的壁板振幅与来流动压之间

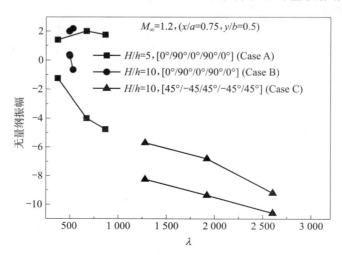

图 3 - 40　$M_\infty = 1.2$ 时壁板振荡幅值与来流动压关系

的关系。从图 3-40 中可以看出，除 CaseC 外，其他两种结构形态下振幅的绝对值均随着动压增加而增大。

3.2.4　超声速 $M_\infty = 1.67$ 下的响应分析

超声速 $M_\infty = 1.67$ 时，各动压下复合材料曲面壁板的气弹响应结果如表 3-6 所示。

表 3-6　$M_\infty = 1.67$ 时各动压下复合材料曲面壁板的气弹响应结果

气弹响应	静变形	振荡
CaseA	$\lambda = 35、64、81$	$\lambda = 87、90、92、113$
CaseB	$\lambda = 35、64、81$	$\lambda = 91、92、113$
CaseC	$\lambda = 35、64、81$	$\lambda = 85、92、113$

3.2.4.1　$M_\infty = 1.67$ 时的静气弹响应

图 3-41 展示了参考点（$x/a = 0.75$，$y/b = 0.5$）上不同来流动压下 3 种结构形态的非线性静气弹响应结果。随着动压增大，在 CaseA、CaseB、CaseC3 种情况下，壁板的位移均呈现增大趋势；同时，与亚声速和跨声速结果相比，在所选的参考点上，CaseC 情况下壁板的位移小于 CaseA，CaseA 的位移小于 CaseB，这种差异与流场中激波膨胀波位置和强度的差异有关。

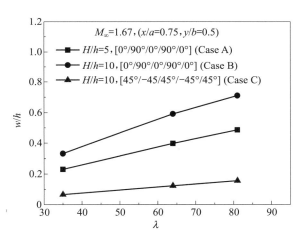

图 3-41　$M_\infty = 1.67$ 时的静变形与来流动压关系

3.2.4.2　CaseA/CaseB/CaseC $\lambda = 64$ 下的静气弹响应

图 3-42 和图 3-43 为 CaseA、CaseB、CaseC 各自在来流动压 $\lambda = 64$ 下的马赫数云图和位移云图。激波角与 $M_\infty = 1.2$ 情况下的结果相比有所减小，且曲率不同，激波角不同；壁板前部向下变形，后部向上变形；在 CaseC 情况下，位移云图关于 $y/b = 0.5$ 中面不对称，这和材料铺层角度导致的壁板刚性不对称有关。

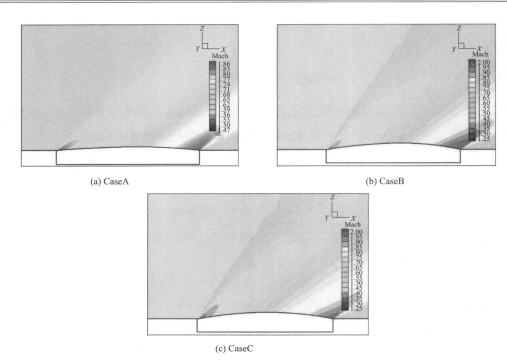

图 3-42　$M_\infty = 1.67$、$\lambda = 64$ 下的静气弹响应马赫数云图（见彩插）

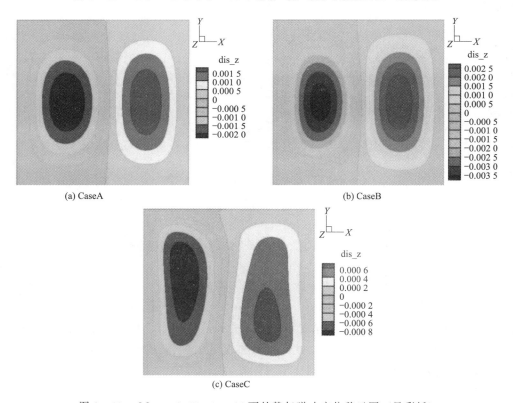

图 3-43　$M_\infty = 1.67$、$\lambda = 64$ 下的静气弹响应位移云图（见彩插）

3.2.4.3　CaseA λ = 87 下的响应

图 3 - 44 展示了 CaseA 在来流动压 $\lambda = 87$ 下的非线性气弹响应结果。其运动形态最终稳定在极限环，相比于其他马赫数，$M_\infty = 1.67$ 时壁板在较小的动压下即进入极限环；振荡主要频率只有一个，即 $f_1 = 110.9$ Hz；尽管位移振幅的极值近乎定值，但振荡速度的大小持续波动；振幅的最大值小于壁板厚度。

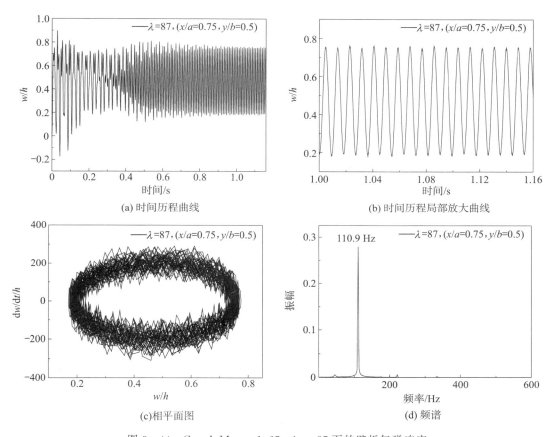

(a) 时间历程曲线　　　　　　　　　　(b) 时间历程局部放大曲线

(c)相平面图　　　　　　　　　　　　(d) 频谱

图 3 - 44　CaseA $M_\infty = 1.67$、$\lambda = 87$ 下的壁板气弹响应

图 3 - 45 和图 3 - 46 为 CaseA 在来流动压 $\lambda = 87$ 下，$t = 1.131$ s 和 $t = 1.135$ s 两个时刻的马赫数云图和位移云图。$t = 1.131$ s 时壁板振幅达到最大值，而 $t = 1.135$ s 时达到最小值。除了后缘处膨胀波外，马赫数分布云图与 CaseA 在来流动压 $\lambda = 67$ 下的静气弹响应结果相似（这类典型的超声速流场气动载荷可以通过活塞理论或其他简化气动模型方法计算得到）。

3.2.4.4　CaseA λ = 113 下的响应

图 3 - 47 展示了 CaseA 在来流动压 $\lambda = 113$ 下的非线性气弹响应结果。壁板变形运动最终表现为近似周期性的振荡。振荡有若干个主要频率：$f_1 = 55.6$ Hz、$f_2 = 59.9$ Hz、$f_3 = 111.2$ Hz、$f_4 = 115.5$ Hz、$f_5 = 171$ Hz、$f_6 = 175.3$ Hz、$f_7 = 230.9$ Hz、$f_8 = 235.2$ Hz，存

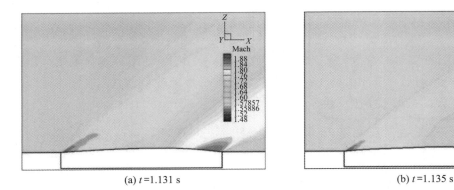

(a) $t = 1.131$ s　　　　　　　　　　　(b) $t = 1.135$ s

图 3 - 45　CaseA $M_\infty = 1.67$、$\lambda = 87$ 下的马赫数云图（见彩插）

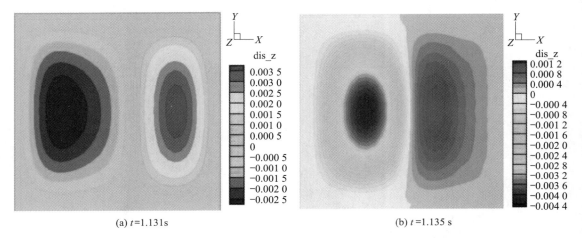

(a) $t = 1.131$ s　　　　　　　　　　　(b) $t = 1.135$ s

图 3 - 46　CaseA $M_\infty = 1.67$、$\lambda = 87$ 下的位移云图（见彩插）

在关系：$f_3 = 2f_1$，$f_4 = f_1 + f_2$，$f_5 \approx 2f_1 + f_2$，$f_6 \approx f_1 + 2f_2$，$f_7 \approx 2(f_1 + f_2) = 2f_4$，$f_8 \approx f_1 + 3f_2$。

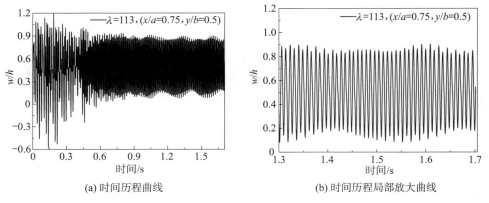

(a) 时间历程曲线　　　　　　　　　　(b) 时间历程局部放大曲线

图 3 - 47　CaseA $M_\infty = 1.67$、$\lambda = 113$ 下的壁板气弹响应

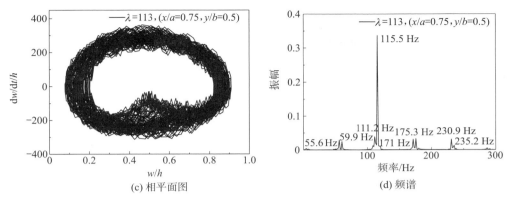

(c) 相平面图　　　　　　　　　　(d) 频谱

图 3 - 47　CaseA $M_\infty = 1.67$、$\lambda = 113$ 下的壁板气弹响应（续）

3.2.4.5　CaseB $\lambda = 91$ 下的响应

图 3 - 48 展示了 CaseB 在来流动压 $\lambda = 91$ 下的非线性气弹响应结果。由时间历程 ［图 3 - 48 （a）］ 可以看出，在 $t \approx 0.4\text{s}$ 壁板变形运动进入等幅振荡过程。振荡有 5 个主要频率，$f_1 = 53.7\text{Hz}$，$f_2 = 107.4\text{Hz}$，$f_3 = 164.8\text{Hz}$，$f_4 = 218.5\text{Hz}$，$f_5 = 272.2\text{Hz}$，各频率之间的关系为 $f_1 : f_2 : f_3 : f_4 : f_5 \approx 1 : 2 : 3 : 4 : 5$。由相平面图 ［图 3 - 48 （c）］ 可以看出，振荡均保持极限环。

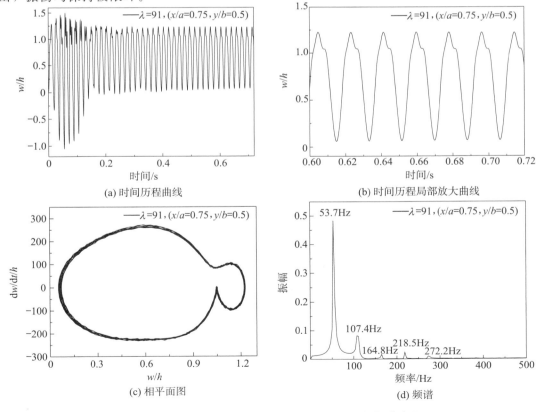

(a) 时间历程曲线　　　　　　　　　(b) 时间历程局部放大曲线

(c) 相平面图　　　　　　　　　　(d) 频谱

图 3 - 48　CaseB $M_\infty = 1.67$、$\lambda = 91$ 下的壁板气弹响应

　　图 3-49 为 CaseB 在来流动压 $\lambda = 91$ 下，$t = 1.131$ s 和 $t = 1.135$ s 两个时刻的位移云图。$t = 1.131$ s 时壁板振幅达到最大值，而 $t = 1.135$ s 时振幅达到最小值。壁板位移分布与静变形时相似，区别在于 $t = 1.135$ s 时，壁板后部出现两个小的振幅极值点。

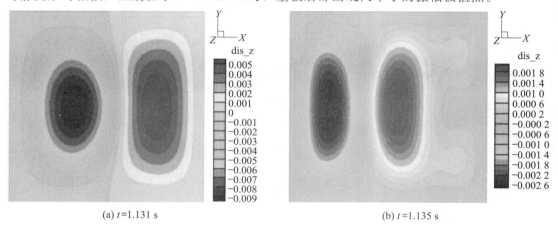

(a) $t = 1.131$ s　　　　　　　　　　　　　(b) $t = 1.135$ s

图 3-49　CaseB $M_\infty = 1.67$、$\lambda = 91$ 下的位移云图（见彩插）

3.2.4.6　CaseB $\lambda = 113$ 下的响应

　　图 3-50 展示了 CaseB 在来流动压 $\lambda = 113$ 下的非线性气弹响应结果。由时间历程 [图 3-50（a）] 可以看出，运动形态除了一个最低频（$f_1 = 3.8$ Hz）的振荡外，还表现出复杂的混沌特征。

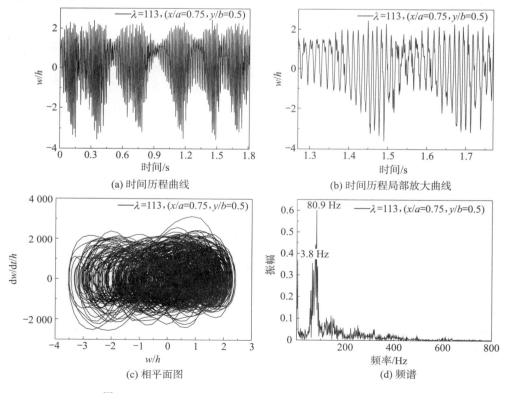

(a) 时间历程曲线　　　　　　　　　　　　(b) 时间历程局部放大曲线

(c) 相平面图　　　　　　　　　　　　　　(d) 频谱

图 3-50　CaseB $M_\infty = 1.67$、$\lambda = 113$ 下的壁板气弹响应

　　图 3 - 51 和图 3 - 52 分别为 CaseB 在来流动压 $\lambda = 113$ 下，$t = 1.491\ \text{s}$ 和 $t = 1.495\ \text{s}$ 两个时刻的马赫数云图和位移云图。$t = 1.491\ \text{s}$ 时壁板振幅达到最大值，而 $t = 1.495\ \text{s}$ 时达到最小值。由马赫数云图可知，膨胀波从前缘向中部移动。$t = 1.491\ \text{s}$ 时，壁板上存在 3 个振幅极值点，正的极值点几乎位于壁板中心。

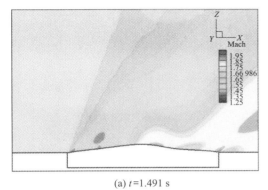

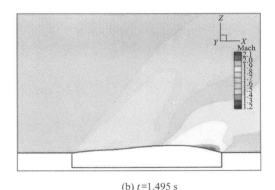

| (a) $t = 1.491\ \text{s}$ | (b) $t = 1.495\ \text{s}$ |

图 3 - 51　CaseB $M_{\infty} = 1.67$、$\lambda = 113$ 下马赫数云图（见彩插）

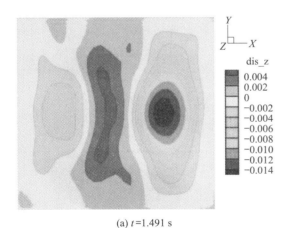

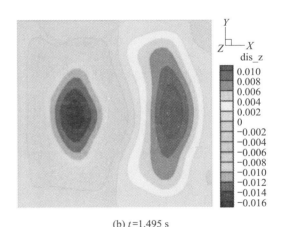

| (a) $t = 1.491\ \text{s}$ | (b) $t = 1.495\ \text{s}$ |

图 3 - 52　CaseB $M_{\infty} = 1.67$、$\lambda = 113$ 下的位移云图（见彩插）

3.2.4.7　CaseC $\lambda = 85$ 下的响应

　　图 3 - 53 展示了 CaseC 在来流动压 $\lambda = 85$ 下的非线性气弹响应结果。其有 4 个主要振荡频率：$f_1 = 82.5\ \text{Hz}$、$f_2 = 169.6\ \text{Hz}$、$f_3 = 252.2\ \text{Hz}$、$f_4 = 334.7\ \text{Hz}$，其比例关系为 $f_1 : f_2 : f_3 : f_4 \approx 1 : 2 : 3 : 4$；CaseC 的颤振动压相当小，不仅小于其他马赫数下 CaseC 的颤振动压，甚至也小于同一马赫数下 CaseA 和 CaseB 对应的值；同时，振幅及振荡速度在数值上相对其他情况下的结果也小很多。

　　图 3 - 54 为 CaseC 在来流动压 $\lambda = 85$ 下，$t = 0.617\ \text{s}$ 和 $t = 0.672\ \text{s}$ 两个时刻的位移云图。$t = 0.617\ \text{s}$ 时壁板振幅达到最大值，而 $t = 0.672\ \text{s}$ 时达到最小值。$t = 0.617\ \text{s}$ 时的结果与 $\lambda = 64$ 时静变形结果相似，而 $t = 0.672\ \text{s}$ 时壁板后部有两个正的极值点。

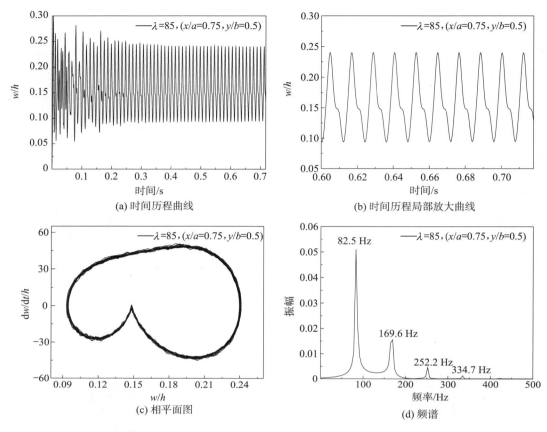

(a) 时间历程曲线　　　　　　　　　　(b) 时间历程局部放大曲线

(c) 相平面图　　　　　　　　　　　　(d) 频谱

图 3 - 53　CaseC $M_\infty = 1.67$、$\lambda = 85$ 下的壁板气弹响应

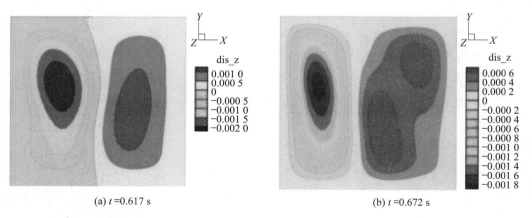

(a) $t = 0.617$ s　　　　　　　　　　(b) $t = 0.672$ s

图 3 - 54　CaseC $M_\infty = 1.67$、$\lambda = 85$ 下的位移云图（见彩插）

3.2.4.8　CaseC $\lambda = 113$ 下的响应

图 3 - 55 展示了 CaseC 在来流动压 $\lambda = 113$ 下的非线性气弹响应结果。由频谱［图 3 - 55（d）］可以看出，壁板有如下主要振荡频率：$f_1 = 77.9$ Hz、$f_2 = 155.8$ Hz、$f_3 =$

$233.6\ \mathrm{Hz}$、$f_4=311.5\ \mathrm{Hz}$、$f_5=389.4\ \mathrm{Hz}$，各频率之间的关系为 $f_1:f_2:f_3:f_4:f_5\approx$
$1:2:3:4:5$。

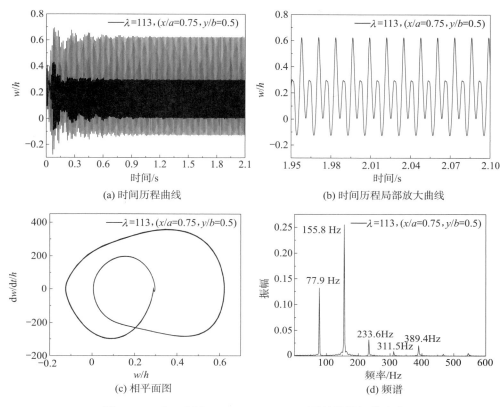

图 3 - 55　CaseC $M_\infty=1.67$、$\lambda=113$ 下的壁板气弹响应

图 3 - 56 为 CaseC 在来流动压 $\lambda=113$ 下，$t=2.099\ \mathrm{s}$ 和 $t=2.108\ \mathrm{s}$ 两个时刻的位移云图。$t=2.099\ \mathrm{s}$ 时壁板振幅达到最大值；$t=2.108\ \mathrm{s}$ 时达到最小值，且此时在壁板后部存在3 个极值点。

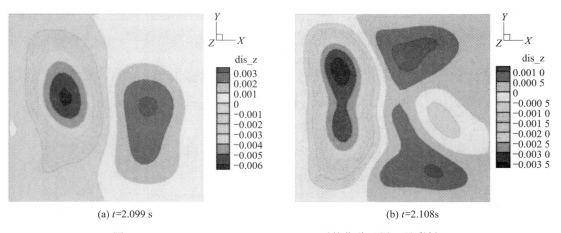

(a) $t=2.099\ \mathrm{s}$　　　　　　　　　　　　(b) $t=2.108\mathrm{s}$

图 3 - 56　CaseC $M_\infty=1.67$、$\lambda=113$ 下的位移云图（见彩插）

3.2.4.9　振幅与动压关系

图 3-57 描述了 $M_\infty = 1.67$ 时，不同动压下 3 种结构形态的壁板振幅与来流动压之间的关系。随着动压增大，振幅值也会增大，相较而言，CaseB 的振幅增加更为明显。

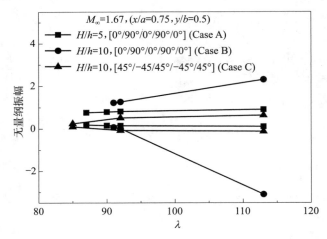

图 3-57　$M_\infty = 1.67$ 时壁板振荡幅值与来流动压的关系

3.2.5　不同马赫数下的颤振动压

图 3-58 和图 3-59 分别给出了不同马赫数下 3 种情况下的壁板颤振临界动压和颤振频率随马赫数的变化。由图 3-58 可以看出，对于所有的计算状态，随着马赫数增大，壁板颤振动压下降。除了 $M_\infty = 1.67$ 外，其余马赫数下 CaseC 的颤振动压均比 CaseA 和 CaseB 高。超声速时，CaseA 的颤振动压比 CaseB 略低；而跨声速时，CaseA 的颤振动压比 CaseB 低。对于 Case C 而言，在跨声速域内存在低频的单模态颤振现象，除了该区域之外，颤振频率都高于 Case A 和 Case B 两种情况，说明对于斜交铺层和带有大曲率的薄壁结构，跨声速的单模态颤振是一种特别需要注意的现象。

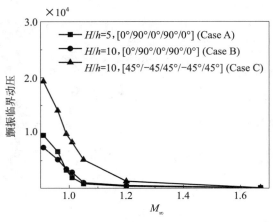

图 3-58　颤振临界动压与马赫数的关系

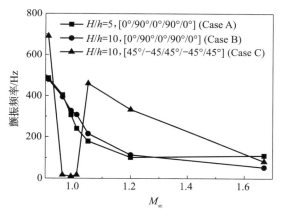

图 3 - 59　颤振频率与马赫数的关系

3.3　复合材料曲面薄壁结构的流固耦合动力学响应的特征

前面结合基于 BEM 方法的界面映射技术、TFI 动网格方法，利用耦合方法计算了复合材料曲面壁板在亚声速、跨声速、低超声速 3 个速域共 4 个马赫数的不同动压、两种材料铺层方式、两种壁板曲率等条件下的非线性气弹响应，主要形式表现为静气弹结构变形、等幅振荡、近似周期振荡、非周期振荡和混沌运动等。

当 $M_\infty < 1$ 时，根据计算得到的壁板静气弹响应结果，在很大范围内随着动压增大，CaseC 所得到的壁板位移比 CaseA 和 CaseB 的大。动压增大至某值时，壁板后部的流场中出现一个位于激波后面的涡流区域，其位置随着壁板变形运动不断改变。以上流场中的非线性现象将产生非线性的气动力，进而对壁板的变形运动产生十分显著的影响。当马赫数等于 0.96 时，CaseA 和 CaseB 情况下的壁板变形运动均表现为高频振荡形态；而 CaseC 情况下的壁板变形运动的形态相对较为敏感和复杂，主要振荡频率中存在一个非常低的频率。3 种情况下的颤振动压都相当大，其振幅能达到壁板厚度的 17.5 倍左右。

当 $M_\infty > 1$ 时，CaseC 所得到的壁板位移在 $M_\infty = 1.2$ 时大于 CaseA 和 CaseB 的结果，但在 $M_\infty = 1.67$ 时小于 CaseA 和 CaseB 的结果。3 种情况下的颤振动压均随着马赫数增大而减小，在 $M_\infty = 1.2$ 附近减小幅度很大。CaseA 和 CaseC 情况下的壁板变形运动存在 3 个相异的阶段，并且变形运动进入极限环需要很长一段时间。当 $M_\infty = 1.2$ 时，CaseB 情况下流场中同时存在亚声速和超声速区域，这意味着线化气动力模型（如活塞理论等）不能有效地应用于此种计算条件下。当 $M_\infty = 1.67$ 时，CaseC 情况下的颤振动压是 3 种情况下最低的，并且在相同的动压下，其静气弹变形的位移和动气弹响应的振幅都比其他两种情况小。

本章小结

本章利用气动-结构耦合方法计算了复合材料曲面壁板的非线性流固耦合响应问题，

求解得到了不同马赫数、结构形态和来流动压下的响应特性，结果表明：

1) 在不同马赫数和动压条件下，复合材料曲面壁板气弹响应过程出现了静态变形、等幅振荡、周期振荡、混沌运动等多种复杂运动形式，其动态响应频谱往往包含若干个具有一定比例关系的频率。这些结果都表明了复合材料曲面壁板气弹响应的强非线性特征。需要注意的是，部分计算条件中的来流动压远大于真实飞行大气中的动压，这是为了分析壁板气弹响应的动稳定特性。

2) 当流场中存在较大非线性特征时，激波运动位置和涡流区域随着壁板变形运动而不断改变，并对壁板的变形运动产生了十分明显的非线性影响，如运动形态中包含的周期性振荡、无规则振荡特性、混沌特性等。

3) 对薄壁结构而言，其壁板的弯度和复合材料铺层角度对气弹响应具有较大影响，不同弯度和铺层角度组合下的气弹响应结果如振荡频率、幅值、颤振边界等具有明显的差异，对结构设计具有参考价值。

第4章 热环境下复合材料薄壁结构的流固耦合动力学响应特征

4.1 热效应下的复合材料薄壁结构的动力学模型

飞行器高超声速飞行时，会产生气动加热。如上所述，复合材料薄壁结构在超声速及高超声速气流中的响应会呈现出几何大变形的特点；同时，当有热环境作用时，会出现热应力。本节建模分析中需要构建能够描述三维复合材料结构几何非线性的有限元模型，并考虑热效应的影响。

4.1.1 热效应下的复合材料薄壁结构的非线性有限元模型

考虑图 2-2 所示的复合材料薄壁结构，当考虑热效应后，与式（2-60）相比，壳元的非线性几何方程为

$$\boldsymbol{\varepsilon} = \left\{ \begin{array}{c} \dfrac{\partial u_0}{\partial x} - z\dfrac{\partial^2 w_0}{\partial x^2} - \alpha_x \Delta T \\[2mm] \dfrac{\partial v_0}{\partial y} - z\dfrac{\partial^2 w_0}{\partial y^2} - \alpha_y \Delta T \\[2mm] \left(\dfrac{\partial u_0}{\partial y} + \dfrac{\partial v_0}{\partial x}\right) - 2z\dfrac{\partial^2 w_0}{\partial x \partial y} \end{array} \right\} = \left\{ \begin{array}{c} \varepsilon_x^0 \\ \varepsilon_y^0 \\ \gamma_{xy}^0 \end{array} \right\} + z\left\{ \begin{array}{c} \kappa_x^0 \\ \kappa_y^0 \\ \kappa_{xy}^0 \end{array} \right\} - \Delta T \left\{ \begin{array}{c} \alpha_x \\ \alpha_y \\ 0 \end{array} \right\} = \boldsymbol{\varepsilon}_0 + z\boldsymbol{\kappa} - \Delta T \boldsymbol{\alpha}$$

$$\boldsymbol{\gamma}_z = \left\{ \begin{array}{c} \dfrac{\partial w_0}{\partial x} + \theta_x \\[2mm] \dfrac{\partial w_0}{\partial y} + \theta_y \end{array} \right\} = \left\{ \begin{array}{c} \gamma_{xz} \\ \gamma_{yz} \end{array} \right\}$$

$$\tag{4-1}$$

式中 $\boldsymbol{\varepsilon}_0$——包含薄膜应变；

     $\boldsymbol{\kappa}$ 和 $\boldsymbol{\gamma}_z$——包含弯曲应变；

     ΔT——温度的变化；

     α_x 和 α_y——热膨胀系数，反映了热效应的影响；

     $\boldsymbol{\alpha}$——热膨胀系数向量，$\boldsymbol{\alpha} = \{\alpha_x, \ \alpha_y, \ \theta\}^{\mathrm{T}}$。

复合材料任一铺层在材料参考坐标系下的偏轴应力-应变关系[132,142]为

$$\left\{ \begin{array}{c} \sigma_x \\ \sigma_y \\ \tau_{xy} \end{array} \right\}_{\mathrm{lam}}^k = \boldsymbol{Q}_m^k \left[\left\{ \begin{array}{c} \varepsilon_x \\ \varepsilon_y \\ \gamma_{xy} \end{array} \right\} - \left\{ \begin{array}{c} \alpha_x \\ \alpha_y \\ 0 \end{array} \right\} \right]_{\mathrm{lam}}^k$$

$$\left\{\begin{matrix}\tau_{xz}\\\tau_{yz}\end{matrix}\right\}_{\mathrm{lam}}^{k}=\boldsymbol{Q}_{s}^{k}\left\{\begin{matrix}\gamma_{xz}\\\gamma_{yz}\end{matrix}\right\}_{\mathrm{lam}}^{k} \tag{4-2}$$

式中　k ——复合材料铺层编号；

　　lam ——单层材料参考坐标系［图 2-2 中的 $(L，T)$ ］；

　　$\boldsymbol{Q}_{m}^{k}$ 和 $\boldsymbol{Q}_{s}^{k}$ ——单层刚度矩阵，取决于沿材料参考系下的 E_{L} 、E_{T} 、G_{LT} G_{TT} 和 μ_{LT} 等
　　　　　材料属性的值。

单元局部坐标系下的单层本构方程可写为

$$\left\{\begin{matrix}\sigma_{x}\\\sigma_{y}\\\tau_{xy}\end{matrix}\right\}_{\mathrm{loc}}^{k}=\boldsymbol{T}_{\sigma}\boldsymbol{Q}_{m}^{k}\boldsymbol{T}_{\sigma}^{\mathrm{T}}\left\{\begin{matrix}\varepsilon_{x}\\\varepsilon_{y}\\\gamma_{xy}\end{matrix}\right\}_{\mathrm{loc}}^{k}$$

$$\left\{\begin{matrix}\tau_{xz}\\\tau_{yz}\end{matrix}\right\}_{\mathrm{loc}}^{k}=\boldsymbol{T}_{\tau}\boldsymbol{Q}_{s}^{k}\boldsymbol{T}_{\tau}^{\mathrm{T}}\left\{\begin{matrix}\gamma_{xz}\\\gamma_{yz}\end{matrix}\right\}_{\mathrm{loc}}^{k} \tag{4-3}$$

$$\left\{\begin{matrix}\sigma_{x}\\\sigma_{y}\\\tau_{xy}\end{matrix}\right\}_{\mathrm{loc},\Delta T}^{k}=\boldsymbol{T}_{\sigma}\boldsymbol{Q}_{m}^{k}\boldsymbol{T}_{\sigma}^{\mathrm{T}}\left[-\Delta T\boldsymbol{T}_{\sigma}\left\{\begin{matrix}\alpha_{x}\\\alpha_{y}\\0\end{matrix}\right\}_{\mathrm{lam}}^{k}\right]=\boldsymbol{T}_{\sigma}\boldsymbol{Q}_{m}^{k}\left[-\Delta T\left\{\begin{matrix}\alpha_{x}\\\alpha_{y}\\0\end{matrix}\right\}_{\mathrm{lam}}\right]^{k}$$

式中　loc ——单元局部坐标系［图 2-2 中的 $(X，Y，Z)$ 坐标］；

　　$\boldsymbol{T}_{\sigma}$ 和 $\boldsymbol{T}_{\tau}$ ——单层材料参考坐标系与单元局部坐标系之间的转换矩阵，由材料纤维
　　　　　方向与单层材料参考坐标系夹角 θ 决定。

$$\boldsymbol{T}_{\sigma}=\begin{bmatrix}\cos^{2}\theta & \sin^{2}\theta & -\cos\theta\sin\theta\\\sin^{2}\theta & \cos^{2}\theta & \cos\theta\sin\theta\\2\cos\theta\sin\theta & -2\cos\theta\sin\theta & \cos^{2}\theta-\sin^{2}\theta\end{bmatrix} \tag{4-4}$$

$$\boldsymbol{T}_{\tau}=\begin{bmatrix}\cos\theta & -\sin\theta\\\sin\theta & \cos\theta\end{bmatrix} \tag{4-5}$$

单元局部坐标系内，所有单层的合力、合力矩与式（2-64）相同。由热效应引起的
合力和合力矩为

$$\boldsymbol{N}_{\Delta T}=-\left\{\begin{matrix}N_{x}\\N_{y}\\N_{xy}\end{matrix}\right\}_{\Delta T}=-\sum_{k=1}^{n}\int_{h_{k-1}}^{h_{k}}\left\{\begin{matrix}\sigma_{x}\\\sigma_{y}\\\tau_{xy}\end{matrix}\right\}_{\mathrm{loc},\Delta T}^{k}\mathrm{d}z$$

$$\boldsymbol{M}_{\Delta T}=-\left\{\begin{matrix}M_{x}\\M_{y}\\M_{xy}\end{matrix}\right\}_{\Delta T}=-\sum_{k=1}^{n}\int_{h_{k-1}}^{h_{k}}\left\{\begin{matrix}\sigma_{x}\\\sigma_{y}\\\tau_{xy}\end{matrix}\right\}_{\mathrm{loc},\Delta T}^{k}z\,\mathrm{d}z \tag{4-6}$$

整理上述合力和合力矩，得到

$$\left\{\begin{matrix}\boldsymbol{N}_{e}\\\boldsymbol{M}_{e}\\\boldsymbol{Q}_{e}\end{matrix}\right\}=\begin{bmatrix}\boldsymbol{A} & \boldsymbol{B} & \boldsymbol{0}\\\boldsymbol{B} & \boldsymbol{D} & \boldsymbol{0}\\\boldsymbol{0} & \boldsymbol{0} & \boldsymbol{C}_{s}\end{bmatrix}\left\{\begin{matrix}\boldsymbol{\varepsilon}_{0}\\\boldsymbol{k}\\\boldsymbol{\gamma}_{z}\end{matrix}\right\} \tag{4-7}$$

$$\left\{ \begin{matrix} \boldsymbol{N}_{\Delta T} \\ \boldsymbol{M}_{\Delta T} \end{matrix} \right\} = - \begin{bmatrix} \boldsymbol{A} \\ \boldsymbol{B} \end{bmatrix} \boldsymbol{\alpha} \, \Delta T \qquad (4-8)$$

考虑局部单元坐标系和材料坐标系之间的转换关系，可知：

$$\boldsymbol{\alpha} = \begin{bmatrix} \alpha_x \cos^2\theta + \alpha_y \sin^2\theta \\ \alpha_x \sin^2\theta + \alpha_y \cos^2\theta \\ (\alpha_x - \alpha_y) 2\sin\theta\cos\theta \end{bmatrix} \qquad (4-9)$$

式（4-7）中的 $\boldsymbol{A}$、$\boldsymbol{B}$、$\boldsymbol{D}$ 和 $\boldsymbol{C}_s$ 与第 2 章中的描述一致。由此得到单元局部坐标系中复合材料壁板壳元刚度矩阵 $\boldsymbol{K}_l$ 的表达式为式（2-66）。

由虚功原理，热效应可以转换为温度载荷，其在单元局部坐标系中的表达式可以写为

$$\boldsymbol{f}_{l\Delta T} = \begin{bmatrix} \displaystyle\int_A \boldsymbol{B}_m^{\mathrm{T}} \boldsymbol{A} \boldsymbol{\alpha} \, \Delta T \, \mathrm{d}A \\ \displaystyle\int_A \boldsymbol{B}_b^{\mathrm{T}} \boldsymbol{B} \boldsymbol{\alpha} \, \Delta T \, \mathrm{d}A \end{bmatrix} \qquad (4-10)$$

利用高斯积分可以获得单元坐标下的刚阵和温度载荷，进而投射到总体坐标下得到刚阵和载荷列阵。

因此，在局部坐标系下考虑热效应后，载荷和单元位移的关系如下：

$$\boldsymbol{f}_l + \boldsymbol{f}_{l\Delta T} = \boldsymbol{K}_l \boldsymbol{d}_l \qquad (4-11)$$

式中　$\boldsymbol{f}_l$——壳元局部坐标系下的外载荷。

4.1.2　考虑热效应的结构非线性动力学方程及其求解

基于哈密尔顿方程和虚功原理，在不考虑结构阻尼的情况下，可以推导得到增量形式的结构动力学运动方程，表示如下：

$$\boldsymbol{M}\ddot{\boldsymbol{d}}_{n+1} + \boldsymbol{K}_{T,n} \Delta \boldsymbol{d} = \boldsymbol{F}_{s,n+1} + \boldsymbol{F}_{\Delta T,n+1} - \boldsymbol{F}_{i,n} \qquad (4-12)$$

式中　$\boldsymbol{M}$——薄壁结构的总体质量矩阵；

$\boldsymbol{K}_{T,n}$——第 n 时间步壁板的切线刚度矩阵；

$\boldsymbol{F}_{s,n+1}$——物体承受的所有外力，这里主要是非定常气动载荷；

$\boldsymbol{F}_{i,n}$——总的内部载荷；

$\boldsymbol{F}_{\Delta T,n+1}$——温度载荷；

$\ddot{\boldsymbol{d}}_{n+1}$——节点加速度矢量；

$\Delta \boldsymbol{d}$——由第 n 时间步到 $n+1$ 时间步的节点变形增量。

为了求解式（4-12），考虑采用与 2.3.3 节中相近的 Newmark 方法。

4.2　热结构算例验证

4.2.1　有限元模型及材料属性

以一各向同性平板模型为例对本节的热结构模型进行验证，其参数为：$a = 1 \, \mathrm{m}$，$b =$

0.1 m，$h/a=1/100$，$\mu=0.3$，$\rho_s=2\ 700\text{ kg/m}^3$，$\alpha=1.0\times10^{-6}$，弹性模量随温度可变（图 $4-1$）。本模型两端固支约束，本节的有限元网格数量为 41×5。初始温度为 $T_0=100\ ℃$。

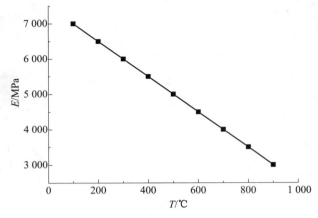

图 $4-1$　弹性模量随温度的变化曲线

4.2.2　考虑热效应下的模态分析

考虑温度场的变化 $[100，900]\ ℃$，基于本节考虑热效应的有限元模型进行模态分析，并与 Nastran 的结果进行比较。图 $4-2$ 给出了在不同温度下前 6 阶热模态频率的计算结果对比。由图 $4-2$ 可以看出，本节的计算结果与 Nastran 的结果颇为接近，除了第 4 阶模态有稍许差异外，其他模态的频率吻合较好。第 4 阶模态最大误差不超过 9%，这种差异可能由两种算法的非线性刚度矩阵计算结果的不同导致。

由图 $4-2$ 可知，随温度的升高，各阶频率会随之降低，更高阶的频率下降幅度更大些。这种特性很容易造成各阶模态运动之间的耦合，从而诱发如壁板颤振等不利的气动弹性现象。观察前两阶频率随温度的变化，出现了先降低后增高的趋势。以第 1 阶结构模态为例，其频率随温度的升高先变小，在 $400\ ℃$ 时达到最小值 14 Hz；在超过 $429.5\ ℃$ 时，1 阶频率又上升，此时结构发生了热屈曲，热屈曲以后会产生较大的变形，屈曲以后的模态需要在屈曲后的位置进行分析。

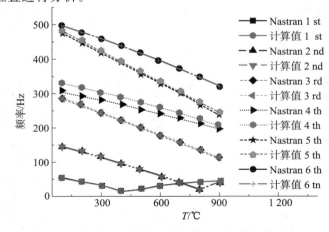

图 $4-2$　前 6 阶结构固有频率随温度的变化对比

　　将热环境下的材料属性与热应力的影响分开进行考虑，分别进行热模态计算，可分析其各自对热模态的影响大小。图 4-3 显示了考虑热应力和不考虑热应力影响下的 1 阶频率变化。从图 4-3 中可以看出，热应力比由于温度升高导致的弹性模量变化对结构刚度的影响更大。不考虑热应力影响时，在 400 ℃下结构的 1 阶频率为 47 Hz，远高于考虑热应力时的 14 Hz，此时的热应力中压应力占有较大的成分，从而使该模型发生失稳。

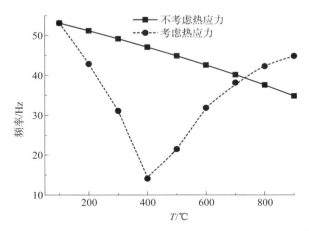

图 4-3　考虑热应力和不考虑热应力影响下的 1 阶频率变化

　　在 900 ℃下对该壁板热应力进行计算，图 4-4 显示了靠近端部的局部应力对比。靠近固支约束处，由于壁板热膨胀变形受到限制，会产生较大的热应力。由图 4-4 可以看出，本节所计算的 Von Mises 等效应力结果与 Nastran 的结果较为吻合，也证明了本节所考虑热效应下算法的可靠性。

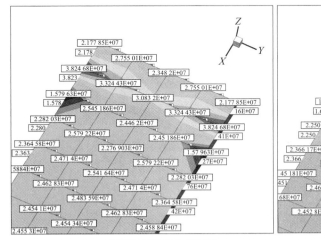
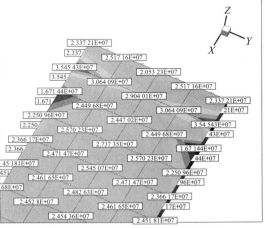

(a) Nastran计算的等效应力局部图　　　　(b) 本节计算的等效应力局部图

图 4-4　Von Mises 等效应力对比

4.3　复合材料薄壁结构的流固耦合响应分析

4.3.1　复合材料薄壁结构的模型

壁板几何和材料属性参数为：$a=b=1.0\,\mathrm{m}$，$h=0.005\,\mathrm{m}$，$E_L/E_T=40.0$，$G_{LT}/E_T=0.6$，$G_{TT}/E_T=0.5$，$\mu_{LT}=0.25$，$\rho_s=1\,500\,\mathrm{kg/m}$，质量比 $\mu_s=(\rho_a a)/(\rho_s h)=0.2$。壁板 4 个边界均固支，壁板包含 5 个等厚度铺层。考虑两种铺层：正交叠层板（cross - ply）$[0°/90°/0°/90°/0°]$ 和斜交叠层板（angle - ply）$[45°/-45°/45°/-45°/45°]$。计算马赫数从低超声速 1.01、超声速 2.0 到高超声速 5.0。结构单元为 $45\times45\times2$ 壳元。两种薄壁结构的前 6 阶固有频率如表 4 - 1 所示。

首先进行定常流场计算，对两种工况施加初始扰动，而后监测壁板在参考点 $(x/a=0.75，y/b=0.5)$ 处的响应，通过响应形态来分析特征。

表 4 - 1　两种不同铺层壁板的前 6 阶固有频率

铺层	1st	2nd	3rd	4th	5th	6th
正交铺层	29.850	48.596	71.605	81.205	86.818	115.18
斜交铺层	28.319	52.855	61.660	80.553	100.70	107.72

4.3.2　网格无关性和时间步长收敛性分析

为了分析本节数值算法中流场网格对气动弹性响应的无关性，以及选取的耦合计算时间步长的收敛性影响，这里针对正交铺层在气动非线性较强的低超声速 $M_\infty=1.01$ 下的一高动压工况 $\lambda=8\,250$ 展开分析。选取高动压的原因在于动压越大，非定常气动载荷的值也越大，壁板变形值也越大，更能分析网格和时间步长的影响。

本节考核了 3 种网格密度，沿壁板顺气流方向、沿展向以及法向的网格点分别设置为 $81\times81\times29$（壁板表面的网格为 41×41）、$121\times121\times39$（壁板表面的网格为 61×61）和 $181\times181\times59$（壁板表面的网格为 91×91）；同时，本节也选取了 3 个不同的无量纲时间步长：$\Delta\tau=\Delta t/a/V_\infty$，分别为 0.015、0.03 和 0.06。

Roache 提出的[143]外插方法用于考核网格和时间步长的影响，其网格收敛指数（Grid Convergence Index，GCI）定义为

$$\mathrm{GCI}=\frac{F_s\,|\,\varepsilon\,|\,r^p}{r^p-1} \tag{4-13}$$

式中　F_s ——收敛因子；

　　　r ——网格的改善比，这里取 1.5；

　　　p ——收敛指数，这里取 1.75；

　　　$|\varepsilon|$ ——相对误差。

相对误差表示如下：

$$|\varepsilon| = \frac{f_2 - f_1}{f_1} \qquad (4-14)$$

式中　　f_2 和 f_1——粗网格和细网格的考核值（此处以振荡频率来考核）。

根据 Richardson 外插方法，对 3 种网格和 3 个时间步长分别计算壁板响应，得到的网格收敛指数如表 4-2 所示。由表 4-2 可以看出，对于最密的网格和最小时间步长，该指数最小。

表 4-2　网格收敛指数

网格	收敛指数			
	$\|\varepsilon\|_{0.06-0.03}/\%$	$\|\varepsilon\|_{0.03-0.015}/\%$	$GCI_{0.06-0.03}/\%$	$GCI_{0.03-0.015}/\%$
$81\times81\times29$	1.362	0.715	5.814 7	4.052 5
$121\times121\times39$	1.87	0.763	7.983 5	4.257 4
$181\times181\times59$	1.471	0.604	6.28	2.578 6

图 4-5～图 4-7 分别显示了 3 种不同网格密度和 3 个不同时间步长下计算得到的壁板响应的相平面庞加莱映射图。由图 4-5～图 4-7 可以看出，在 3 套网格体系下，当时间步长变化时，其捕捉的壁板响应形态基本一致。相对而言，$\Delta\tau=0.06$ 时庞加莱映射的散布图相比其他两个时间步长的差异较为明显。$\Delta\tau=0.015$ 和 $\Delta\tau=0.03$ 的散布图符合较好，说明步长为 $\Delta\tau=0.03$ 时已经能够较为精确地模拟壁板响应情况。图 4-8 显示了 $\Delta\tau=0.03$ 下 3 种网格密度计算得到的壁板响应的庞加莱映射图。由图 4-8 可以看出，相比而言，网格量为 $81\times81\times29$ 的稀疏网格计算的散布图差异较大，表现为准周期振荡；其他两个网格体系的散布图表现出了非周期运动特点。图 4-9 显示了以无量纲振荡频率为考核依据的 GCI 收敛情况。综合考虑计算精度和效率，本节的网格选取为 $121\times121\times39$，耦合计算时间步长为 $\Delta\tau=0.03$。

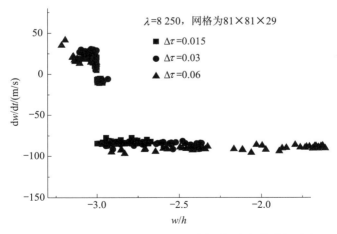

图 4-5　网格为 $81\times81\times29$ 下不同时间步长的壁板响应

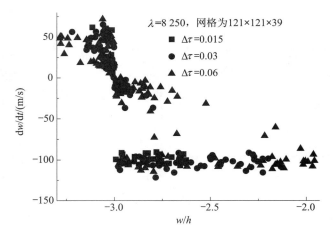

图 4 - 6　网格为 121×121×39 下不同时间步长的壁板响应

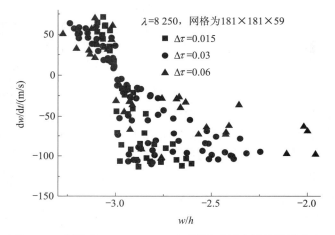

图 4 - 7　网格为 181×181×59 下不同时间步长的壁板响应

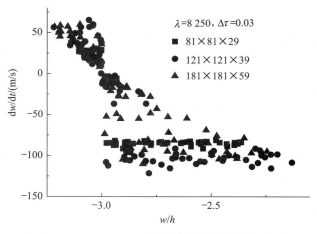

图 4 - 8　$\Delta\tau = 0.03$ 下不同网格密度的壁板响应

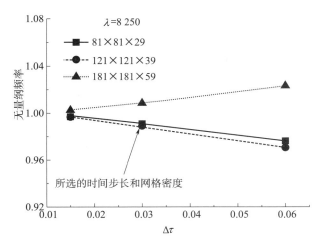

图 4 - 9　不同网格密度和时间步长下的 GCI 收敛情况

4.3.3　低超声速下薄壁结构的流固耦合响应分析

对于两个壁板，给定计算工况为 $M_\infty = 1.01$，分析其非线性气动弹性响应。

4.3.3.1　正交铺层薄壁结构的流固耦合响应分析

对于正交铺层，通过计算，发现其在 $\lambda = 216$ 时出现了颤振，如图 4 - 10 所示。其颤振幅值和频率均较小，主频为 24.4 Hz，甚至小于该壁板 1 阶固有频率 29.85 Hz。此时的颤振可以认为是单模态颤振形式，在壁板 $y/b = 0.5$ 截面上其振荡形态类似于行波振荡特点［图 4 - 10（c）］。这种现象在 Shishaeva 等[23]、Bendiksen 等[18] 的研究中也有发现，主要是在低超声速阶段，由于激波运动导致的非线性引起的。对于该复合材料壁板，最大变形较小，在最大变形处之后的位置出现了一个弱激波［图 4 - 10（d）］，导致出现近似简谐振荡。因此，在结构求解器中使用 Galerkin 中的一组正常模态或假定（驻波）模态进行预测，无法捕获这种行波振荡特点[18]。

随着动压的增大，振荡形态从单模态颤振开始变为耦合颤振形态，振荡幅值和频率也会随之增大，后颤振的形态从常值振荡转换为准周期振荡，最后变为非周期振荡，如图 4 - 11～ 图 4 - 14 所示。

图 4 - 15 和图 4 - 16 分别显示了 $\lambda = 330$ 和 $\lambda = 3\,667$ 时参考点振荡达到正向极值时的壁板变形云图。由图 4 - 15 和图 4 - 16 可以看出，在 $\lambda = 330$ 时，位移形式表现为结构的 2 阶自然振型；当 $\lambda = 3\,667$ 时，出现了高阶振荡模态。图 4 - 17 和图 4 - 18 分别显示了 $\lambda = 330$ 和 $\lambda = 3\,667$ 时参考点振荡达到正向极值时的流场压强云图。由图 4 - 17 和图 4 - 18 可以观察到，在正向最大变形处及后缘位置处有激波存在，而且在 $\lambda = 3\,667$ 时出现了三激波结构，在最大变形处的激波后出现了涡，这种强非线性导致其响应出现了拟周期的形态（图 4 - 14）。

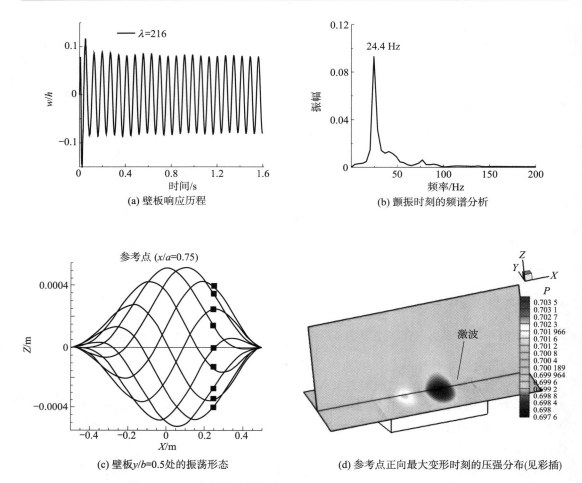

(a) 壁板响应历程　　　　　　　　　　(b) 颤振时刻的频谱分析

(c) 壁板 $y/b=0.5$ 处的振荡形态　　　(d) 参考点正向最大变形时刻的压强分布(见彩插)

图 4-10　正交铺层在低超声速下 $\lambda=216$ 颤振时刻的壁板响应

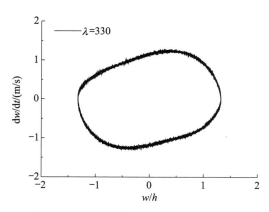

图 4-11　正交铺层在低超声速下 $\lambda=330$ 时壁板响应的相平面图

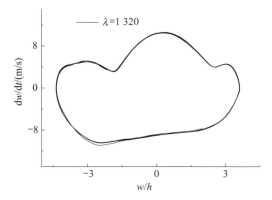

图 4-12　正交铺层在低超声速下 λ ＝1 320 时壁板响应的相平面图

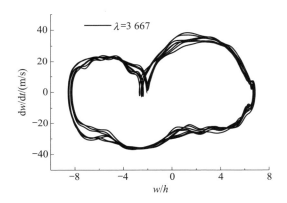

图 4-13　正交铺层在低超声速下 λ ＝3 667 时壁板响应的相平面图

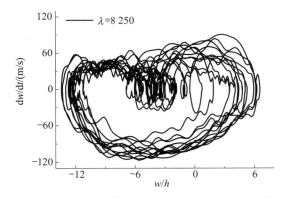

图 4-14　正交铺层在低超声速下 λ ＝8 250 时壁板响应的相平面图

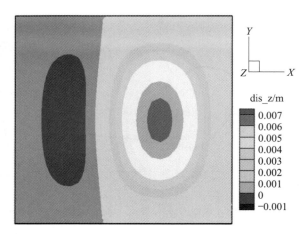

图 4 - 15　正交铺层在低超声速 λ ＝330 正向极值时刻的壁板位移云图

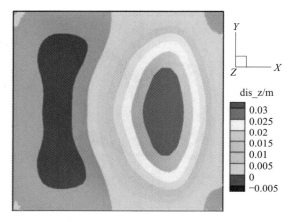

图 4 - 16　正交铺层在低超声速 λ ＝3 667 正向极值时刻的壁板位移云图

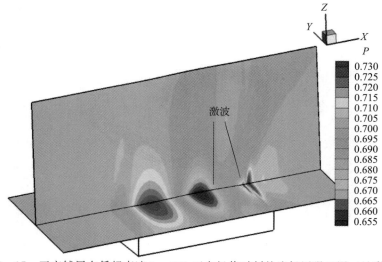

图 4 - 17　正交铺层在低超声速 λ ＝330 正向极值时刻的流场压强云图（见彩插）

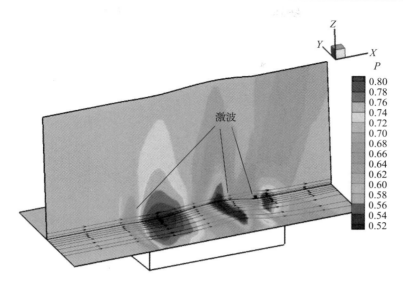

图 4 - 18　正交铺层在低超声速 $\lambda = 3\ 667$ 正向极值时刻的流场压强云图（见彩插）

4.3.3.2　斜交铺层薄壁结构的流固耦合响应分析

　　对于斜交铺层壁板，其发生颤振的动压为 $\lambda = 229$，颤振的幅值和频率同样较小。图 4 - 19～ 图 4 - 22 分别显示了 $\lambda = 330$、$\lambda = 1\ 320$、$\lambda = 3\ 367$ 和 $\lambda = 8\ 250$ 时的壁板响应相平面图。随动压的增大，后颤振响应的幅值和频率也会增大。图 4 - 23 和图 4 - 24 分别显示了 $\lambda = 330$ 和 $\lambda = 3\ 667$ 时参考点振荡达到正向极值时的流场压强云图，可以观察到在正向最大变形处有激波存在，该激波随着壁板的振荡而前后移动。在 $\lambda = 3\ 667$ 时，与正交壁板相比，斜交壁板在靠近前缘地方的激波强度增强，变形最大处及后缘部分的激波强度变弱。

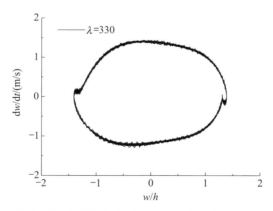

图 4 - 19　斜交铺层在低超声速下 $\lambda = 330$ 时刻壁板响应的相平面图

　　图 4 - 25 和图 4 - 26 比较了 2 种铺层壁板的颤振幅值及频率随动压的变化，可以观察到颤振幅值和频率随动压的增大而增大。另外，当动压较大时，振荡变得不再沿平衡位置对称。相比而言，斜交壁板的颤振动压 $\lambda_{cr} = 229$ 相比正交壁板的颤振动压 $\lambda_{cr} = 216$ 较大，

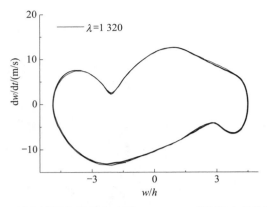

图 4 - 20　斜交铺层在低超声速下 λ =1 320 时壁板响应的相平面图

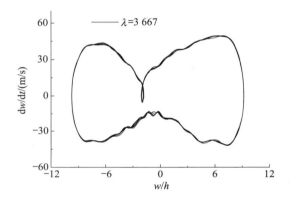

图 4 - 21　斜交铺层在低超声速下 λ =3 667 时壁板响应的相平面图

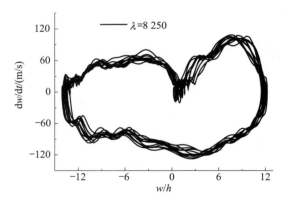

图 4 - 22　斜交铺层在低超声速下 λ =8 250 时壁板响应的相平面图

但在相同动压下，斜交壁板后颤振幅值比正交壁板的幅值大。当 λ =8 250 时，斜交壁板的振荡振幅（正极值到负极值的距离）几乎是板厚的 25 倍。从振荡主频比较可以看出，

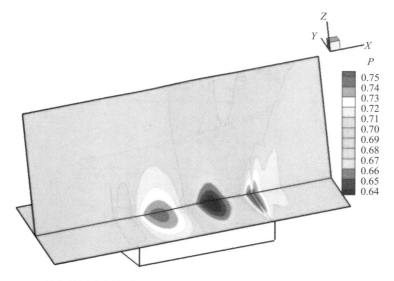

图 4-23　斜交铺层在低超声速 λ ＝330 正向极值时刻的流场压强云图（见彩插）

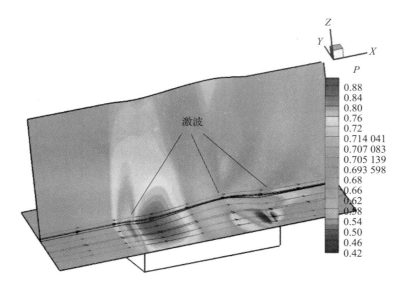

图 4-24　斜交铺层在低超声速 λ ＝3 667 正向极值时刻的流场压强云图（见彩插）

两种壁板的差异较小。

4.3.4　超声速下薄壁结构的流固耦合响应分析

对于两个壁板，给定计算工况为 $M_\infty = 2$，分析其非线性气动弹性响应。其计算网格、时间步长及计算流程与低超声速条件一致。

4.3.4.1　正交铺层薄壁结构的流固耦合响应分析

对于正交壁板，在 λ ＝284 时出现了颤振，其相平面图如图 4-27（a）所示。其颤振

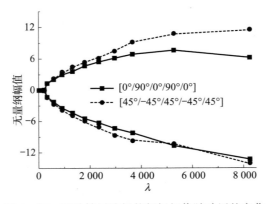

图 4 - 25　两种铺层壁板的颤振幅值随动压的变化

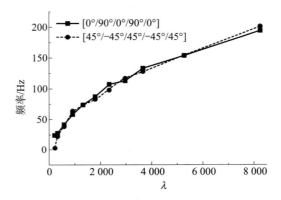

图 4 - 26　两种铺层壁板的颤振频率随动压的变化

主频为 35.8 Hz，在壁板 $y/b = 0.5$ 截面上的振荡形态表现为驻波 ［图 4 - 27 （b）］，该现象符合超声速下壁板颤振的特点。随着动压的增大，其颤振的幅值和频率也会随之增加。

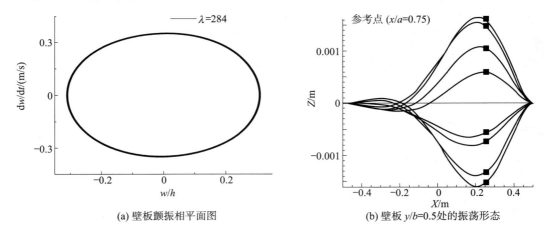

(a) 壁板颤振相平面图　　　　　　(b) 壁板 $y/b=0.5$ 处的振荡形态

图 4 - 27　正交铺层在超声速下 $\lambda = 284$ 颤振时刻的壁板响应

从图 4 - 28 和图 4 - 29 所示的相平面图中看出，在一定动压条件下，虽然相平面仍然表现为环状，但极限环出现了部分振荡（"粉刺"现象），这主要是由于速度在每个振荡周期内出现了一定程度的浮动［图 4 - 30］。图 4 - 31 和图 4 - 32 分别显示了 $\lambda = 1\,000$ 时参考点振荡达到 $\phi = 0°$（正向极值）和 $\phi = 180°$（负向极值）时的壁板位移云图和流场压强云图。由图 4 - 31 和图 4 - 32 可以看出，振荡形式表现为结构的 2 阶自然振型。从压强云图（图 4 - 32）可以看出，当参考点达到正向极值时，壁板的大部分区域出现了压缩波，压强持续增大，在壁板后缘存在尾部激波；当参考点达到负向极值时，壁板上部流动加速，其后为激波，该激波随着壁板的振荡而前后移动。随着动压的增大，激波强度也会变强，等幅振荡的极限环转变为拟周期（$\lambda = 2\,000$）和混沌运动（$\lambda = 8\,250$），如图 4 - 33 和图 4 - 34 所示。

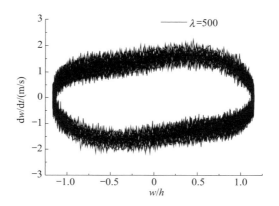

图 4 - 28　正交铺层在超声速下 $\lambda = 500$ 时壁板响应的相平面图

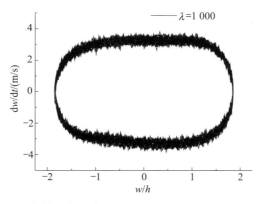

图 4 - 29　正交铺层在超声速下 $\lambda = 1\,000$ 时壁板响应的相平面图

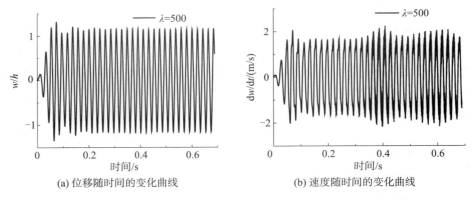

(a) 位移随时间的变化曲线　　　　　　　　(b) 速度随时间的变化曲线

图 4-30　正交铺层在超声速下 λ＝500 时壁板的位移和速度响应

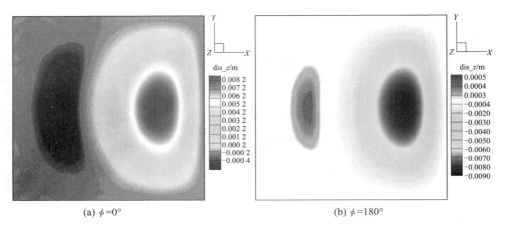

(a) φ=0°　　　　　　　　　　　　　(b) φ=180°

图 4-31　正交铺层在超声速 λ＝1 000 极值时刻的壁板位移云图

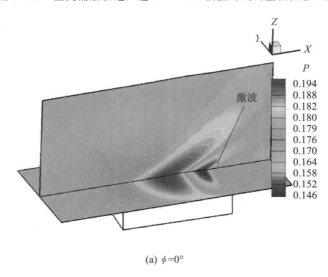

(a) φ=0°

图 4-32　正交铺层在低超声速 λ＝1 000 极值时刻的流场压强云图 （见彩插）

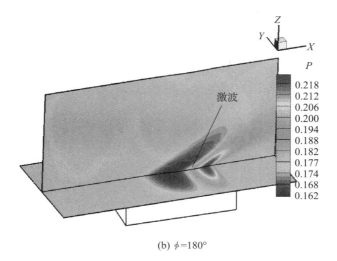

(b) $\phi = 180°$

图 4 - 32　正交铺层在低超声速 $\lambda = 1\,000$ 极值时刻的流场压强云图（续）（见彩插）

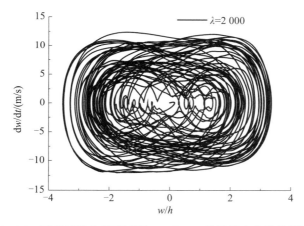

图 4 - 33　正交铺层在超声速下 $\lambda = 2\,000$ 时壁板响应的相平面图

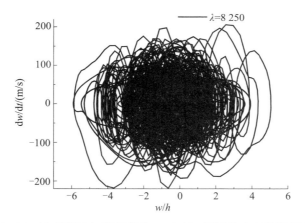

图 4 - 34　正交铺层在超声速下 $\lambda = 8\,250$ 时壁板响应的相平面图

4.3.4.2　斜交铺层薄壁结构的流固耦合响应分析

　　斜交铺层壁板发生颤振的动压为 λ =419。图 4 - 35 和图 4 - 36 分别显示了 λ =419 和 λ =1 000 时的壁板响应相平面图。随动压的增大，后颤振响应的幅值和频率也会增大，在较大动压下，极限环的相平面图也出现了"粉刺"现象。图 4 - 37 和图 4 - 38 分别显示了 λ =1 000 时参考点振荡达到 φ =0°（正向极值）和 φ =180°（负向极值）时的壁板位移云图和流场压强云图。由图 4 - 37 和图 4 - 38 可以看出，其振荡形式也表现为 2 阶自然振型，压强云图也呈现出与正交壁板相似的特性。当动压增大到 λ =2 000 和 λ =8 250 时，也出现了拟周期和混沌运动，如图 4 - 39 和图 4 - 40 所示。

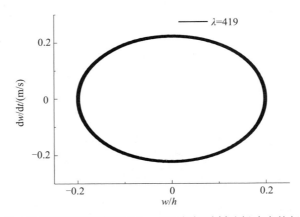

图 4 - 35　斜交铺层在超声速下 λ =419 颤振时刻壁板响应的相平面图

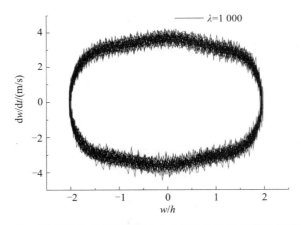

图 4 - 36　斜交铺层在超声速下 λ =1 000 时壁板响应的相平面图

　　图 4 - 41 和图 4 - 42 比较了两个壁板的颤振幅值及频率随动压的变化，可以观察到颤振幅值和频率随动压的增大而增大。参考点的振荡位置基本沿平衡位置对称。相比而言，斜交壁板的颤振动压相比正交壁板的颤振动压较大，但在后颤振状态，当动压较大时，在相同动压下斜交壁板的振荡幅值比正交壁板的幅值大。当 λ =8 250 时，斜交壁板的振荡振幅（正极值到负极值的距离）几乎是板厚的 14 倍。从颤振主频比较可以看出，当动压

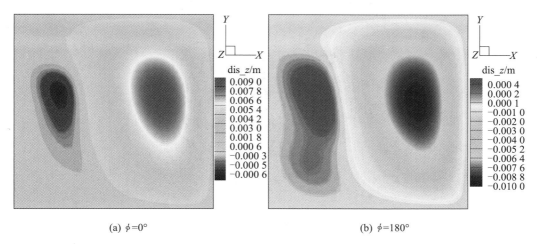

(a) $\phi=0°$　　　　　　　　　　　　(b) $\phi=180°$

图 4-37　斜交铺层在超声速 $\lambda=1\,000$ 极值时刻的壁板位移云图

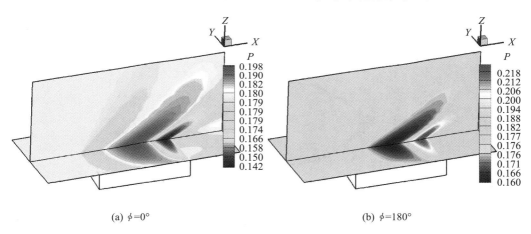

(a) $\phi=0°$　　　　　　　　　　　　(b) $\phi=180°$

图 4-38　斜交铺层在低超声速 $\lambda=1\,000$ 极值时刻的流场压强云图（见彩插）

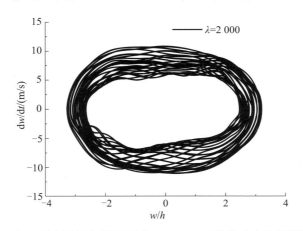

图 4-39　斜交铺层在超声速下 $\lambda=2\,000$ 时壁板响应的相平面图

较小时，两种壁板的差异很小；当动压较大（$\lambda=8\,250$）时，尽管两种壁板的振荡呈现

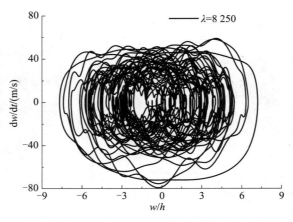

图 4 - 40　斜交铺层在超声速下 λ ＝8 250 时刻壁板响应的相平面图

出了类似混沌的行为，但正交壁板的颤振主频远高于斜交壁板。

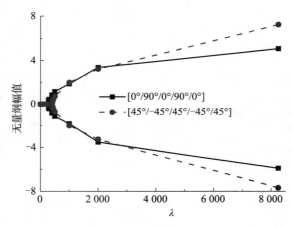

图 4 - 41　两种铺层壁板的颤振幅值随动压的变化

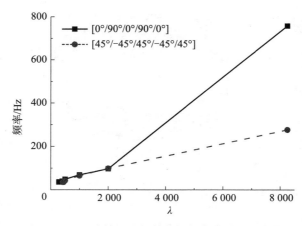

图 4 - 42　两种铺层壁板的颤振频率随动压的变化

4.3.5　高超声速下薄壁结构的流固耦合响应分析

对于两个壁板，计算工况为 $M_\infty = 5$，给定温度条件分别为 $\Delta T = 0\,℃$、$\Delta T = 50\,℃$ 、$\Delta T = 100\,℃$ 和 $\Delta T = 200\,℃$，分析其非线性气动热弹性响应。

4.3.5.1　正交铺层薄壁结构在不同温度载荷下的流固耦合响应分析

（1）$\Delta T = 0\,℃$ 下的响应分析

对于正交壁板，在高超声速条件下，此时温度载荷为 0，发现在 $\lambda = 766$ 时出现了颤振，比超声速的颤振动压要高，振荡形态也表现为驻波特点，其响应如图 4-43 所示。随着动压的增大，其颤振的幅值和频率也会随之增加。图 4-44 和图 4-45 分别显示了 $\lambda = 1\,000$ 和 $\lambda = 1\,500$ 时的相平面图，在 $\lambda = 1\,500$ 时出现了"粉刺"现象。图 4-46 和图 4-47 分别显示了 $\lambda = 1\,500$ 时参考点振荡达到 $\phi = 0°$（正向极值）和 $\phi = 180°$（负向极值）时的壁板位移云图和流场压强云图。由图 4-46 可以看出，此时的振荡形式除了结构的 2 阶自然振型之外，还有高阶形态参与其中；从压强云图（图 4-47）看出，与 $M_\infty = 2$ 正交

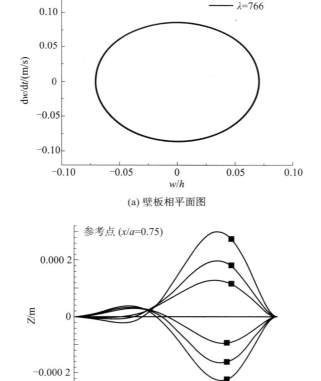

(a) 壁板相平面图

(b) 壁板 $y/b = 0.5$ 处的振荡形态

图 4-43　正交铺层在高超声速 $\Delta T = 0\,℃$ 下 $\lambda = 766$ 颤振时刻的壁板响应

铺层壁板的结果相比（图 4 - 32），由于马赫数增大，压缩或膨胀波影响的区域更为靠后，但其他特性与前相似。当动压增大到 $\lambda = 2\ 000$ 时，"粉刺"现象仍然存在，如图 4 - 48 所示。

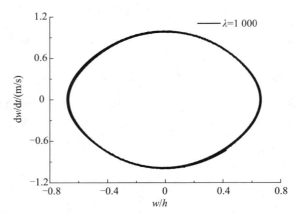

图 4 - 44 正交铺层在高超声速 $\Delta T = 0\ ℃$ 下 $\lambda = 1\ 000$ 时壁板响应的相平面图

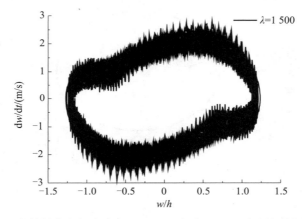

图 4 - 45 正交铺层在高超声速 $\Delta T = 0\ ℃$ 下 $\lambda = 1\ 500$ 时壁板响应的相平面图

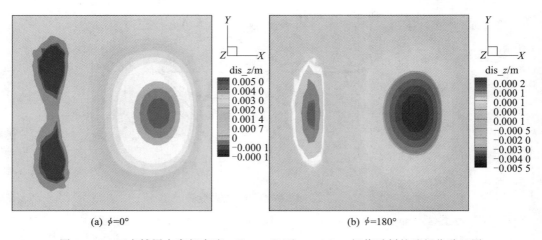

(a) $\phi = 0°$ (b) $\phi = 180°$

图 4 - 46 正交铺层在高超声速 $\Delta T = 0\ ℃$ 下 $\lambda = 1\ 500$ 极值时刻的壁板位移云图

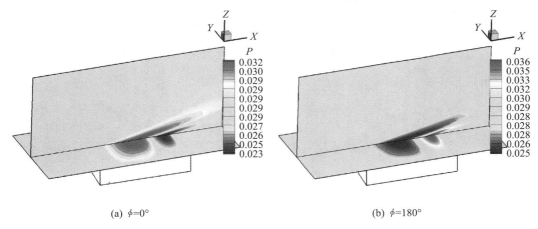

(a) $\phi=0°$　　　　　　　　　　　　　　(b) $\phi=180°$

图 4 - 47　正交铺层在高超声速 $\Delta T = 0$ ℃下 $\lambda = 1\,500$ 极值时刻的流场压强云图（见彩插）

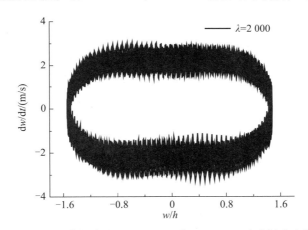

图 4 - 48　正交铺层在高超声速 $\Delta T = 0$ ℃下 $\lambda = 2\,000$ 时壁板响应的相平面图

（2）$\Delta T = 50$ ℃下的响应分析

当给定温度载荷为 $\Delta T = 50$ ℃时，发现在 $\lambda = 377$ 时出现了颤振，颤振动压相比未施加温度载荷的结果变小，其响应相平面图如图 4 - 49 所示。随着动压的增大，颤振幅值和频率也会随之增加。图 4 - 50 和图 4 - 51 分别显示了 $\lambda = 1\,000$ 和 $\lambda = 2\,000$ 时的相平面图，在较大动压下也出现了"粉刺"现象。

（3）$\Delta T = 100$ ℃下的响应分析

当给定温度载荷为 $\Delta T = 100$ ℃时，发现壁板在未发生颤振时出现了屈曲，这与温度载荷超出该壁板的屈曲温度有关。图 4 - 52 和图 4 - 53 分别显示了 $\lambda = 100$ 和 $\lambda = 116$ 时的参考点位移响应曲线，最后收敛于非 0 位置。需要注意的是，在不同动压条件下，该屈曲位置由正向向负向发生了转变。当动压增大到 $\lambda = 120$ 时出现了颤振，该颤振形态表现为低频颤振，见图 4 - 54，原因可能是由于动压的增大，壁板无法保持在热屈曲的平衡位置，受到扰动后出现了振荡。其响应相平面图如图 4 - 54（b）所示，出现了双环状构型。随动压增大，这种构型逐渐演化为单环形，如图 4 - 55～图 4 - 57 所示。图 4 - 58 和图 4 - 59 分

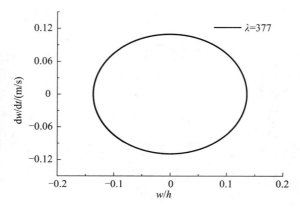

图 4-49　正交铺层在高超声速 $\Delta T = 50$ ℃下 $\lambda = 377$ 颤振时壁板响应的相平面图

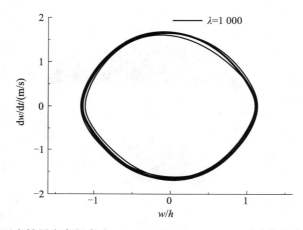

图 4-50　正交铺层在高超声速 $\Delta T = 50$ ℃下 $\lambda = 1\,000$ 时壁板响应的相平面图

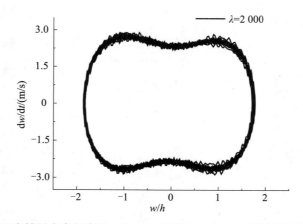

图 4-51　正交铺层在高超声速 $\Delta T = 50$ ℃下 $\lambda = 2\,000$ 时壁板响应的相平面图

别显示了 $\lambda = 1\,000$ 时参考点振荡达到 $\phi = 0°$（正向极值）和 $\phi = 180°$（负向极值）时的壁板位移云图和流场压强云图。由图 4-58 可以看出，此时的振荡形式表现为结构的 1 阶自

然振型；从压强云图可以看出，流场的压缩波和膨胀波形态与未施加温度载荷时相似（图4 - 47）。随着动压的增大，当 $\lambda = 2\,000$ 时，出现了振荡形态表现为多重环的构型，局部有"粉刺"现象，如图 4 - 60 所示。

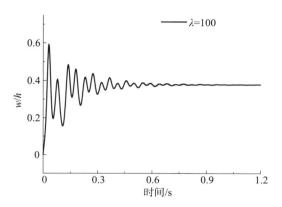

图 4 - 52　正交铺层在高超声速 $\Delta T = 100\ ℃$ 下 $\lambda = 100$ 时的壁板参考点位移响应曲线

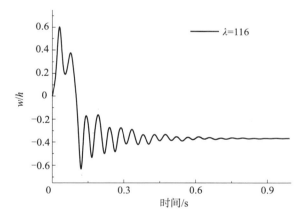

图 4 - 53　正交铺层在高超声速 $\Delta T = 100\ ℃$ 下 $\lambda = 116$ 时的壁板参考点位移响应曲线

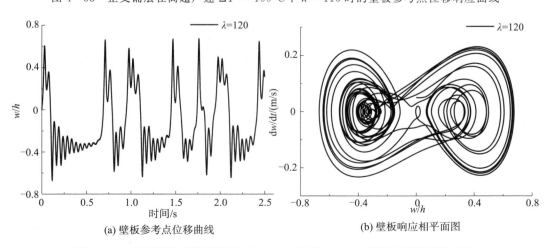

(a) 壁板参考点位移曲线　　　　　　　　(b) 壁板响应相平面图

图 4 - 54　正交铺层在高超声速 $\Delta T = 100\ ℃$ 下 $\lambda = 120$ 颤振时刻的壁板响应

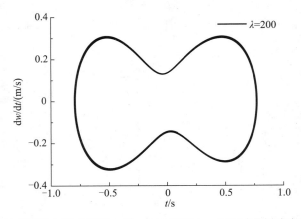

图 4 - 55　正交铺层在高超声速 $\Delta T = 100\ ℃$ 下 $\lambda = 200$ 时壁板响应的相平面图

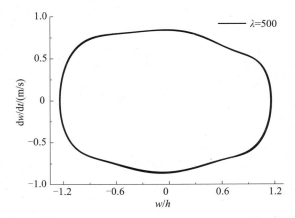

图 4 - 56　正交铺层在高超声速 $\Delta T = 100\ ℃$ 下 $\lambda = 500$ 时壁板响应的相平面图

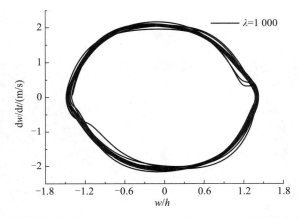

图 4 - 57　正交铺层在高超声速 $\Delta T = 100\ ℃$ 下 $\lambda = 1\ 000$ 时壁板响应的相平面图

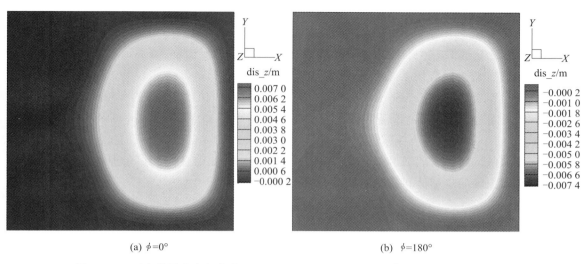

(a) $\phi=0°$　　　　　　　　　　　　(b) $\phi=180°$

图 4 - 58　正交铺层在高超声速 $\Delta T = 100$ ℃下 $\lambda = 1\,000$ 极值时刻的壁板位移云图

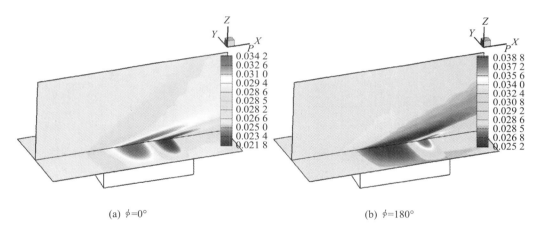

(a) $\phi=0°$　　　　　　　　　　　　(b) $\phi=180°$

图 4 - 59　正交铺层在高超声速 $\Delta T = 100$ ℃下 $\lambda = 1\,000$ 极值时刻的流场压强云图（见彩插）

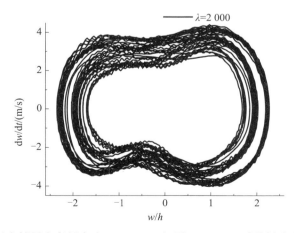

图 4 - 60　正交铺层在高超声速 $\Delta T = 100$ ℃下 $\lambda = 2\,000$ 时壁板响应的相平面图

（4）$\Delta T = 200\ ℃$下的响应分析

当给定温度载荷增大到 $\Delta T = 200\ ℃$ 时，其亚临界下的形态也表现为屈曲。图 4-61 和图 4-62 分别显示了 $\lambda = 100$ 和 $\lambda = 227$ 时的参考点位移响应曲线，该屈曲位置也出现了正向向负向的转变，并且随着动压的增大，其收敛过程较长。其颤振出现在 $\lambda = 249$，从图 4-63 可以看出，颤振表现为类似混沌运动。随着动压的增大，这种混沌运动向拟周期运动转换，最后又演变为类似混沌形态（图 4-64～图 4-66）。图 4-67 和图 4-68 分别显示了 $\lambda = 1\ 000$ 时参考点振荡达到 $\phi = 0°$（正向极值）和 $\phi = 180°$（负向极值）时的壁板位移云图和流场压强云图。由图 4-67 和图 4-68 可以看出，此时的振荡形式中含有高阶自然振型，流场的压缩波和膨胀波分布与前相似。

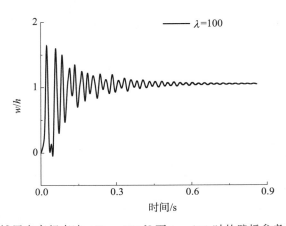

图 4-61　正交铺层在高超声速 $\Delta T = 200\ ℃$下 $\lambda = 100$ 时的壁板参考点位移响应曲线

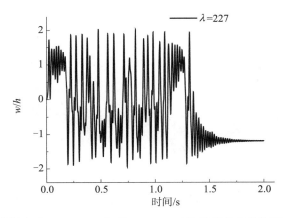

图 4-62　正交铺层在高超声速 $\Delta T = 200\ ℃$下 $\lambda = 227$ 时的壁板参考点位移响应曲线

4.3.5.2　斜交铺层薄壁结构在不同温度载荷下的流固耦合响应分析

（1）$\Delta T = 0\ ℃$下的响应分析

对于斜交壁板，当温度载荷为 0 时，发现 $\lambda = 1\ 265$ 时才会出现颤振，该临界动压远

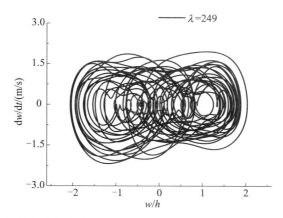

图 4 - 63　正交铺层在高超声速 $\Delta T = 200$ ℃下 $\lambda = 249$ 颤振时壁板响应的相平面图

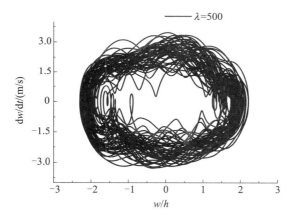

图 4 - 64　正交铺层在高超声速 $\Delta T = 200$ ℃下 $\lambda = 500$ 时壁板响应的相平面图

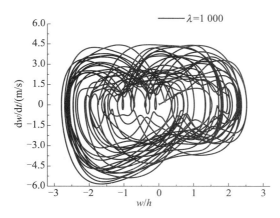

图 4 - 65　正交铺层在高超声速 $\Delta T = 200$ ℃下 $\lambda = 1\,000$ 时壁板响应的相平面图

远超过了正交铺层壁板的值，其响应如图 4 - 69 所示。图 4 - 70 和图 4 - 71 分别显示了 $\lambda =$ $1\,500$ 和 $\lambda = 2\,000$ 时的相平面图，在 $\lambda = 2\,000$ 时出现了"粉刺"现象。图 4 - 72 显示了

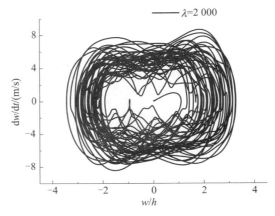

图 4 - 66　正交铺层在高超声速 $\Delta T = 200\,℃$ 下 $\lambda = 2\,000$ 时壁板响应的相平面图

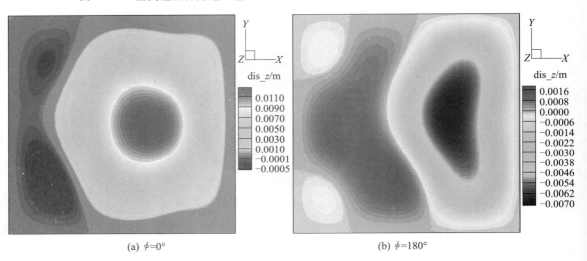

(a) $\phi = 0°$　　　　　　　　　　　　　　　(b) $\phi = 180°$

图 4 - 67　正交铺层在高超声速 $\Delta T = 200\,℃$ 下 $\lambda = 1\,000$ 极值时刻的壁板位移云图

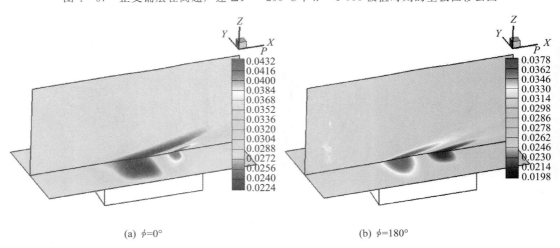

(a) $\phi = 0°$　　　　　　　　　　　　　　　(b) $\phi = 180°$

图 4 - 68　正交铺层在高超声速 $\Delta T = 200\,℃$ 下 $\lambda = 1\,000$ 极值时刻的流场压强云图 （见彩插）

$\lambda = 1\,500$ 时参考点振荡达到 $\phi = 0°$（正向极值）和 $\phi = 180°$（负向极值）时的壁板位移云图。由图 4 - 72 可以看出，此时的振荡形式主要表现为 2 阶自然振型，含有部分高阶形态。

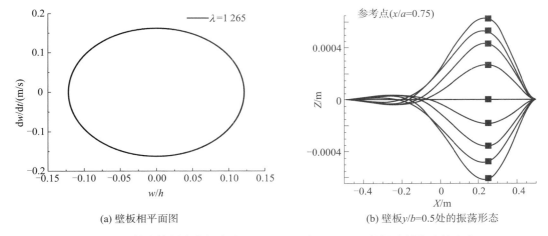

(a) 壁板相平面图　　　　　　　　(b) 壁板 $y/b = 0.5$ 处的振荡形态

图 4 - 69　斜交铺层在高超声速 $\Delta T = 0$ ℃下 $\lambda = 1\,265$ 颤振时刻的壁板响应

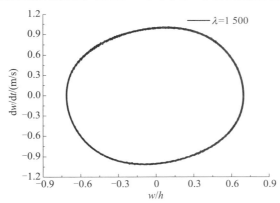

图 4 - 70　斜交铺层在高超声速 $\Delta T = 0$ ℃下 $\lambda = 1\,500$ 时壁板响应的相平面图

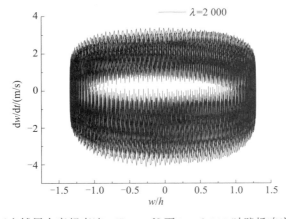

图 4 - 71　正交铺层在高超声速 $\Delta T = 0$ ℃下 $\lambda = 2\,000$ 时壁板响应的相平面图

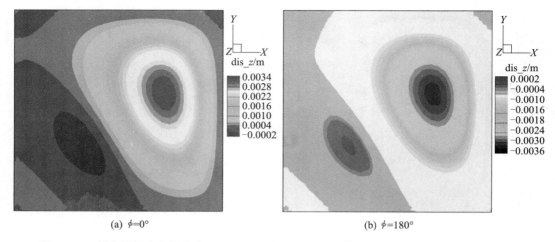

(a) $\phi=0°$　　　　　　　　　　　(b) $\phi=180°$

图 4 - 72　斜交铺层在高超声速 $\Delta T = 0\,℃$ 下 $\lambda = 1\,500$ 极值时刻的壁板位移云图（见彩插）

（2）$\Delta T = 50\,℃$ 下的响应分析

当给定温度载荷为 $\Delta T = 50\,℃$ 时，发现在 $\lambda = 689$ 时出现了颤振，其响应相平面图如图 4 - 73 所示。随着动压的增大，颤振幅值和频率也会增加。图 4 - 74 和图 4 - 75 分别显示了 $\lambda = 1\,000$ 和 $\lambda = 2\,000$ 时的相平面图，在较大动压下也出现了"粉刺"现象。

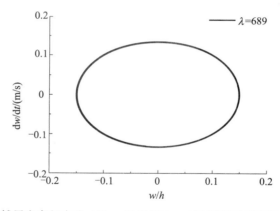

图 4 - 73　斜交铺层在高超声速 $\Delta T = 50\,℃$ 下 $\lambda = 689$ 颤振时刻壁板响应的相平面图

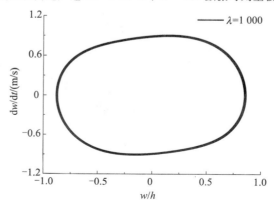

图 4 - 74　斜交铺层在高超声速 $\Delta T = 50\,℃$ 下 $\lambda = 1\,000$ 时壁板响应的相平面图

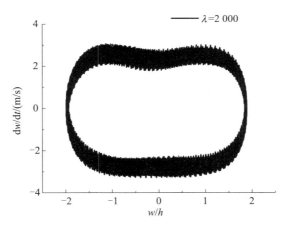

图 4 - 75　斜交铺层在高超声速 $\Delta T = 50$ ℃下 $\lambda = 2\,000$ 时壁板响应的相平面图

（3）$\Delta T = 100$ ℃下的响应分析

当给定温度载荷为 $\Delta T = 100$ ℃时，此斜交壁板在未发生颤振时也出现了屈曲。图 4 - 76 和图 4 - 77 分别显示了 $\lambda = 100$ 和 $\lambda = 280$ 时的参考点位移响应曲线。随动压的变化，屈曲位置也会由正向向负向转变。当动压增大到 $\lambda = 284$ 时出现了颤振，该颤振形态也表现为低频颤振，壁板响应如图 4 - 78 所示，也出现了双环状构型。随动压增大，这种构型逐渐演化为单环形，随后又演化为近 8 字形。当动压更大时，也会出现"粉刺"现象，如图 4 - 79～图 4 - 81 所示。

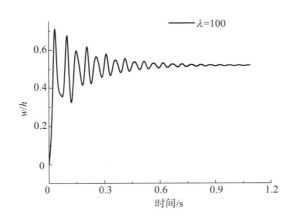

图 4 - 76　斜交铺层在高超声速 $\Delta T = 100$ ℃下 $\lambda = 100$ 时的壁板参考点位移响应曲线

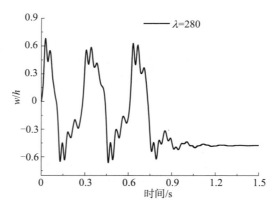

图 4 - 77　斜交铺层在高超声速 $\Delta T = 100\ ℃$ 下 $\lambda = 280$ 时的壁板参考点位移响应曲线

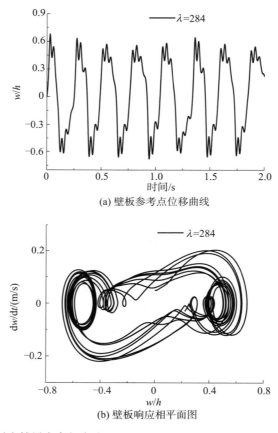

(a) 壁板参考点位移曲线

(b) 壁板响应相平面图

图 4 - 78　斜交铺层在高超声速 $\Delta T = 100\ ℃$ 下 $\lambda = 284$ 颤振时刻的壁板响应

（4）$\Delta T = 200\ ℃$ 下的响应分析

当温度载荷增大到 $\Delta T = 200\ ℃$ 时，亚临界下屈曲仍然存在，并且参考点屈曲位置也随着动压的变化而出现正向到负向的转换。颤振出现在 $\lambda = 386$，如图 4 - 82 所示，表现出拟周期特点。图 4 - 83 和图 4 - 84 分别显示了 $\lambda = 1\ 000$ 和 $\lambda = 2\ 000$ 时的相平面图，在

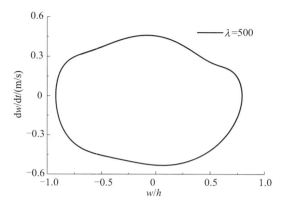

图 4-79　斜交铺层在高超声速 $\Delta T = 100$ ℃下 $\lambda = 500$ 时壁板响应的相平面图

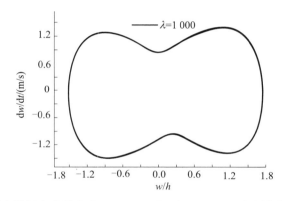

图 4-80　斜交铺层在高超声速 $\Delta T = 100$ ℃下 $\lambda = 1\,000$ 时壁板响应的相平面图

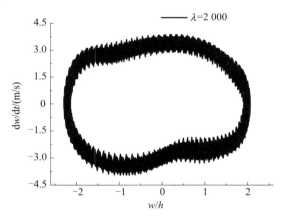

图 4-81　斜交铺层在高超声速 $\Delta T = 100$ ℃下 $\lambda = 2\,000$ 时壁板响应的相平面图

$\lambda = 2\,000$ 时未出现"粉刺"现象。图 4-85 显示了参考点振荡达到 $\phi = 0°$（正向极值）和 $\phi = 180°$（负向极值）时的壁板位移云图，可以看出此时的振荡形式主要表现为 1 阶自然振型。

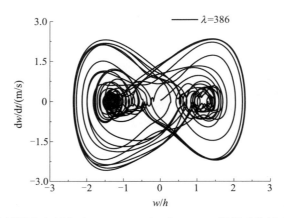

图 4 - 82   斜交铺层在高超声速 $\Delta T = 200\ ℃$ 下 $\lambda = 386$ 颤振时壁板响应的相平面图

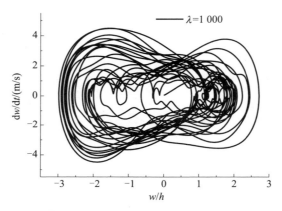

图 4 - 83   斜交铺层在高超声速 $\Delta T = 200\ ℃$ 下 $\lambda = 1\ 000$ 时壁板响应的相平面图

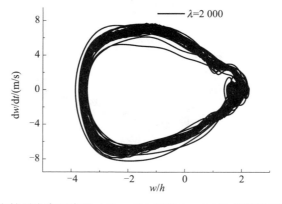

图 4 - 84   正交铺层在高超声速 $\Delta T = 200\ ℃$ 下 $\lambda = 2\ 000$ 时壁板响应的相平面图

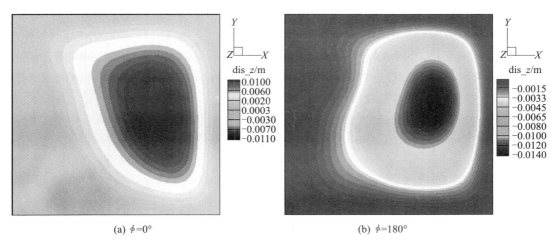

(a) $\phi = 0°$　　　　　　　　　　　　(b) $\phi = 180°$

图 4 - 85　斜交铺层在高超声速 $\Delta T = 200\ ℃$ 下 $\lambda = 1\ 000$ 极值时刻的壁板位移云图

4.3.5.3　不同温度载荷下复合材料薄壁结构的流固耦合响应对比

图 4 - 86 和图 4 - 87 比较了两个壁板在 $\Delta T = 0\ ℃$ 时的颤振幅值及频率随动压的变化，

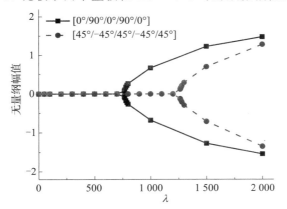

图 4 - 86　两种铺层壁板的颤振幅值随动压的变化（ $\Delta T = 0\ ℃$ ）

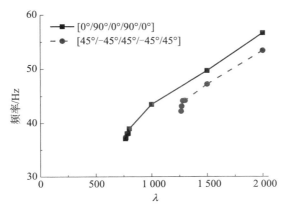

图 4 - 87　两种铺层壁板的颤振频率随动压的变化（ $\Delta T = 0\ ℃$ ）

可以看出，颤振幅值和频率随动压的增大而增大。相同动压下，正交壁板的振荡幅值和频率都高于斜交壁板的值。图 4 - 88 和图 4 - 89 比较了两个壁板在 $\Delta T = 50$ ℃时的颤振幅值及频率随动压的变化，颤振幅值和频率也随动压的增大而增大。在较小动压下，正交壁板的振荡幅值和频率都高于斜交壁板的值，但当 $\lambda = 2\,000$ 时，正交壁板的幅值略小于斜交壁板的值。

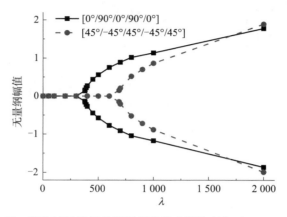

图 4 - 88　两种铺层壁板的颤振幅值随动压的变化（$\Delta T = 50$ ℃）

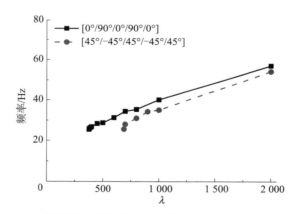

图 4 - 89　两种铺层壁板的颤振频率随动压的变化（$\Delta T = 50$ ℃）

图 4 - 90 显示了 $\Delta T = 100$ ℃时亚临界条件下参考点的屈曲位置随动压的变化。由图 4 - 90 可以明显观察到两个屈曲平衡点，随着动压的增大，壁板的位置从正向平衡点向负向平衡点转换。相同动压条件下，斜交壁板的屈曲位移更大些。图 4 - 91 和图 4 - 92 比较了两个壁板在 $\Delta T = 100$ ℃时的颤振幅值及频率随动压的变化，幅值和频率随动压增大而增大。在较小动压下，两种壁板都呈现出低频特征。另外，两种壁板的振荡极值呈现出对称特点。

图 4 - 93 显示了 $\Delta T = 200$ ℃时亚临界条件下参考点的屈曲位置随动压的变化，也观察到两个屈曲平衡点。与 $\Delta T = 100$ ℃相比，其屈曲位移较大。图 4 - 94 和图 4 - 95 比较了两个壁板在 $\Delta T = 200$ ℃时的颤振幅值及频率随动压的变化，幅值和频率随动压增大而增大。斜

交壁板在小动压时表现为低频特征；在较大动压下，斜交壁板振荡极值呈现出非对称特点。

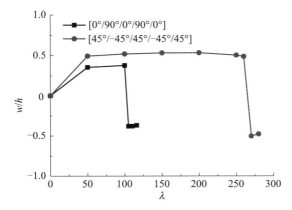

图 4 - 90　两种铺层壁板的屈曲位置随动压的变化（$\Delta T = 100$ ℃）

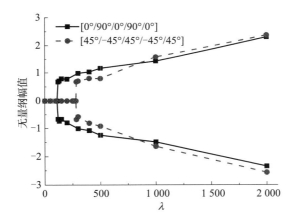

图 4 - 91　两种铺层壁板的颤振幅值随动压的变化（$\Delta T = 100$ ℃）

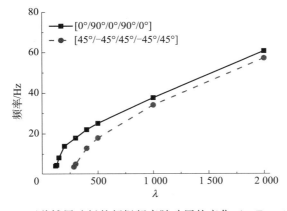

图 4 - 92　两种铺层壁板的颤振频率随动压的变化（$\Delta T = 100$ ℃）

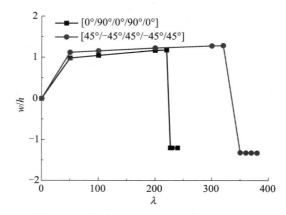

图 4 - 93　两种铺层壁板的屈曲位置随动压的变化（$\Delta T = 200\ ℃$）

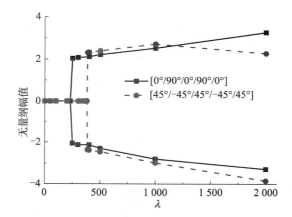

图 4 - 94　两种铺层壁板的颤振幅值随动压的变化（$\Delta T = 200\ ℃$）

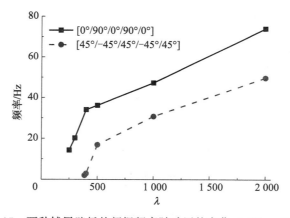

图 4 - 95　两种铺层壁板的颤振频率随动压的变化（$\Delta T = 200\ ℃$）

图 4 - 96 和图 4 - 97 分别显示了正交铺层和斜交铺层在不同温度载荷下的振荡幅值变化。由图 4 - 96 和图 4 - 97 可以发现，极限环振荡的幅值随着温度载荷的增加而增加，极值也呈对称特点。对于斜交壁板，在较大温度载荷和动压条件下会出现非对称的振荡。图 4 - 98 和图 4 - 99 分别比较了正交铺层和斜交铺层在不同温度载荷下的振荡频率变化，随着温度载荷的增大，两种壁板并没有表现出一致的特性。对于正交壁板，温度载荷最大时，其振荡频率也最大；但斜交壁板情况相反，对应最大温度载荷下的振荡频率反而最小。

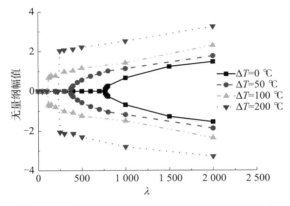

图 4 - 96　正交铺层壁板的颤振幅值随动压的变化

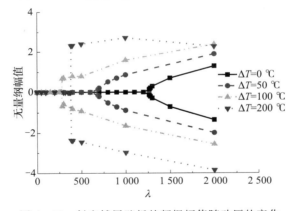

图 4 - 97　斜交铺层壁板的颤振幅值随动压的变化

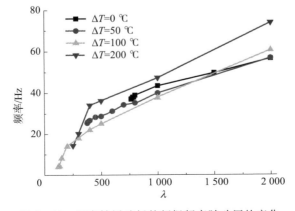

图 4 - 98　正交铺层壁板的颤振频率随动压的变化

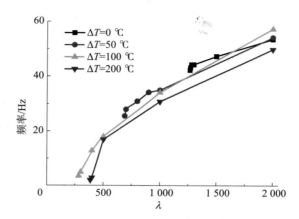

图 4 - 99　斜交铺层壁板的颤振频率随动压的变化

　　图 4 - 100 和图 4 - 101 分别显示了正交铺层和斜交铺层在不同温度载荷下的颤振临界动压和频率。由图 4 - 100 和图 4 - 101 可以发现，随着温度载荷的增加，颤振临界动压先明显减小，后又缓慢增大，缓慢增大的原因可能与热屈曲影响有关。相同温度载荷下，斜交壁板的颤振临界动压高于正交壁板。对于颤振频率而言，正交壁板的颤振频率随温度载荷的增加先减小后增大；而斜交壁板的颤振频率随温度载荷的增加而变小，出现了低频颤振。

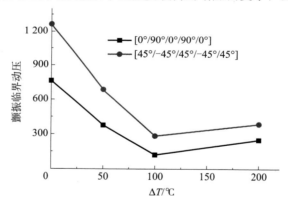

图 4 - 100　两种铺层壁板在不同温度载荷下的颤振动压

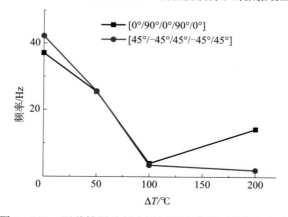

图 4 - 101　两种铺层壁板在不同温度载荷下的颤振频率

4.3.6　不同马赫数下复合材料薄壁结构的流固耦合响应对比

图 4 - 102 和图 4 - 103 分别显示了正交铺层和斜交铺层在不同马赫数下未考虑温度载荷的颤振临界动压和频率。由图 4 - 102 和图 4 - 103 可以发现，随着马赫数的增大，颤振临界动压增大，斜交壁板的增大值更为明显。颤振频率也随着马赫数的增大而变大，在低超声速向超声速区增加较为明显，从超声速到高超声速区增大较为缓和。

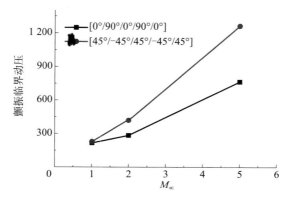

图 4 - 102　两种铺层壁板在不同马赫数下的颤振动压

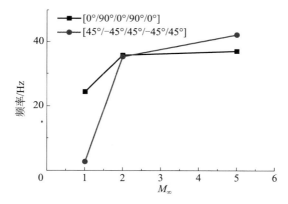

图 4 - 103　两种铺层壁板在不同马赫数下的颤振频率

本章小结

本章基于气动-结构耦合的求解思路，针对非线性非定常气动载荷与非线性结构响应在热环境下薄壁结构的流固耦合问题展开了分析。针对低超声速、超声速、高超声速下不同铺层壁板的颤振及后颤振特性展开分析。探讨了铺层方向、温度载荷、马赫数等对颤振特性的影响，得到了如下结论：

1) 所发展的通用的非线性气动热弹性求解器可以分析强非线性问题，并涵盖了低超声速到高超声速的整个范围，适用性好。该求解器虽然可以精确模拟非线性效应，但在计算颤振临界值时存在计算量大的问题。

2) 不同铺层的薄壁结构会呈现出不同的颤振特性，一般而言，斜交壁板的颤振动压高于正交壁板，但在某些马赫数和温度载荷下会出现低频颤振特性。同时，在低超声速条件下会存在行波振荡特点，这种低频振荡对飞行器的工程设计中的颤振抑制和结构疲劳监测具有重要参考意义。

3) 在高超声速条件下，随着温度载荷的增大，一般而言，颤振动压也会下降，但当出现热屈曲时，颤振动压又会缓慢增大。

4) 当温度载荷超过结构的临界屈曲温度时，壁板在亚临界条件下会出现屈曲响应，而且存在多个屈曲平衡位置，该位置随着不同条件发生转变。

第5章 跨声速域内薄壁结构流固耦合形态的演化特征

本章针对无黏流动下的 3 种壁板模型在跨声速域内不同马赫数下就壁板的形态演化过程进行分析，确定了对壁板造成最大疲劳损伤的壁板形态，分析了壁板长厚比及无量纲气流密度对壁板形态演化的影响。

5.1 薄壁结构几何模型与计算条件

二维薄壁结构的几何模型如图 2-15 所示，计算域如图 2-16 所示。结构参数设置为：$a=0.3$ m，$a/b=0$，厚度为 h，杨氏模量 $E=2\times10^{11}$ Pa，泊松比 $\nu=0.3$，壁板密度 $\rho_s=7\,800$ kg/m³。3 种壁板的参数如表 5-1 所示。采用无黏模型进行计算，初始扰动为速度扰动：$w_0=0.001\sin(\pi x/a)+0.001\sin(2\pi x/a)$，数据的参考点取 $x/a=0.75$ 处，马赫数范围为 0.7~2.0。

表 5-1 3 种壁板的参数

工况	参数	一阶固有频率/Hz
Case 1（基准状态）	$a/h=300$，$\mu=1.64\times10^{-4}$	61.76
Case 2（壁板厚度对照状态）	$a/h=200$，$\mu=1.64\times10^{-4}$	92.65
Case 3（来流动压对照状态）	$a/h=300$，$\mu=3.5\times10^{-5}$	61.76

5.2 网格无关性和时间步长收敛性研究

研究了在二维情况下网格密度和时间步长对颤振响应的影响。耦合计算过程与之前所述相同。有限元模型由 21 个梁单元组成，并考虑了壁板的两端固支边界条件。以基准状态为对象，考虑了 3 种不同网格密度（表 5-2）和 3 种不同的物理时间步长（表 5-3）。

表 5-2 不同网格密度的工况

工况	来流方向和法向的网格数	物理时间步长/s
Case 1	81×51	0.000 01
Case 2	161×101	0.000 01
Case 3	241×151	0.000 01

表 5 - 3　不同物理时间步长的工况

工况	来流方向和法向的网格数	物理时间步长
Case 4	161×101	0.000 01
Case 5	161×101	0.000 02
Case 6	161×101	0.000 04

图 5-1 显示了当 $M_\infty = 1.12$ 时在不同网格密度下获得的模拟结果在 $x/a = 0.75$ 处的时间历程曲线，可以看到，在不同工况下，极限环是相同的。由于在振动发生的瞬间瞬时相位有微小的差异，因此最终的极限环有微小的相移。鉴于极限环几乎相同，我们得出结论，耦合算法在网格尺寸上具有无关性。

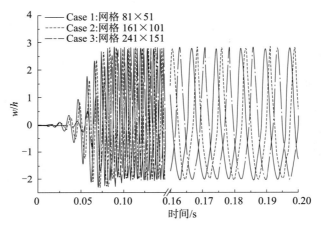

图 5-1　不同网格密度下获得的时间历程曲线

图 5-2 显示了当 $M_\infty = 1.12$ 时在不同物理时间步长下获得的模拟结果在 $x/a = 0.75$ 处的时间历程曲线，可以看到，在不同工况下，极限环是相同的。由于与上述同样的原因，最终的极限环有微小的相移。综合考虑计算精度和效率，本章最后选用的网格尺寸为 $161×101$，时间步长为 0.000 01 s。

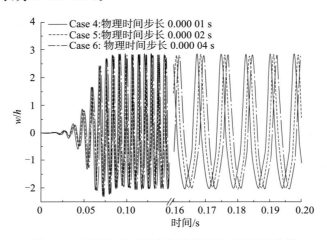

图 5-2　不同物理时间步长下获得的时间历程曲线

5.3　基准状态下薄壁结构的形态演化

取马赫数 $M_\infty = 1.82$，改变无量纲气流密度 μ [见式 （2-129）]，当 μ 较小时发生单模态颤振，随着 μ 的增大，第 1 和第 2 频率将逐渐接近并最终合并，颤振转化为耦合模态颤振。文献 [144] 基于活塞理论提供了耦合模式的颤振标准[144]：

$$\frac{M_\infty^2}{\sqrt{M_\infty^2 - 1}} > \frac{D}{a_\infty^2 \, \rho_\infty \, a^3} \chi_{cr} \tag{5-1}$$

式中　D——无量纲刚度，见式 （2-127）；

　　　a——壁板长度；

　　　ρ_∞——气流密度；

　　　a_∞——气流声速。

χ_{cr} 的值取决于边界条件，对于两端固支的壁板而言，$\chi_{cr} = 636$。将 $M_\infty = 1.82$ 和壁板参数代入，得到 $\mu_{cr} = 2.31 \times 10^{-4}$，当 $\mu > \mu_{cr}$ 为耦合模态颤振，当 $\mu < \mu_{cr}$ 时为单模态颤振。

为了分析该壁板在跨声速下的响应形态演化规律，将马赫数从 0.7 逐渐增大到 2.0。为确保观测到的颤振为单模颤振，取 $\mu = 1.64 \times 10^{-4}$，该 μ 值足够小，可以避免本征频率的合并，确保避免产生耦合模态颤振。在该状态下，1 阶固有圆频率 $\omega_0 = 4\pi^2 \sqrt{D/3(\rho_s h a^4)} = 388.072\,6\text{rad/s}$，频率为 61.76 Hz。

5.3.1　$M_\infty \leqslant 0.73$——稳态

此时薄壁板在受到扰动后出现了振荡，振荡很快收敛，并回到初始位置，如图 5-3 所示。

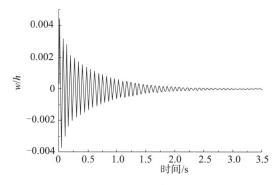

图 5-3　$M_\infty = 0.72$ 的壁板参考点响应的时间历程

5.3.2　$0.74 \leqslant M_\infty \leqslant 0.76$——LCO

随着马赫数的增加，薄壁板在受到扰动后，其响应最终进入极限环振荡形态 （Limit Cycle Oscillation，LCO） [图 5-4 （a）]，其壁板形态为 1 阶模态 [图 5-4 （c）]，其频率比 1 阶固有频率 61.76 Hz 小得多，约为 13 Hz，小于 1 阶固有频率的 1/3 [图 5-4 （b）]。随着马赫数的增加，其 LCO 振幅的均值逐渐偏移初始位置。其压强云图和壁板表

面压强系数 c_p 曲线有明显的亚声速特点，如图 5 - 4（d）～（g）所示。

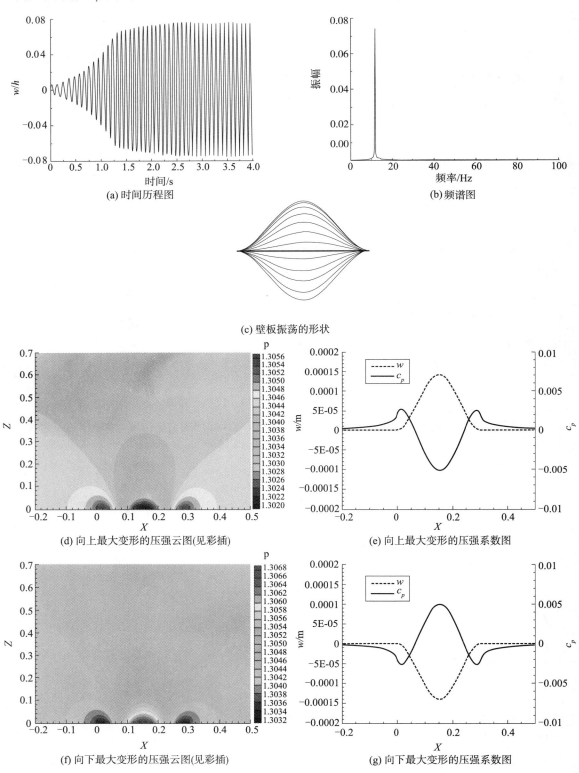

(a) 时间历程图

(b) 频谱图

(c) 壁板振荡的形状

(d) 向上最大变形的压强云图(见彩插)

(e) 向上最大变形的压强系数图

(f) 向下最大变形的压强云图(见彩插)

(g) 向下最大变形的压强系数图

图 5 - 4　$M_\infty = 0.74$ 的壁板

5.3.3　0.77 ≤ M_∞ ≤ 0.99——屈曲

当马赫数继续增加时，壁板振荡将再次收敛，但不再回归初始位置，而是屈曲至某一非零值［图 5 - 5（a）］。其壁板形态为 1 阶模态［图 5 - 5（b）］，其压强云图和壁板表面压强系数曲线有明显的亚声速特点［图 5 - 5（c）和（d）］。

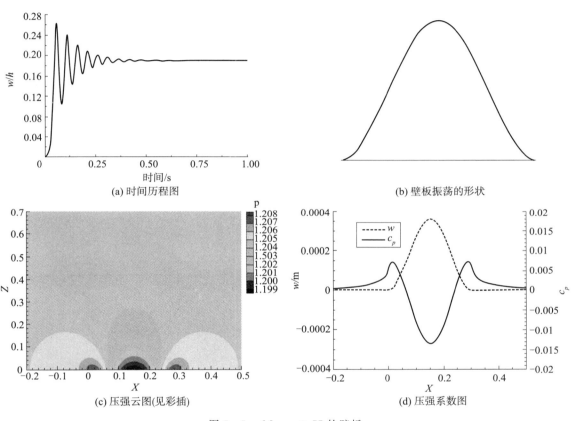

(a) 时间历程图　　　　　　　　　　　　　　(b) 壁板振荡的形状

(c) 压强云图(见彩插)　　　　　　　　　　(d) 压强系数图

图 5 - 5　M_∞ = 0.77 的壁板

5.3.4　1 ≤ M_∞ ≤ 1.05——跨声速颤振

当 1 ≤ M_∞ ≤ 1.05 时，壁板处于跨声速区域，壁板运动形态表现为 LCO。壁板运动在接近最大和最小偏转的位置出现振荡延迟［图 5 - 6（a）］。这种振荡可以做如下描述：壁板向上屈曲并在该位置停留一段时间，这种延迟可以被认为是短时间屈曲状态的局部稳定。然而，该区域的系统能量不足以支持壁板在静态位置保持稳定，于是壁板弯曲到相反的屈曲状态，整个循环由相反的屈曲状态组成。与亚声速屈曲不同，延迟位置的壁板形状不是纯粹的 1 阶振型，而是具有清晰可见的 2 阶振型分量，同时振荡的壁板具有行波形式［图 5 - 6（b），参考点向下为实线，向上为虚线］。但是，随着马赫数的提高，延迟逐渐消失，LCO 振幅又开始变得对称，壁板形态开始逐步接近第 1 模态。在此区域，壁板参考点振荡的频谱由多个峰值组成。主频在壁板固有频率附近，代表第 1 模态振型；第 2 个频率代表第 2 模态振型；第 3 个频率是由壁板的立方非线性引起的，并且与单独的特征模态无关；其余占比较小的高频频率来源于振荡中的延迟［图 5 - 6（c）］。随着 M_∞ 的增加，振荡频率迅速增加。

壁板的延迟同样可以在相平面图中清晰看到，相平面图中的每一个扭曲对应着时间历程图中的一个延迟［图 5 - 6（d）］。由图 5 - 6（a）可以看到，上下弯曲延迟并不对称，向上的延迟很少。随着马赫数的增加，相位图中的扭曲减少，跨声速型延迟逐渐减小直至消失，LCO 变得对称，且向上的延迟消失速度比向下的延迟快得多。

本章使用的庞加莱映射定义为当离散点振荡达到最大或最小挠度时参考点的相平面。本章选取的离散点位于距壁板前缘 0.075 m 处（壁板长的 1/4）。在该区域，由于壁板运动具有多个扭曲，因此庞加莱映射由多个点组成［图 5 - 6（e）］，其中各点从一个周期到另一个周期发生轻微的运动是由于流动不稳定造成的。

压强云图和壁板表面压强系数曲线如图 5 - 6（f）～（i）所示，可以看出，在参考点达到正向最大和负向最大的振荡过程中出现了明显的激波运动，而且存在多激波结构。

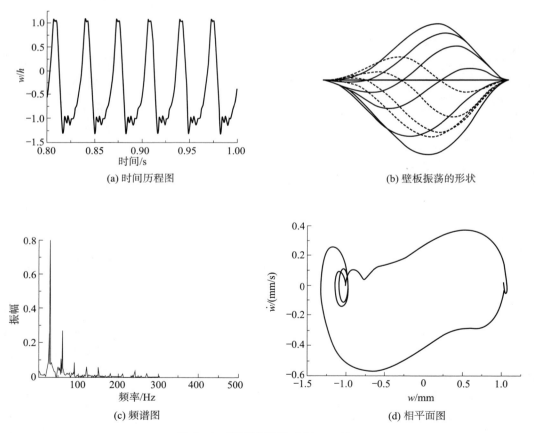

(a) 时间历程图　　　　　　　　　　(b) 壁板振荡的形状

(c) 频谱图　　　　　　　　　　(d) 相平面图

图 5 - 6　跨声速壁板（$M_\infty = 1$）

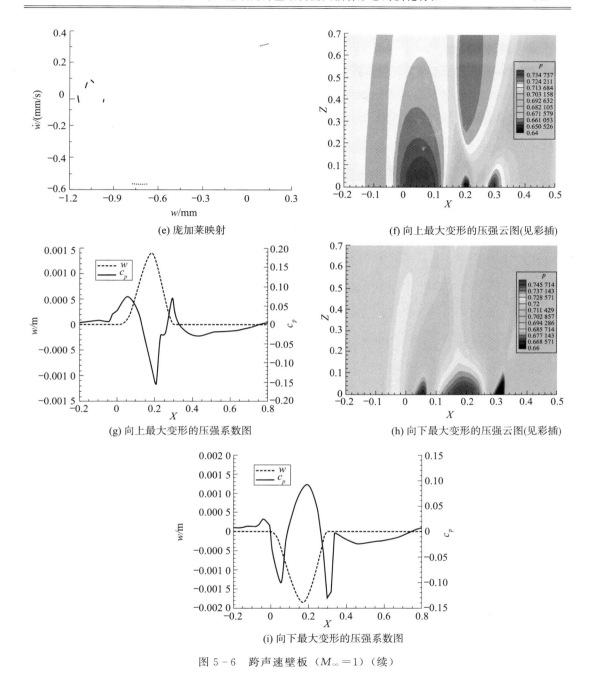

(e) 庞加莱映射

(f) 向上最大变形的压强云图(见彩插)

(g) 向上最大变形的压强系数图

(h) 向下最大变形的压强云图(见彩插)

(i) 向下最大变形的压强系数图

图 5 - 6　跨声速壁板（$M_\infty = 1$）（续）

5.3.5　$1.06 \leqslant M_\infty \leqslant 1.09$ ——非共振 LCO

当 $M_\infty = 1.06$ 时，跨声速型延迟消失，极限环振荡幅值变为对称［图 5 - 7（a）和（d）］。当 $1.06 \leqslant M_\infty \leqslant 1.09$ 时，观察到纯单模态颤振。壁板形态接近第 1 模态振型［图 5 - 7（b）］，振荡有一定的行波向下游移动，马赫数越高，振荡就越大。参考点振荡的频谱仍有 3 个峰值［图 5 - 7（c）］，频率比近似为 1∶2∶3。其中，第 2 模态是一个小的分量，并不占主导，但随着马赫数的增加，该分量比例逐渐提高。另外，该分量的存在不仅使壁板形态中存在第 2 模态振型分量，而且使极限环振荡对称性减弱并向 1∶2 共振 LCO 过渡。在该区域，庞加莱映射由两个点组成［图 5 - 7（e）］，压强云图和壁板表面压强系数曲线如图 5 - 7（f）～（i）所示，也出现了激波运动与多激波结构。

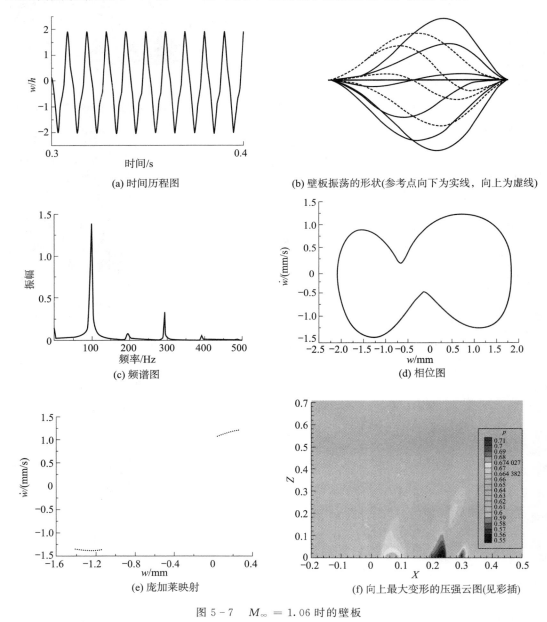

(a) 时间历程图

(b) 壁板振荡的形状(参考点向下为实线，向上为虚线)

(c) 频谱图

(d) 相位图

(e) 庞加莱映射

(f) 向上最大变形的压强云图(见彩插)

图 5 - 7　$M_\infty = 1.06$ 时的壁板

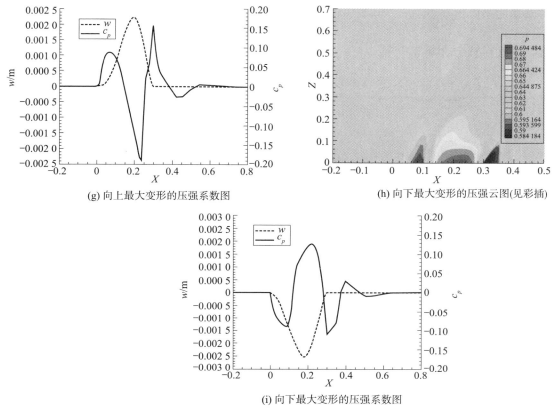

(g) 向上最大变形的压强系数图　　　　　　　(h) 向下最大变形的压强云图(见彩插)

(i) 向下最大变形的压强系数图

图 5 - 7　　$M_\infty = 1.06$ 时的壁板 （续）

5.3.6　1.10 ≤ M_∞ ≤ 1.26 ——1：2 共振 LCO

当 1.10 ≤ M_∞ ≤ 1.26 时，LCO 振幅具有明显的不对称性 ［图 5 - 8（a）和（d）］。参考点振荡的频谱仍有 3 个峰值 ［图 5 - 8（b）］，频率比为 1：2：3。但由于第 1 和第 2 模态之间的内部 1：2 共振，此时第 2 模态占比明显增加，成为主导模态之一。振荡仍具有行波分量 ［图 5 - 8（c）］，但由于第 2 模态的明显增长，当壁板运动的方向从向上变为向下时，其行波方向从下游变为上游，且随着马赫数的提高，第 2 模态继续增长，壁板向下和向上的振荡路径逐渐重合。在这种情况下，庞加莱映射由 4 个点组成 ［图 5 - 8（e）］，压强云图和壁板表面压强系数曲线如图 5 - 8（f）～（i）所示，激波运动仍然存在，但多激波结构消失。

Vedeneev[145] 的分析证明了包含内部 1：2 共振的 LCO 存在的可能性。其振荡机制包括以下步骤，在本节的模拟中也观察到了：

1）由于壁板第 1 模态的不稳定性，在气动力的作用下，能量由气流向壁板第 1 模态振动转移，第 1 模态开始增长。由于此时只有一种模态存在，因此 LCO 是对称的。

2）由于系统是非线性的，因此振荡频率也随振幅增加。对于固支壁板，1 阶和 2 阶固有频率的初始比例小于 $\frac{1}{2}$。当第 1 模态增长时，非线性振荡的 1 阶和 2 阶频率的比例也增加，并且在某个时刻等于 $\frac{1}{2}$。

3）从这一刻开始，由于内部共振，第 2 模态振荡被激发。但由于第 2 模态仍然是线性稳定的，其增长仅通过与第 1 模态的共振来维持，而第 1 模态增长又由气动弹性不稳定性维持。

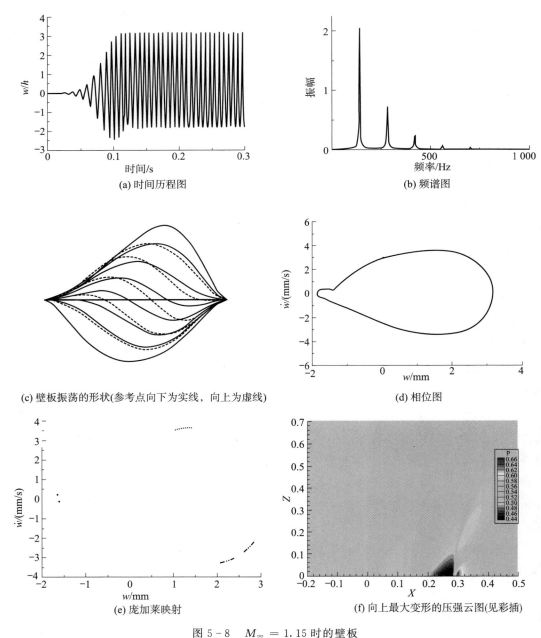

(a) 时间历程图

(b) 频谱图

(c) 壁板振荡的形状(参考点向下为实线，向上为虚线)

(d) 相位图

(e) 庞加莱映射

(f) 向上最大变形的压强云图(见彩插)

图 5 - 8　$M_\infty = 1.15$ 时的壁板

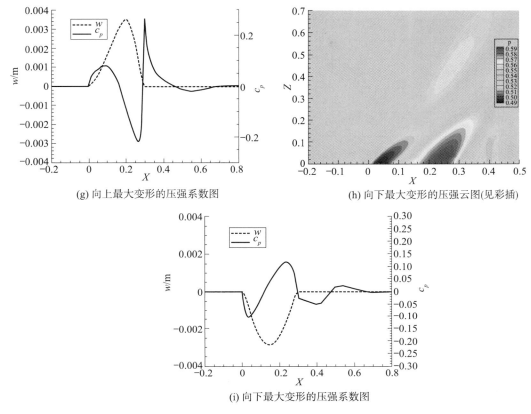

(g) 向上最大变形的压强系数图　　　　　　(h) 向下最大变形的压强云图(见彩插)

(i) 向下最大变形的压强系数图

图 5-8　$M_\infty = 1.15$ 时的壁板（续）

4）第 1 和第 2 模态共同增长，直到建立如下能量平衡：由于第 1 模态的不稳定性，能量从气流转移到第 1 模态。接下来，该能量通过 1、2 阶模态之间的非线性耦合转移到第 2 模态。最后，由于第 2 模态是稳定的，能量从第 2 模态转移到流动。当流入壁板能量等于流出壁板能量时，1、2 阶模态的振幅达到其稳定值，壁板进入极限环振荡状态。

形成共振极限环的关键是步骤 3），当第 1 和第 2 模态中的非线性振荡频率精确地为 1∶2 时，如果该时刻以某种方式通过而没有激发第 2 模态，则共振极限环应该不会发生。因此，应该存在两个共存的极限环：共振和非共振。例如，可以通过施加初始干扰力来越过步骤 3），该初始干扰力首先在沿着壁板的空间分布中没有第 2 模态分量；其次具有足够高的幅值，使得初始非线性第 1 模态中的振荡频率大于第 2 模态的非线性频率的一半。在这种情况下，步骤 3）将被越过而不激发第 2 模态。

在 $M_\infty \in [1.05, 1.06]$ 之间存在一个临界值 M_{ref}，该值是共振极限环开始出现的马赫数。对于略大于 M_{ref} 的马赫数，如 $M_\infty = 1.15$，考虑由 4 种不同的初始扰动速度（表 5-4）引起的壁板的振荡。

表 5 - 4　$M_\infty = 1.15$ 时 4 种不同初始扰动速度的壁板

工况	初始扰动速度/(m/s)
Case 1	$\dot{w}_0 = 0.1\sin(\pi x/a) + 0.1\sin(2\pi x/a)$
Case 2	$\dot{w}_0 = 0.1\sin(\pi x/a)$
Case 3	$\dot{w}_0 = 10\sin(\pi x/a) + 10\sin(2\pi x/a)$
Case 4	$\dot{w}_0 = 10\sin(\pi x/a)$

　　如图 5 - 9 所示，Case 1 基于上述机制产生共振 LCO，初始扰动速度幅值更大但具有完全相同的空间分布。Case 3 虽然会产生相同的 LCO，但是在振荡演变中的步骤 1)～3) 被错过，其是从较高幅值实现的相同的 LCO。由 Case 1 和 Case 2、Case 3 和 Case 4 可以看出，具有相同幅值、不同空间分布的工况几乎同时进入共振 LCO。产生这种现象的原因如下：$M_\infty = 1.15$ 非常接近 M_{ref}，该马赫数下可以产生的两个 LCO 也十分接近，因此这两种演化形态的激发条件也很接近。在这样的情况下，一个极小的扰动（由流动引起）就可以激发第 2 模态，从而将振荡从一个演化形态切换到另一个演化形态。

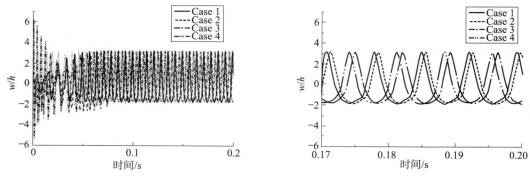

图 5 - 9　$M_\infty = 1.15$ 时的壁板的时间历程图（见彩插）

　　对于 $M_\infty = 1.21$，考虑由 3 种不同的初始扰动速度（表 5 - 5）引起的壁板的振荡。

表 5 - 5　$M_\infty = 1.21$ 时 3 种不同初始扰动速度的壁板

工况	初始扰动速度/(m/s)
Case 1	$\dot{w}_0 = 0.1\sin(\pi x/a) + 0.1\sin(2\pi x/a)$
Case 2	$\dot{w}_0 = 10\sin(\pi x/a) + 10\sin(2\pi x/a)$
Case 3	$\dot{w}_0 = 10\sin(\pi x/a)$

　　如图 5 - 10 所示，Case 1 产生共振 LCO；Case 2 跳过了振荡演变中的步骤 1)～3)，从较高幅值实现相同的共振 LCO；Case 3 在非共振 LCO 中开始振荡，经过多次振荡后切换到共振 LCO。产生这种现象的原因如下：在该马赫数下，共振和非共振 LCO 之间的差异更明显，将振荡从一个 LCO 切换到另一个 LCO 需要对壁板施加更大的干扰或经过更长的干扰时间。

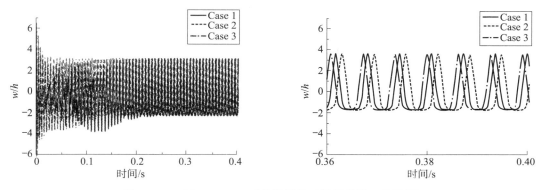

图 5 - 10　$M_\infty = 1.21$ 时的壁板的时间历程图（见彩插）

对于 $M_\infty = 1.24$，考虑由两种不同的初始扰动速度（表 5 - 6）引起的壁板的振荡。

表 5 - 6　$M_\infty = 1.24$ 时 3 种不同初始扰动速度的壁板

工况	初始扰动速度/(m/s)
Case 1	$\dot{w}_0 = 0.1\sin(\pi x/a) + 0.1\sin(2\pi x/a)$
Case 2	$\dot{w}_0 = 10\sin(\pi x/a)$

如图 5 - 11 所示，可以观察到两个稳定的共存 LCO：Case 1 产生共振 LCO，Case 2 则产生非共振 LCO。产生这种现象的原因如下：在该马赫数下，共振和非共振 LCO 之间的差异更大，将振荡从一个 LCO 切换到另一个 LCO 需要对壁板施加更大的干扰。因此，由流动引起的扰动在 $M_\infty = 1.24$ 时已经不足以完成两种 LCO 之间的切换。两个共存 LCO 的频谱如图 5 - 12 所示，非共振 LCO 的频谱仅包含第 1 模频率和三重频率，其他峰值的贡献可以忽略不计。共振 LCO 的频谱还包含一个显著的倍频分量。值得注意的是，非共振 LCO 的 1 阶振型频率稍高，而最大壁板偏转低于共振 LCO。两个 LCO 的相平面图如图 5 - 13 所示，非共振 LCO 的相平面图较对称；而对于共振 LCO，可以明显观测到相平面图的不对称性。

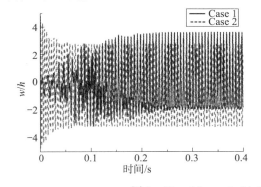
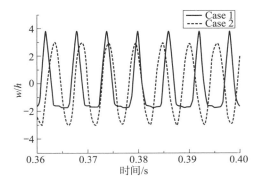

图 5 - 11　$M_\infty = 1.24$ 时的壁板的时间历程图（见彩插）

当 $M_\infty \approx 1.23$ 时，振荡形状没有发生明显变化，但相平面图可以观察到一个明显的新的演化形态。图 5 - 14 所示的相平面图显示了其左端相位轨迹的明显分岔（图 5 - 14 中

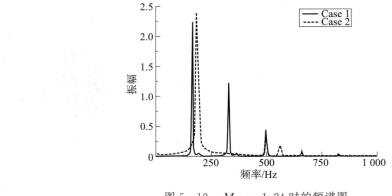

图 5-12　$M_\infty = 1.24$ 时的频谱图

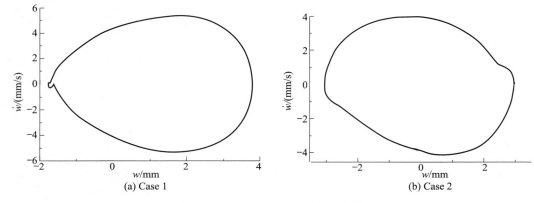

(a) Case 1　　　　　　　　　　　(b) Case 2

图 5-13　$M_\infty = 1.24$ 时的相位图

左下角小图为左端相位轨迹的放大图）。虽然分岔前的轨迹是平滑的，但通过分岔点后存在一个新的演化形态。

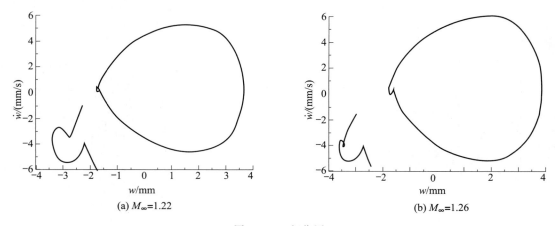

(a) $M_\infty = 1.22$　　　　　　　　　　(b) $M_\infty = 1.26$

图 5-14　相位图

5.3.7 $1.27 \leqslant M_{\infty} \leqslant 1.31$ ——高频周期振荡

对于 $1.27 \leqslant M_{\infty} \leqslant 1.31$，壁板振荡中观察到了高频极限环。这种情况显然是 1：2 共振极限环和非周期振荡之间的过渡。最初，壁板振荡发展为 1：2 共振极限环 [图 5-15（a）]。随着时间的推移，出现了高频分量 [图 5-15（b）]，最初它们会增长并具有准混沌现象，但随着时间的推移，它们趋向于纯谐波极限环 [图 5-15（c）]，相平面图对称且近似于椭圆 [图 5-16（a）]，最终频谱的两个峰值的频率比为 1：2，分别代表第 2 和第 4 模态 [图 5-16（b）]，壁板的形状包含了第 2 和第 4 模态形状 [图 5-16（c）]，压强云图和壁板表面压强系数曲线如图 5-16（d）～（g）所示，显现出的云图中具有双重激波，第 2 模态的分量占主导地位。

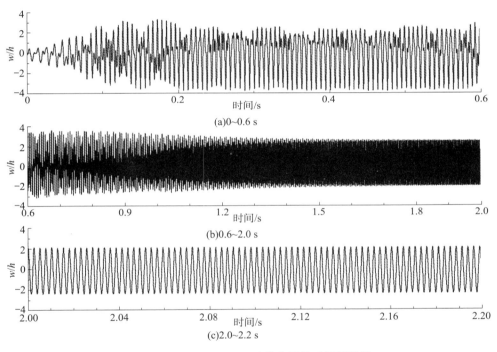

图 5-15 $M_{\infty} = 1.27$ 时的壁板的时间历程图

5.3.8 $1.32 \leqslant M_{\infty} \leqslant 1.43$ ——高频非周期振荡

在 $1.32 \leqslant M_{\infty} \leqslant 1.43$ 范围内，振荡过程发生明显变化（图 5-17）。最初壁板以第 1 模态振荡，此后由于 1：2 共振而出现第 2 模态，然后出现了更高模态的缓慢扰动。与第 1 和第 2 模态相反，较高模态中的振荡不是周期性的。最终，由于非线性模态相互作用，第 1 和第 2 模态中的振荡失去周期性，振荡变得杂乱无章，失去了主导模态。

然而，这种振荡的杂乱无章并不一定代表已经进入真正的混沌状态。真正的混沌必须满足以下 5 个标准[23]：

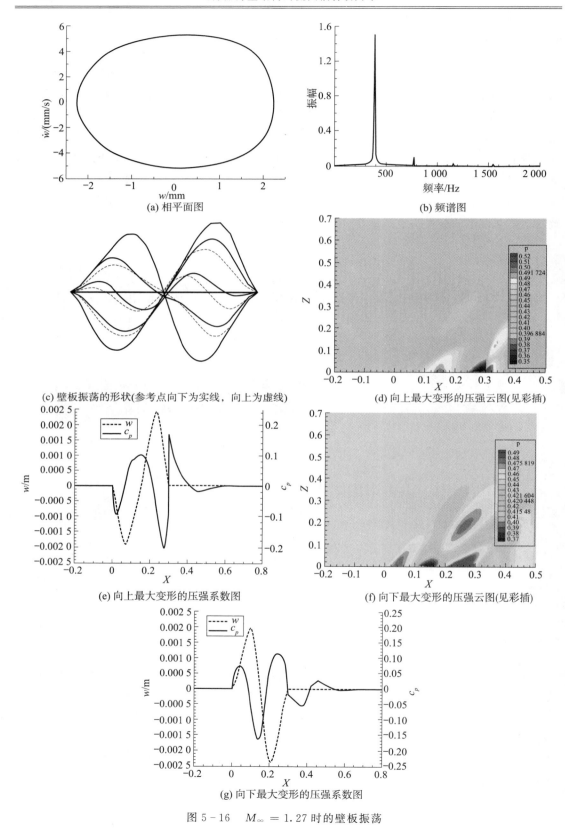

(a) 相平面图

(b) 频谱图

(c) 壁板振荡的形状(参考点向下为实线，向上为虚线)

(d) 向上最大变形的压强云图(见彩插)

(e) 向上最大变形的压强系数图

(f) 向下最大变形的压强云图(见彩插)

(g) 向下最大变形的压强系数图

图 5 - 16　$M_\infty = 1.27$ 时的壁板振荡

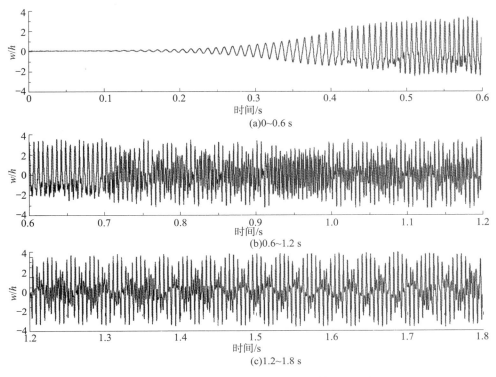

图 5 - 17　$M_\infty = 1.32$ 时的壁板的时间历程图

1）时间历程曲线显得杂乱无章。

2）最大 Lyapunov（李雅普诺夫）指数为正。

3）在频率谱中存在较宽的频带。

4）自相关函数是递减函数。

5）庞加莱映射被杂乱的点填满。

对这 5 个标准依次进行校对，具体如下：

1）产生的类似混沌的振荡的特写视图如图 5 - 17（c）所示，没有检测到参考点偏转的周期性。在不同时刻捕获的壁板振荡的形状如图 5 - 18（a）所示，形状没有明显的规律性，可以判断时间历程曲线杂乱无章，满足第一个混沌判定标准。

2）采用 C - C 法计算参考点时间历程的延迟时间和嵌入维数，重构相空间，使用 Wolf 法计算最大 Lyapunov 指数，结果不为正，不满足第二条混沌判定标准[146-150]。

3）非周期性振荡的频谱如图 5 - 18（b）所示，具有几个清晰的峰值，这意味着振荡由几个单频分量组成，频谱中并不存在宽频带。

4）计算得到的该非周期性振荡的自相关函数被证明是周期性的，而不是递减函数 [图 5 - 18（c）]。

5）不满足最后一个标准，虽然庞加莱映射上是一些密集点 [图 5 - 18（d）]，但这些点并不是完全混沌的，而是集中在两个环周围，这只能表示存在施加在主导规则运动上的一个小的准混沌分量。

从 Lyapunov 指数、频率谱、庞加莱映射和自相关函数中可以看出，它并非完全的混沌；而从相平面图的轨迹演变［图 5 - 18（e）］可以看出，非周期性振荡几乎填满整个相空间。

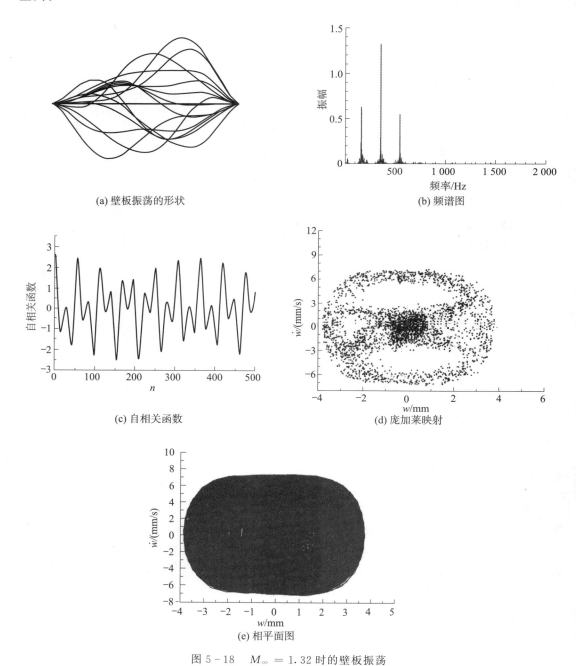

(a) 壁板振荡的形状

(b) 频谱图

(c) 自相关函数

(d) 庞加莱映射

(e) 相平面图

图 5 - 18　$M_\infty = 1.32$ 时的壁板振荡

流场压强云图和壁板表面压强系数曲线如图 5 - 19 所示，可以看出，壁板形态是以第 1 模态振型为基础的附加高频分量的非周期运动形态。

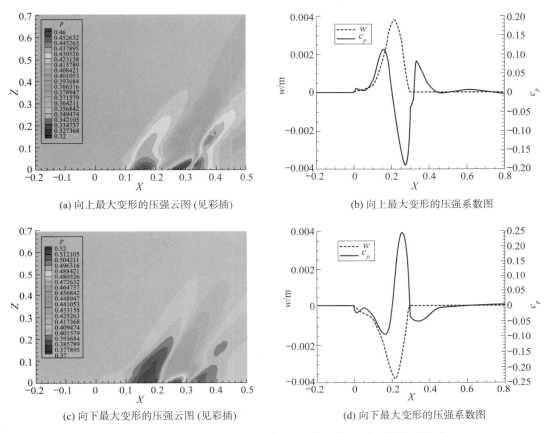

(a) 向上最大变形的压强云图 (见彩插)　　　　　　(b) 向上最大变形的压强系数图

(c) 向下最大变形的压强云图 (见彩插)　　　　　　(d) 向下最大变形的压强系数图

图 5 - 19　$M_\infty = 1.32$ 时最大变形的压强云图和表面压强系数图

5.3.9　$1.44 \leqslant M_\infty \leqslant 1.50$——第 1 模态极限环振荡

随着马赫数的继续增加，在该区域内，类似混沌的非周期振荡消失，壁板以极限环形式振荡，壁板振荡形态为第 1 模态振型（图 5 - 20）。随着 M_∞ 的增加，幅值快速减小并接近于 0。由压强云图和壁板表面压强系数曲线可以看出，云图中的激波清晰可见，壁板形态是第 1 模态。

5.3.10　$1.51 \leqslant M_\infty \leqslant 2.0$——稳态

随着马赫数的继续增加，当 $M_\infty \approx 1.51$ 时壁板回到稳定状态。

5.3.11　颤振振幅和频率

图 5 - 21 显示了基准状态参考点的振荡幅值随马赫数的变化。当壁板从 $M_\infty \approx 0.72$ 进入第 1 模态 LCO 时，马赫数的增加会使屈曲幅值增加；在 $M_\infty \approx 0.77$ 开始屈曲后，马

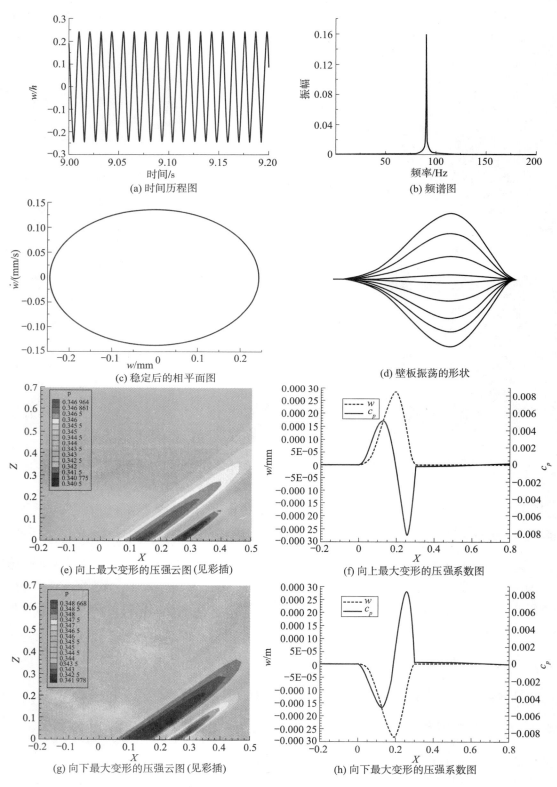

(a) 时间历程图

(b) 频谱图

(c) 稳定后的相平面图

(d) 壁板振荡的形状

(e) 向上最大变形的压强云图(见彩插)

(f) 向上最大变形的压强系数图

(g) 向下最大变形的压强云图(见彩插)

(h) 向下最大变形的压强系数图

图 5 - 20 $M_\infty = 1.44$ 时的壁板振荡

赫数的增加会继续使屈曲幅值增加；当 M_∞ 接近 1 时，跨声速域的非线性会使屈曲方向反向。当 $M_\infty \approx 1$ 时，不稳定性从屈曲转变为颤振，振荡是非对称的。进入这一阶段时，幅值会轻微下降。接下来，幅值随着 M_∞ 的增加快速增加。当 $M_\infty \approx 1.06$ 时，振荡接近对称，进入非共振极限环，幅值随着 M_∞ 的增加而增加。当 $M_\infty \approx 1.1$ 时，非对称性明显显现，进入 1∶2 共振极限环，正的幅值随着 M_∞ 的增加而增加，负的幅值随着 M_∞ 的增加而减小，增速随着 M_∞ 的增加而放缓。但此时如果给出不同的初始扰动，也会存在另一个极限环——第 1 模态极限环，这两个极限环是共存的，具体进入哪一个极限环与扰动有关。在 $M_\infty \approx 1.26$ 时达到最大幅值：$w/h = 5.902\,41$。当 $M_\infty \approx 1.27$ 时，进入高频周期性振荡，幅值有一个明显的下降。当 $M_\infty \approx 1.27$ 时，进入高频非周期性振荡，幅值有一个明显的增加，之后随着马赫数的进一步增加幅值开始减小。当 $M_\infty \approx 1.44$ 时，振荡返回第 1 模态极限环，幅值快速减小并接近于 0，当 $M_\infty \approx 1.51$ 时回到稳定状态。

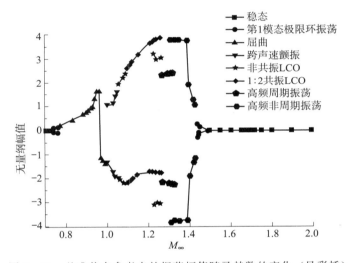

图 5-21　基准状态参考点的振荡幅值随马赫数的变化（见彩插）

图 5-22 显示了基准状态壁板振荡的主导频率随马赫数的变化，可以发现，第 1 模态颤振区的频率增长几乎是线性的。当内部 1∶2 模态共振发生时，频率增长减慢。经过高频区后，再次进入第 1 模态颤振区，在该区域，频率变化极小。同时，注意到产生的颤振频率中包含了低于壁板第 1 固有模态的频率值，这是单模态颤振的一个典型特征：壁板的单模态颤振主要是由气流的不稳定引起的，因此产生的颤振模态可能同时来源于壁板的结构模态和气流的模态。

由图 5-21 和图 5-22 得到的一个重要结果是，非周期振荡区域很可能是典型的单模态颤振中疲劳损伤最严重的区域，即使偏转幅值与第 1 模态极限环相近，但其壁板形态包含较高的模态，因此应力振幅比第 1 模态极限环的应力振幅高得多。此外，非周期振荡区域包含较高的频率，因此该振动形态一旦产生，极有可能会在短时间内迅速积累大量的疲劳损伤。

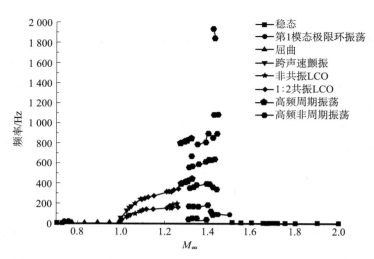

图 5 - 22　基准状态壁板振荡的主导频率随马赫数的变化（见彩插）

5.4　厚度对照状态下薄壁结构的形态演化

取 $h = 0.0015$ m，其余参数与基准状态相同，用于与基准状态进行对比；同样将马赫数从 0.7 逐渐增大到 2.0，分析壁板厚度对壁板形态演化的影响。

取马赫数 $M_{\infty} = 1.82$，当 $a/h = 200$ 时，$\mu_{cr} = 7.8219 \times 10^{-4}$。同样，取 $\mu = 1.64 \times 10^{-4}$，该 μ 值足够小，可以避免本征频率的合并，确保避免产生耦合模态颤振。在该状态下，1 阶固有圆频率 $\omega_0 = 4\pi^2 \sqrt{D/3(\rho_s h a^4)} = 232.8436$ rad/s，对应的频率为 92.65 Hz。壁板的形态演化过程如表 5 - 7 所示。

表 **5 - 7**　$a/h = 200$，$\mu = 1.64 \times 10^{-4}$ 下的壁板的形态演化过程

马赫数域	壁板形态
$0.7 \leqslant M_{\infty} \leqslant 0.94$	稳态
$0.95 \leqslant M_{\infty} \leqslant 1.00$	屈曲
$1.01 \leqslant M_{\infty} \leqslant 1.06$	稳态
$1.07 \leqslant M_{\infty} \leqslant 1.17$	非共振 LCO
$1.18 \leqslant M_{\infty} \leqslant 1.27$	1：2 共振 LCO
$1.28 \leqslant M_{\infty} \leqslant 1.38$	高频非周期振荡
$1.39 \leqslant M_{\infty} \leqslant 2.0$	重新进入稳态

当 $1.01 \leqslant M_{\infty} \leqslant 1.06$ 时，与 5.3.4 节不同，在跨声速区，由于壁板较厚，与基准状态相同的动压无法激发出跨声速颤振，此时薄壁板在受到扰动后，振荡将很快收敛并回到初始位置，恢复稳定状态。

图 5 - 23 和图 5 - 24 分别显示了厚度对照状态下参考点的振荡幅值和主导频率随马赫数的变化。可以看出，在 $M_\infty \approx 0.94$ 开始屈曲后，马赫数的增加会继续使屈曲幅值增加；当 $M_\infty \approx 0.98$ 时，由于跨声速域的非线性，马赫数的增加会使屈曲幅值减小，最终反向屈曲；当 $M_\infty \approx 1.01$ 时，壁板恢复稳定状态；当 $M_\infty \approx 1.07$ 时，进入非共振极限环，极限环振荡具有对称性，幅值随着 M_∞ 的增加而增加；当 $M_\infty = 1.18$ 时，非对称性明显显现，进入 1：2 共振极限环；当 $M_\infty \approx 1.28$ 时，进入高频非周期性振荡，振荡具有对称性，随着马赫数的进一步增加，幅值开始减小；当 $M_\infty \approx 1.39$ 时，直接回到稳定状态。

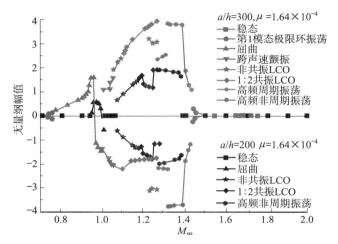

图 5 - 23　厚度对照下参考点的振荡幅值随马赫数的变化（见彩插）

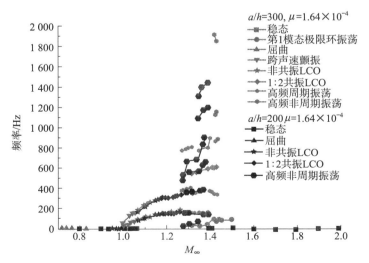

图 5 - 24　厚度对照下参考点的振荡主导频率随马赫数的变化（见彩插）

在更大的壁板厚度下，壁板演化过程与基准状态相比主要有 4 点不同：

1）在亚声速区没有极限环振荡。

2）由于壁板较厚，与基准状态相同的动压无法激发出跨声速振荡，在跨声速区保持稳定状态。

　　3）作为过渡的高频周期振荡没有激发，壁板由共振极限环振荡直接演化为高频非周期振荡。

　　4）作为过渡的第1模态极限环振荡没有激发，壁板由高频非周期振荡直接恢复为稳定状态。

　　由图 5 - 23 和图 5 - 24 可以得出的一个重要结果是：与基准状态相比，更大的壁板厚度会同时减小壁板振荡的无量纲幅值和高频段振荡频率，从而减小壁板的疲劳损伤。

5.5　来流动压对照状态下薄壁结构的形态演化

　　取 $\mu = 3.5 \times 10^{-5}$ ，其余参数与基准状态相同，用于与基准状态进行对比，分析无量纲气流密度对壁板形态演化的影响。壁板的形态演化过程如表 5 - 8 所示。

表 5 - 8　$a/h = 300$ ，$\mu = 3.5 \times 10^{-5}$ 下的壁板的形态演化过程

马赫数域	壁板形态
$0.7 \leqslant M_\infty \leqslant 0.97$	稳态
$0.98 \leqslant M_\infty \leqslant 1.00$	屈曲
$1.01 \leqslant M_\infty \leqslant 1.03$	稳态
$1.04 \leqslant M_\infty \leqslant 1.10$	非共振 LCO
$1.11 \leqslant M_\infty \leqslant 1.16$	1∶2 共振 LCO
$1.17 \leqslant M_\infty \leqslant 1.30$	1∶2 共振 LCO 的演化
$1.31 \leqslant M_\infty \leqslant 1.39$	高频非周期振荡
$1.40 \leqslant M_\infty \leqslant 2.0$	重新进入稳态

　　当 $1.01 \leqslant M_\infty \leqslant 1.03$ 时，类似于5.4节，在跨声速区，由于较低的无量纲气流密度，在该区域动压较小，导致跨声速颤振未被成功激发，此时薄壁板在受到扰动后，振荡将很快收敛并回到初始位置，恢复稳定状态。

　　图 5 - 25 和图 5 - 26 分别显示了动压对照状态下参考点的振荡幅值和主导频率随马赫数的变化。可以看出，在 $M_\infty \approx 0.98$ 开始屈曲后，由于跨声速域的非线性，马赫数的增加会使屈曲幅值减小，最终反向屈曲；当 $M_\infty \approx 1.01$ 时，壁板恢复稳定状态；当 $M_\infty \approx 1.04$ 时，进入非共振极限环，极限环振荡具有对称性，幅值随着 M_∞ 的增加而增加；当 $M_\infty \approx 1.11$ 时，非对称性明显显现，进入1∶2共振极限环；当 $M_\infty \approx 1.31$ 时，进入高频非周期性振荡，振荡具有对称性，随着马赫数的进一步增加，幅值开始减小；当 $M_\infty \approx 1.40$ 时，直接回到稳定状态。

　　在更小的动压下，壁板演化过程与壁板厚度更厚时类似，与基准状态相比同样主要有4点不同：

1）在亚声速区没有极限环振荡。

2）由于无量纲气流密度较小，导致相对较小的动压无法激发出跨声速振荡，在跨声速区保持稳定状态。

3）作为过渡的高频周期振荡没有激发。

4）作为过渡的第 1 模态极限环振荡没有激发。

由图 5-25 和图 5-26 得出的一个重要结果是：与基准状态相比，更小的无量纲气流密度同样会同时减小壁板振荡的无量纲幅值和高频段振荡频率，从而可能会减小壁板的疲劳损伤。

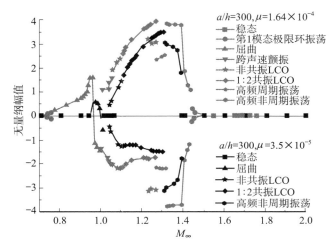

图 5-25　动压对照状态下参考点的振荡幅值随马赫数的变化（见彩插）

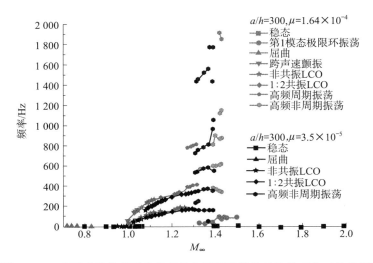

图 5-26　动压对照状态下参考点的主导频率随马赫数的变化（见彩插）

本章小结

本章选取 3 个典型工况，其中一个为基准状态，另外两个为对照状态（分别改变壁板厚度和来流密度或动压），分析了来流马赫数从 0.7 增加到 2.0 过程中壁板的形态演化规律。结果表明，其演化形态次序为稳态、屈曲、跨声速颤振、非共振 LCO、1：2 共振 LCO、高频周期振荡、高频非周期振荡、第 1 模态 LCO、恢复稳态。通过对颤振幅值和频率的分析，非周期振荡区域很可能是典型的单模态颤振中疲劳损伤最严重的区域。通过对对照工况的分析，减小动压和增大壁板厚度都可以有效减小壁板颤振幅值和高频段振荡频率。

第6章　考虑加速效应的薄壁结构流固耦合形态的演化特征

在第 5 章中讨论了无黏条件下跨声速域内的壁板流固耦合形态演化过程，本章在第 5 章基础上，进一步考虑了马赫数变化过程中的非定常加速效应，使其更为贴合真实飞行状态。

6.1　计算条件

通过改变远场流速来改变壁板的马赫数，从而在无黏条件下对第 5 章分析过的 3 种壁板模型在考虑加速效应的情况下的形态演化进行分析。

远场流速定义为时间的线性函数，对于加速流动：

$$M_\infty(t) = M_1 + (M_2 - M_1)(t/T) \quad (0 \leqslant t \leqslant T) \tag{6-1}$$

对于减速流动：

$$M_\infty(t) = M_2 - (M_2 - M_1)(t/T) \quad (0 \leqslant t \leqslant T) \tag{6-2}$$

式中　t——非定常计算的时间；

　　　T——加速时间。

在本研究的所有加（减）速情况下，选择的初始和最终马赫数为 $M_1 = 0.7$ 和 $M_2 = 1.7$。通过调整时间 T 来改变流动的加速度。

该加速方法由于为远场加速，因此加速效应对壁板产生的影响会存在一定的时间延迟。远场加速效应影响的扩散速度约为声速，壁板远场到壁板的距离为 3 m，各加速度对应的延迟影响如表 6-1 所示，与加速效应产生的影响相比小得多，因此对本研究来说，可以忽略该影响。

表 6-1　加速效应对壁板影响的延迟影响

加速时间 T/s	加速度/s^{-2}	延迟马赫数
10	0.1	0.000 882 35
7.5	0.133	0.001 176 5
5	0.2	0.001 764 7
2.5	0.4	0.003 529 4
1	1	0.008 823 5

加速条件（$T = 10$ s）的参考点偏转的起始部分时间历程曲线如图 6-1 所示，可以看到在曲线的开始阶段存在少许振荡。为验证该振荡的产生原因，选择的初始和最终马赫数 $M_1 = 0.6$ 和 $M_2 = 1.7$、$T = 11$ s，计算少许时间，如图 6-2 所示。由图 6-2 可以很明显地发现，初始的振荡是由于扰动带来的数值上的波动，而不是极限环振荡的表现。为了去除该振荡，对公式进行修正。

对于加速流动：

$$M_\infty(t) = M_0 + (M_2 - M_1)(t/T)$$
$$[0 \leqslant t \leqslant T(M_2 - M_0)/(M_2 - M_1)] \tag{6-3}$$

对于减速流动：

$$M_\infty(t) = M_2 - (M_2 - M_1)(t/T)$$
$$[0 \leqslant t \leqslant T(M_2 - M_0)/(M_2 - M_1)] \tag{6-4}$$

通过适当地选取 M_0，使该振荡在进入 M_1 和 M_2 之间前收敛，并最终截取 M_1 和 M_2 之间的数据进行分析。

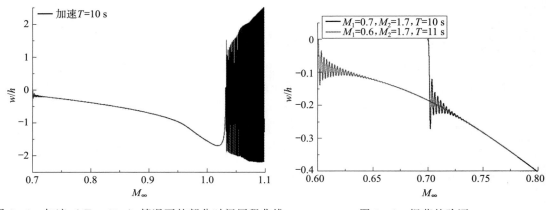

图 6-1　加速（$T=10$ s）情况下的部分时间历程曲线　　　　图 6-2　振荡的验证

6.2　基准状态薄壁结构的形态演化

分别取 $T=10$ s、7.5 s、5 s、2.5 s 和 1 s，代表了从非常慢（$T=10$ s）到非常快（$T=1$ s）的加速范围。

6.2.1　变马赫数下初始扰动和时间步长对薄壁结构形态演化的影响

考虑加速效应下 $T=1$ s 时，在表 6-2 所示的 3 种工况下计算壁板的响应，参考点为 $x/a=0.75$。由图 6-3 可以看出，初始扰动速度对壁板振荡无影响；由图 6-4 可以看出，算法对时间步长具有收敛性。综合考虑计算精度和效率，本章最后选用的初始扰动速度为 $\dot{w}_0 = 0.001\sin(\pi x/a) + 0.001\sin(2\pi x/a)$，时间步长为 0.00001 s。

表 6-2　3 种不同初始扰动速度的壁板

工况	初始扰动速度/(m/s)	时间步长/s
Case 1	$\dot{w}_0 = 0.001\sin(\pi x/a) + 0.001\sin(2\pi x/a)$	0.000 01
Case 2	$\dot{w}_0 = 0.001\sin(\pi x/a)$	0.000 01
Case 3	$\dot{w}_0 = 0.001\sin(\pi x/a) + 0.001\sin(2\pi x/a)$	0.000 005

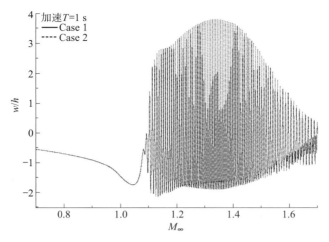

图 6 - 3　不同初始扰动速度引起的壁板振荡的时间历程曲线

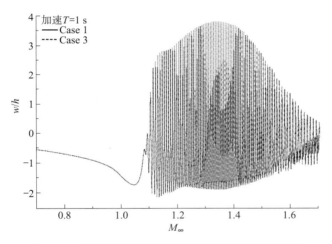

图 6 - 4　不同时间步长下的壁板振荡的时间历程曲线

6.2.2　加速条件（$T = 10$ s）下薄壁结构的形态演化

此时参考点偏转的时间历程曲线如图 6 - 5 所示。当流速增加时，可以看到壁板形态的以下变化。

6.2.2.1　$0.7 \leqslant M_\infty < 1.033$——屈曲

在该区域，壁板变得不稳定，振荡收敛于偏离平衡的位置，弯曲壁板的静态形状与第一阶固有振型一致。当 M_∞ 增大时，屈曲幅度增大，直到达到声速，在跨声速域约 $M_\infty = 1.02$ 处达到最大偏转，之后偏转迅速减小（图 6 - 6）。

6.2.2.2　$1.033 \leqslant M_\infty < 1.06$——第 1 模态极限环振荡

在 $M_\infty \approx 1.033$ 处，第 1 模态极限环振荡产生（图 6 - 7）。振荡具有向前行波的形式，壁板在向下和向上弯曲位置延迟。壁板形态接近第 1 模态，但带有明显的第 2 模态分量。随着马赫数的增加，第 2 模态分量减小。

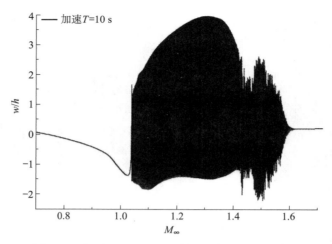

图 6-5　加速（$T=10$ s）情况下的时间历程曲线

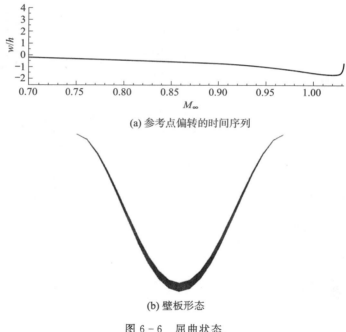

(a) 参考点偏转的时间序列

(b) 壁板形态

图 6-6　屈曲状态

6.2.2.3　$1.06 \leqslant M_\infty < 1.09$——第 1 模态极限环振荡的演化

$M_\infty \approx 1.034$ 时，振动初始，有纯向前行波的形式，振荡存在延迟［图 6-7（a）］。随着马赫数的增加，延迟位置相互移动，在 $M_\infty \approx 1.06$ 处延迟迅速消失，振荡变得更平滑，向前行波的分量变少［图 6-8（a）］。

图 6-7（b）和图 6-8（b）所示的相平面图更明显地显示了该分岔。在分岔前，相位图有两个延迟，当马赫数增加时，相位图的延迟趋于减小直至消失，相位图变得平滑。

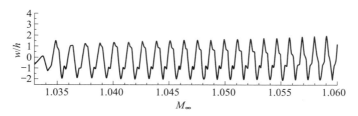

(a) 参考点偏转的时间序列

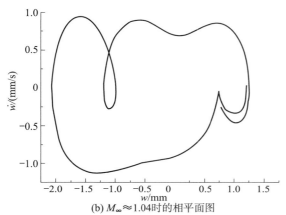

(b) $M_\infty \approx 1.04$ 时的相平面图

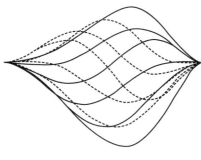

(c) $M_\infty \approx 1.04$ 时的壁板振荡形态
(参考点向下为实线,向上为虚线)

图 6-7　第 1 模态极限环振荡

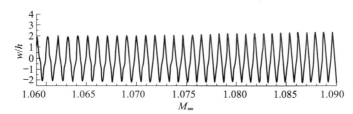

(a) 参考点偏转的时间序列

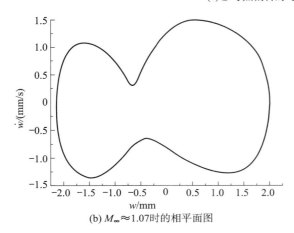

(b) $M_\infty \approx 1.07$ 时的相平面图

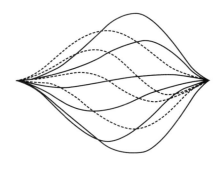

(c) $M_\infty \approx 1.07$ 时的壁板形态
(参考点向下为实线, 向上为虚线)

图 6-8　第 1 模态极限环振荡的演化

6.2.2.4　$1.09 \leqslant M_\infty < 1.235$——1：2 共振极限环

在 $M_\infty \approx 1.09$ 处，由于第 1 和第 2 模态在内部产生 1：2 共振，第 2 模态成为主导模态之一 [图 6-9 (b)]，振荡切换为共振极限环，壁板的时间序列 [图 6-9 (a)]、相平面图 [图 6-9 (c)] 和振荡形状 [图 6-9 (d)] 变得不对称。由于第 2 模态的增长，在共振极限环中，与分岔之前振荡的行波分量总是向前移动不同，虽然壁板向上移动时行波仍为向前移动，但向下移动时行波转为向后移动 [图 6-9 (c)]。同时，由于壁板受到的气动力有非线性和非对称性，在分岔之前振荡已经是轻微非对称的，因此到共振极限环的过渡是平滑的，无法指出特定的分岔点。

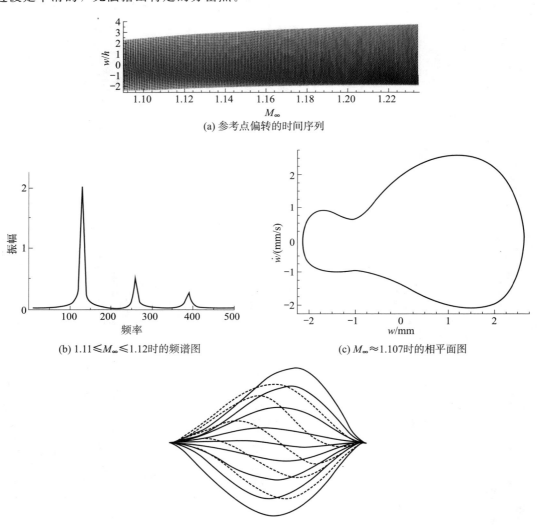

(a) 参考点偏转的时间序列

(b) $1.11 \leqslant M_\infty \leqslant 1.12$ 时的频谱图　　　(c) $M_\infty \approx 1.107$ 时的相平面图

(d) $M_\infty \approx 1.107$ 时的壁板振荡形态(参考点向下为实线，向上为虚线)

图 6-9　共振极限环的振荡

6.2.2.5　1.235 ≤ M_∞ < 1.41——1 ：2 共振极限环的演化

当 M_∞ ≈ 1.235 时，存在一个非常小的演化，如图 6 - 10 （a）所示。虽然该演化没有为振荡形状带来明显的变化，但观察相平面图左侧，从左下角的放大图中可以看出，在演化前［如图 6 - 10 （b）］相平面图是光滑的，但在演化后［图 6 - 10 （c）］相位图出现了一个显著的扭曲。

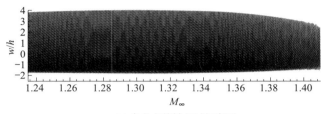

(a) 参考点偏转的时间序列

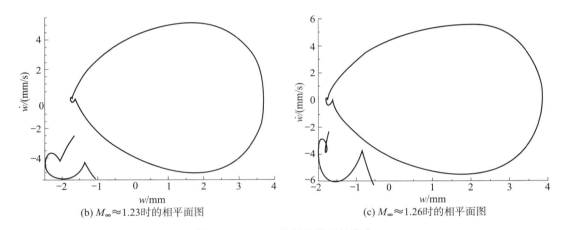

(b) M_∞ ≈1.23时的相平面图　　　　　(c) M_∞ ≈1.26时的相平面图

图 6 - 10　1 ：2 共振极限环的演化

6.2.2.6　1.41 ≤ M_∞ < 1.61——高频非周期振荡

当 M_∞ ≈ 1.41 时，第 1 模态变得稳定，该模态不再从流动中提供流入壁板的能量，并且不再能够支撑极限环振荡。更高阶的模态保持线性增长，它们将能量从流动传递到壁板，从而在壁板形状中的分量显著增加（图 6 - 11）。同时，没有明显的主导模态，每一种模态都在增长，并倾向于建立自己的极限环。由于多种增长模态同时存在，因此无法建立对应于特定模态的极限环，过程变得混沌，壁板形状包含多个模态振型。

在恒速分析中，存在一个短暂的过渡马赫数间隙——高频周期振荡（见 5.3.7 节），但在加速流中，这个间隙很快通过，振荡变得混乱，无法被表现出来。

6.2.2.7　1.61 ≤ M_∞ ≤ 1.7——恢复屈曲

从 M_∞ ≈ 1.56 开始，高频振荡迅速衰减，当 M_∞ ≈ 1.61 时振荡已经极小，且不会发生进一步的振荡，可以认为已经稳定在一个很小的屈曲位置［图 6 - 12 （a）］；另外，随着马赫数的增加偏转减小，壁板形态接近第一模态振型［图 6 - 12 （b）］。

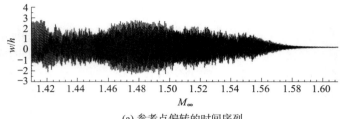

(a) 参考点偏转的时间序列

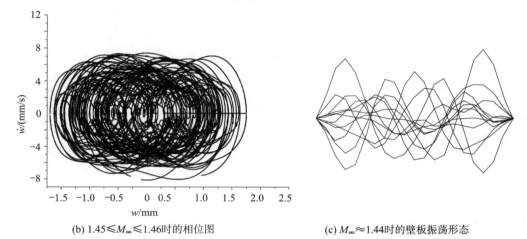

(b) 1.45≤M_∞≤1.46时的相位图   (c) M_∞≈1.44时的壁板振荡形态

图 6 - 11   高频非周期振荡

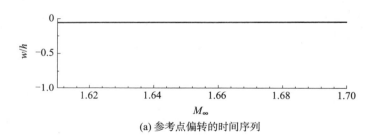

(a) 参考点偏转的时间序列

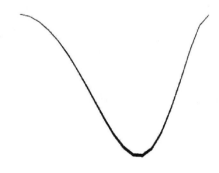

(b) 壁板振荡形态

图 6 - 12   恢复屈曲

6.2.2.8　庞加莱映射

图 6-13（a）显示了 $T=10$ s 时的庞加莱映射在位移上的投影随马赫数的变化。从图 6-13（a）中可以看到壁板动力学的大部分分岔：除了前 2 个明显的分岔外，第 3 个分岔还伴随着从 3 值函数到 2 值函数的过渡；第 4 个分岔表示向共振极限环过渡，由 2 值函数到 4 值函数的过渡来区分。

图 6-13（b）～（e）显示了代表不同类型的极限环振荡的庞加莱映射。对于 $M_\infty \approx$ 1.09 和 $M_\infty \approx 1.27$，分别对应于第 1 模态振荡和共振振荡，映射由两点和四点组成（各点从一个周期到另一个周期发生轻微的运动是由于流动不稳定）；对于 $M_\infty \approx 1.45$ 和 $M_\infty \approx 1.55$，分别对应于非周期振荡，存在点云。然而，对于 $M_\infty \approx 1.45$，并不是完全混沌的，而是集中在两个环周围，这表示施加在主导规则运动上的一个小的准混沌分量；对于 $M_\infty \approx 1.55$，点云不规则性更强，这意味着运动中更明显的准混沌分量。

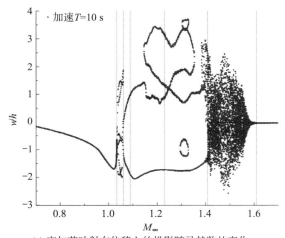

(a) 庞加莱映射在位移上的投影随马赫数的变化

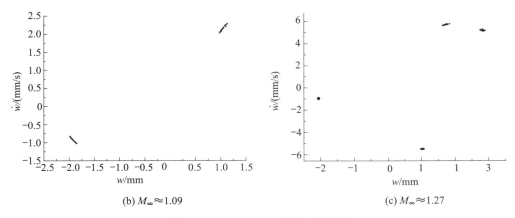

(b) $M_\infty \approx 1.09$　　　　　　　　　　(c) $M_\infty \approx 1.27$

图 6-13　$T=10$ s 的庞加莱映射

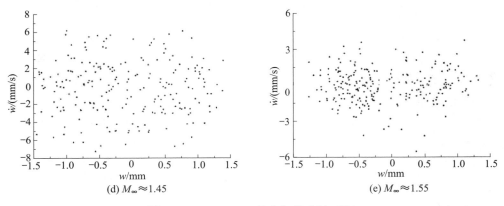

(d) $M_\infty \approx 1.45$　　　　　　　　　　(e) $M_\infty \approx 1.55$

图 6 - 13　$T = 10$ s 的庞加莱映射（续）

6.2.3　其余加速条件下薄壁结构的形态演化

6.2.3.1　$T = 7.5$ s 条件

此时参考点偏转的时间历程曲线如图 6 - 14 所示，当流速增加时，壁板的形态演化过程如表 6 - 3 所示。可以看到，分岔与 $T = 10$ s 加速度下的分岔相似。图 6 - 15 显示了 $T = 7.5$ s 时的庞加莱映射在位移上的投影随马赫数的变化。

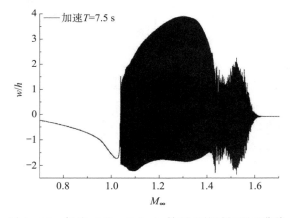

图 6 - 14　加速（$T = 7.5$ s）情况下的时间历程曲线

表 6 - 3　加速（$T = 7.5$ s）情况下壁板的形态演化过程

马赫数域	壁板形态
$0.7 \leqslant M_\infty < 1.036$	屈曲
$1.036 \leqslant M_\infty < 1.06$	第 1 模态极限环振荡
$1.06 \leqslant M_\infty < 1.09$	第 1 模态极限环振荡新的演化
$1.09 \leqslant M_\infty < 1.233$	1∶2 共振极限环
$1.233 \leqslant M_\infty < 1.42$	1∶2 共振极限环新的演化

续表

马赫数域	壁板形态
$1.42 \leqslant M_\infty < 1.61$	高频非周期振荡
$1.61 \leqslant M_\infty \leqslant 1.7$	重新稳定进入屈曲状态

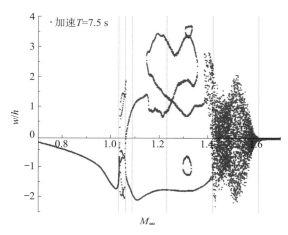

图 6 - 15　加速（$T = 7.5$ s）的庞加莱映射在位移上的投影随马赫数的变化

6.2.3.2　$T = 5$ s 条件

此时参考点偏转的时间历程曲线如图 6 - 16 所示，当流速增加时，壁板的形态演化过程如表 6 - 4 所示。可以看到，分岔与 $T = 7.5$ s 加速度下的分岔相似，唯一的不同在于当 $M_\infty \approx 1.5$ 时，高频非周期振荡逐渐演化为高频准周期运动，高频准周期运动明显是高频非周期振荡重新恢复为屈曲状态的过程中的一个过渡状态，其频率主导模态为 6 阶模态，壁板运动形态为 6 阶模态（图 6 - 17）。图 6 - 18 显示了 $T = 5$ s 时的庞加莱映射在位移上的投影随马赫数的变化。

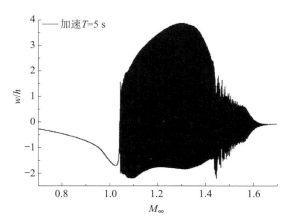

图 6 - 16　加速（$T = 5$ s）情况下的时间历程曲线

表 6-4　加速（$T=5$ s）情况下的壁板的形态演化过程

马赫数域	壁板形态
$0.7 \leqslant M_\infty < 1.04$	屈曲
$1.04 \leqslant M_\infty < 1.06$	第 1 模态极限环振荡
$1.06 \leqslant M_\infty < 1.09$	第 1 模态极限环振荡新的演化
$1.09 \leqslant M_\infty < 1.23$	$1:2$ 共振极限环
$1.23 \leqslant M_\infty < 1.43$	$1:2$ 共振极限环新的演化
$1.43 \leqslant M_\infty < 1.5$	高频非周期振荡
$1.5 \leqslant M_\infty < 1.66$	高频准周期振荡
$1.66 \leqslant M_\infty \leqslant 1.7$	重新稳定进入屈曲状态

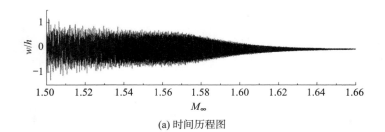

(a) 时间历程图

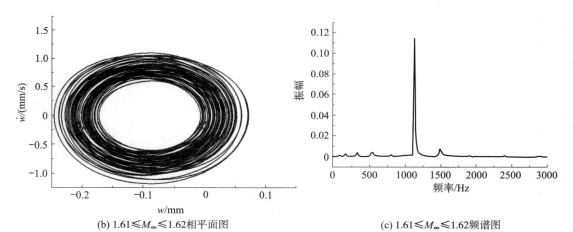

(b) $1.61 \leqslant M_\infty \leqslant 1.62$ 相平面图　　　　　　　(c) $1.61 \leqslant M_\infty \leqslant 1.62$ 频谱图

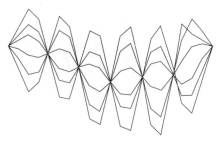

(d) $M_\infty \approx 1.61$ 的壁板振荡形态

图 6-17　高频准周期振荡

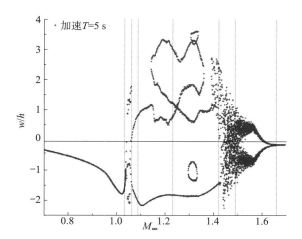

图 6-18　加速（$T = 5$ s）的庞加莱映射在位移上的投影随马赫数的变化

6.2.3.3　$T = 2.5$ s 条件

此时参考点偏转的时间历程曲线如图 6-19 所示，当流速增加时，壁板的形态演化过程如表 6-5 所示。可以看到，前 4 个分岔与较低加速度下的分岔相似，但第 1 模态极限环振荡不存在新的演化，也不会发生向高频周期或非周期振荡转变。当 $M_\infty \approx 1.32$ 时，共振极限环的振幅减小。当 $M_\infty \approx 1.5$ 时，1：2 共振极限环演化为一个新的阶段（图 6-20），演化较为平滑，无法准确确定分岔点。在该阶段，壁板形状有两个形态，分别接近第 1 阶振型和第 2 阶振型，两种形态交替出现（图 6-21）。当 $M_\infty \approx 1.7$ 时，振荡幅值极小，接近消失。

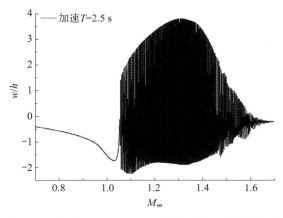

图 6-19　加速（$T = 2.5$ s）情况下的时间历程曲线

表 6-5　加速（$T = 2.5$ s）情况下的壁板的形态演化过程

马赫数域	壁板形态
$0.7 \leqslant M_\infty < 1.05$	屈曲

续表

马赫数域	壁板形态
$1.05 \leqslant M_\infty < 1.10$	第 1 模态极限环振荡
$1.10 \leqslant M_\infty < 1.22$	1 : 2 共振极限环
$1.22 \leqslant M_\infty < 1.5$	1 : 2 共振极限环新的演化
$1.5 \leqslant M_\infty \leqslant 1.7$	第 1、2 阶模态交替直到屈曲

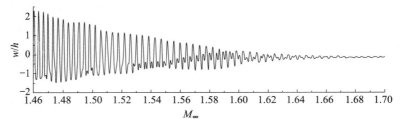

图 6 - 20　参考点偏转的时间序列

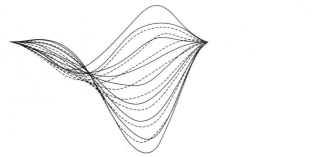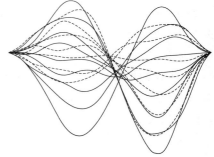

图 6 - 21　$M_\infty \approx 1.59$ 连续两个周期的壁板振荡形态（参考点向下为实线，向上为虚线）

　　该加速条件下没有高频振荡的原因是它们的形成周期很长，由于较高模态的增长率较低，高频振荡需要比第 1 阶和第 2 阶模态极限环更长的时间来发展。当时间周期 T 减少（气流加速度增加）时，发生高频振荡的马赫数范围变短，如果加速足够迅速，当高频模态尚未显现时，飞行器已经通过相应的马赫数域，最终当加速度对应的时间小于 [2.5，5] s 范围内的某个值时，高频振荡没有充足的时间发展，高频振荡域消失。

　　图 6 - 22 显示了 $T = 2.5$ s 时的庞加莱映射在位移上的投影随马赫数的变化。

6.2.3.4　$T = 1$ s 条件

　　此时参考点偏转的时间历程曲线如图 6 - 23 所示，当流速增加时，壁板的形态演化过程如表 6 - 6 所示。可以看到，分岔与 $T = 2.5$ s 加速度下的分岔相似，但是在分析的马赫数范围内，振荡没有消失。图 6 - 24 显示了 $T = 1$ s 时的庞加莱映射在位移上的投影随马赫数的变化。

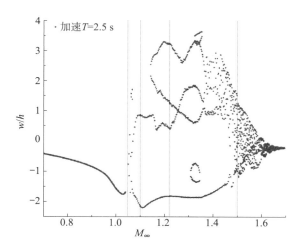

图 6 - 22　加速（$T = 2.5$ s）的庞加莱映射在位移上的投影随马赫数的变化

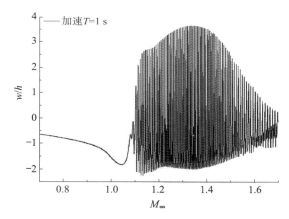

图 6 - 23　加速（$T = 1$ s）情况下的时间历程曲线

表 6 - 6　加速（$T = 1$ s）情况下的壁板的形态演化过程

马赫数域	壁板形态
$0.7 \leqslant M_\infty < 1.08$	屈曲
$1.08 \leqslant M_\infty < 1.14$	第 1 模态极限环振荡
$1.14 \leqslant M_\infty < 1.22$	1 ：2 共振极限环
$1.22 \leqslant M_\infty < 1.56$	1 ：2 共振极限环新的演化
$1.56 \leqslant M_\infty \leqslant 1.7$	第 1，2 阶模态交替

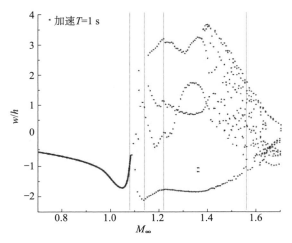

图 6 - 24　加速（$T = 1$ s）的庞加莱映射在位移上的投影随马赫数的变化

6.2.4　减速条件（$T = 10$ s）下薄壁结构的形态演化

此时参考点偏转的时间历程曲线如图 6 - 25 所示。

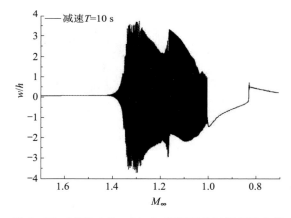

图 6 - 25　减速（$T = 10$ s）情况下的时间历程曲线

当流速增加时，可以看到壁板形态的以下变化。

6.2.4.1　$1.7 \geqslant M_\infty > 1.44$——屈曲

如图 6 - 26 所示，在该区域，壁板变得不稳定，振荡位于偏离平衡的位置。但由于其振幅非常小，因此可以近似为收敛，弯曲壁板的形状与第 1 阶固有振型一致。当 M_∞ 减小时，屈曲幅度增加。

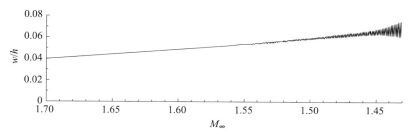

图 6-26　屈曲状态参考点偏转的时间序列

6.2.4.2　$1.44 \geqslant M_\infty > 1.354$——第 1 模态极限环振荡

在该区域，随着 M_∞ 减小，振荡振幅迅速增大，壁板以第 1 模态极限环振荡（图 6-27）。

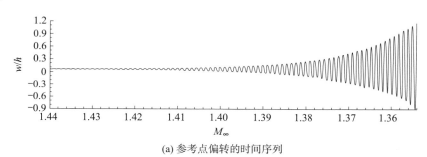

(a) 参考点偏转的时间序列

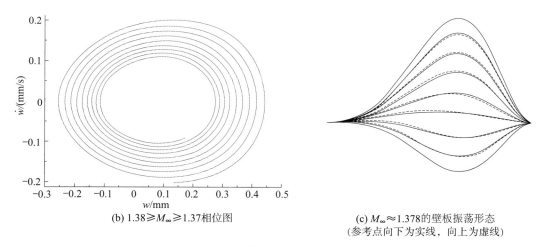

(b) $1.38 \geqslant M_\infty \geqslant 1.37$ 相位图

(c) $M_\infty \approx 1.378$ 的壁板振荡形态
（参考点向下为实线，向上为虚线）

图 6-27　第 1 模态极限环振荡

6.2.4.3　$1.354 \geqslant M_\infty > 1.27$——高频非周期振荡

在 $M_\infty \approx 1.354$ 时，振荡从第 1 模态振荡向高频非周期振荡转化。时间序列和相位图的演变如图 6-28 和图 6-29 所示，可以看到从一个周期到另一个周期的振荡是不可重复的。壁板形态如图 6-30 所示，非周期振荡的壁板形态异常凌乱，无法显现出完整规则的周期运动。

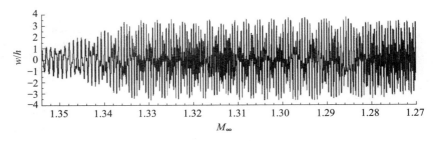

图 6 - 28　参考点偏转的时间序列

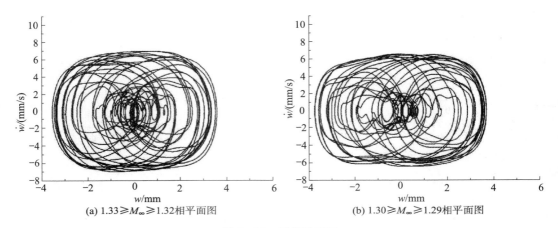

(a) 1.33≥M_∞≥1.32相平面图　　　　　　　(b) 1.30≥M_∞≥1.29相平面图

图 6 - 29　相位平面图

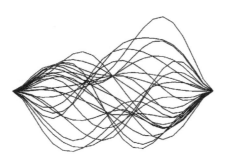

图 6 - 30　M_∞ ≈ 1.32 的壁板振荡形态

6.2.4.4　1.27 ≥ M_∞ > 1.17——低频准周期振荡

在 M_∞ ≈ 1.27 时，从非周期振荡过渡到低频准周期振荡（图 6 - 31）。壁板主导模态为第 2 模态和第 1 模态，其他频率作为扰动仅占有较小的比例。壁板振荡接近 2 阶振型。

6.2.4.5　1.17 ≥ M_∞ > 1.09——共振极限环振荡

在 M_∞ ≈ 1.17 时，发生从低频准周期振荡到共振极限环的转变，如图 6 - 32 所示。频谱有 3 个峰值，频率比为 1∶2∶3，与加速流和恒速流的情况完全相同。由于频率为第 1 模态两倍的第 2 模态的存在，振荡失去了对称性。

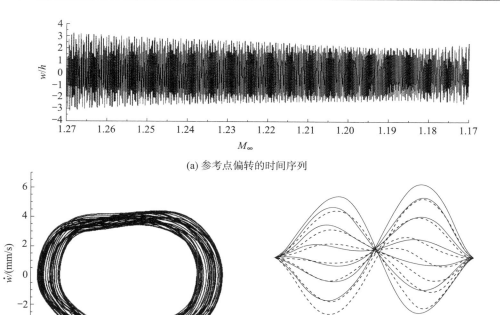

(a) 参考点偏转的时间序列

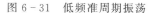

(b) 1.21≥M_∞≥1.2相平面图

(c) M_∞≈1.2壁板振荡形态
(参考点向下为实线，向上为虚线)

图 6-31　低频准周期振荡

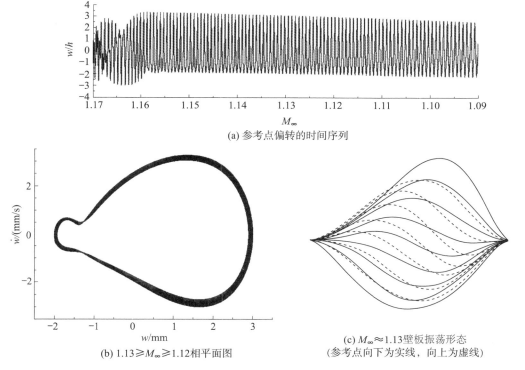

(a) 参考点偏转的时间序列

(b) 1.13≥M_∞≥1.12相平面图

(c) M_∞≈1.13壁板振荡形态
(参考点向下为实线，向上为虚线)

图 6-32　共振极限环振荡

6.2.4.6　$1.09 \geqslant M_\infty > 1.053$——第 1 模态极限环振荡

在 $M_\infty \approx 1.09$ 时，从共振极限环转变为第 1 模态极限环，振荡再次变得几乎对称，壁板形态接近第 1 模态。同时，由于壁板受到的气动力有非线性和非对称性，在分岔之前振荡已经向对称转变，因此到第 1 模态极限环的过渡是平滑的，不能指出特定的分岔点（图 6 - 33）。

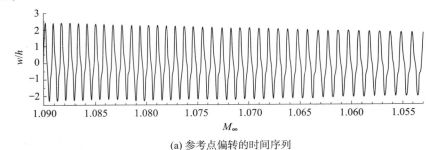

(a) 参考点偏转的时间序列

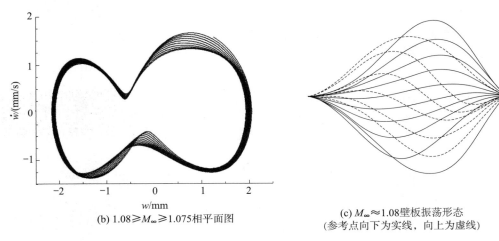

(b) $1.08 \geqslant M_\infty \geqslant 1.075$ 相平面图

(c) $M_\infty \approx 1.08$ 壁板振荡形态
（参考点向下为实线，向上为虚线）

图 6 - 33　第 1 模态极限环振荡

6.2.4.7　$1.053 \geqslant M_\infty > 1.0$——第 1 模态极限环的演化

在 $M_\infty \approx 1.053$ 时，平滑的第 1 模态极限环出现了一个新的演化，如图 6 - 34 所示，振荡变得不再平滑。

6.2.4.8　$1.0 \geqslant M_\infty \geqslant 0.7$——屈曲

在 $M_\infty \approx 1$ 时，从颤振过渡到屈曲。壁板形态为第 1 模态（图 6 - 35），壁板的屈曲方向在 $M_\infty \approx 0.823$ 时反向，这是由流速持续减慢导致的壁板上轻微减压造成的。

6.2.4.9　庞加莱映射

图 6 - 36（a）显示了 $T = 10\ \mathrm{s}$ 时的庞加莱映射在位移上的投影随马赫数的变化，从图中可以看到壁板动力学的分岔，其中第 5 个分岔为平滑过渡，位置无法准确判断。

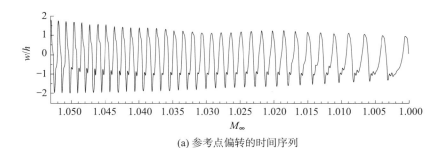

(a) 参考点偏转的时间序列

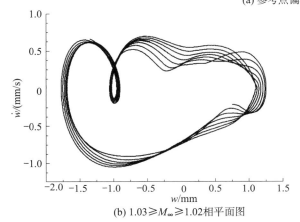

(b) 1.03≥M_∞≥1.02相平面图

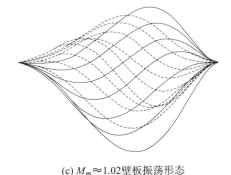

(c) M_∞≈1.02壁板振荡形态

(参考点向下为实线，向上为虚线)

图 6 - 34　第 1 模态极限环的演化

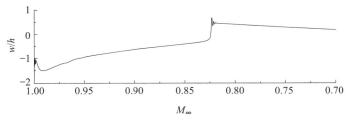

(a) 参考点偏转的时间序列

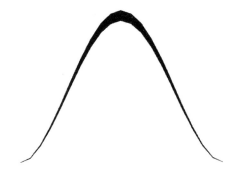

(b) 0.98≥M_∞≥0.97壁板形态

(c) 0.79≥M_∞≥0.78壁板形态

图 6 - 35　屈曲

图 6-36（b）～（g）显示了代表不同类型的极限环振荡的庞加莱映射。$M_\infty \approx 1.07$ 和 $M_\infty \approx 1.4$ 对应于第 1 模态振荡，映射由两点组成（由于流动不稳定，各点从一个周期到另一个周期发生轻微的移动）；$M_\infty \approx 1.15$ 对应于共振振荡，映射由 4 点组成；$M_\infty \approx 1.2$ 对应于低频准周期振荡，映射同样由两点组成；$M_\infty \approx 1.28$ 和 $M_\infty \approx 1.32$ 对应于非周期振荡，存在点云，可以注意到，在减速情况下比之前加速情况下的点云不规则性更强，这意味着运动中更明显的准混沌分量。

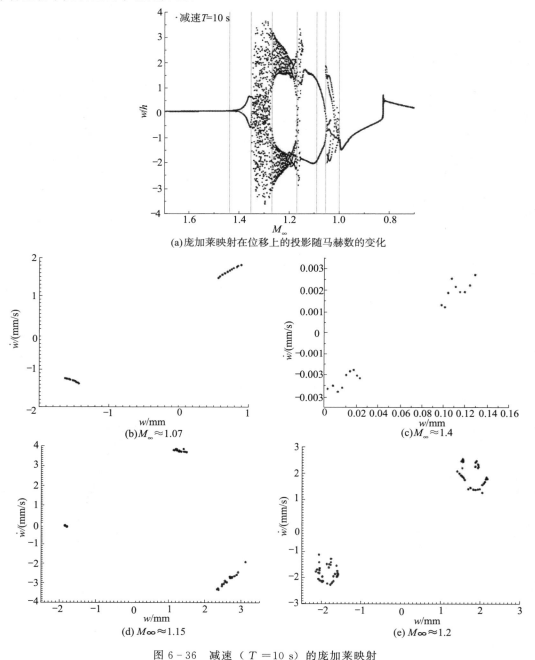

(a) 庞加莱映射在位移上的投影随马赫数的变化

(b) $M_\infty \approx 1.07$　　　　　　　　　　(c) $M_\infty \approx 1.4$

(d) $M\infty \approx 1.15$　　　　　　　　　　(e) $M\infty \approx 1.2$

图 6-36　减速（$T = 10$ s）的庞加莱映射

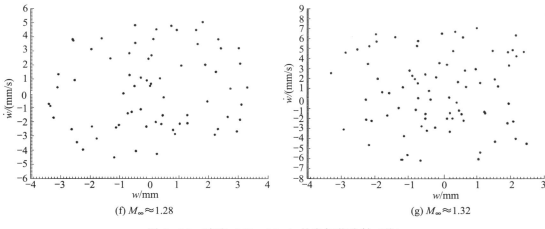

(f) $M_\infty \approx 1.28$　　　　　　　(g) $M_\infty \approx 1.32$

图 6 - 36　减速（$T = 10$ s）的庞加莱映射（续）

6.2.5　其余减速条件下薄壁结构的形态演化

6.2.5.1　$T = 7.5$ s 条件

此时参考点偏转的时间历程曲线如图 6 - 37 所示，当流速减小时，壁板的形态演化过程如表 6 - 7 所示。可以看到，除了低频准周期振荡消失外，分岔与 $T = 10$ s 加速度下的分岔相似。图 6 - 38 显示了 $T = 7.5$ s 时的庞加莱映射在位移上的投影随马赫数的变化。

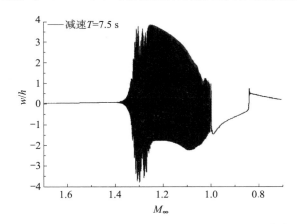

图 6 - 37　减速（$T = 7.5$ s）情况下的时间历程曲线

表 6 - 7　减速（$T = 7.5$ s）情况下的壁板的形态演化过程

马赫数域	壁板形态
$1.7 \geqslant M_\infty > 1.4$	屈曲
$1.4 \geqslant M_\infty > 1.33$	第 1 模态极限环振荡
$1.33 \geqslant M_\infty > 1.24$	高频非周期振荡
$1.24 \geqslant M_\infty > 1.09$	共振极限环振荡

续表

马赫数域	壁板形态
$1.09 \geqslant M_\infty > 1.05$	第 1 模态极限环振荡
$1.05 \geqslant M_\infty > 1$	第 1 模态极限环振荡新的演化
$1 \geqslant M_\infty \geqslant 0.7$	重新稳定进入屈曲状态

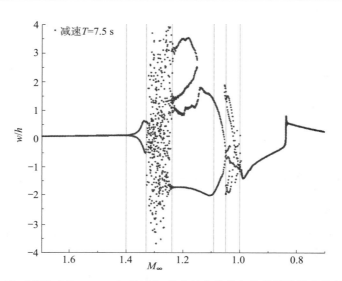

图 6-38　减速（$T = 7.5\,\text{s}$）的庞加莱映射在位移上的投影随马赫数的变化

6.2.5.2　$T = 5\,\text{s}$ 条件

此时参考点偏转的时间历程曲线如图 6-39 所示，当流速减小时，壁板的形态演化过程过程如表 6-8 所示。可以看到，分岔与 $T = 7.5\,\text{s}$ 加速度下的分岔相似。图 6-40 显示了 $T = 5\,\text{s}$ 时的庞加莱映射在位移上的投影随马赫数的变化。

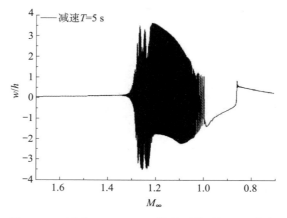

图 6-39　减速（$T = 5\,\text{s}$）情况下的时间历程曲线

表 6 - 8　减速（$T = 5$ s）情况下的壁板的形态演化过程

马赫数域	壁板形态
$1.7 \geqslant M_\infty > 1.33$	屈曲
$1.33 \geqslant M_\infty > 1.286$	第 1 模态极限环振荡
$1.286 \geqslant M_\infty > 1.21$	高频非周期振荡
$1.21 \geqslant M_\infty > 1.09$	共振极限环振荡
$1.09 \geqslant M_\infty > 1.05$	第 1 模态极限环振荡
$1.05 \geqslant M_\infty > 0.99$	第 1 模态极限环振荡新的演化
$0.99 \geqslant M_\infty \geqslant 0.7$	重新稳定进入屈曲状态

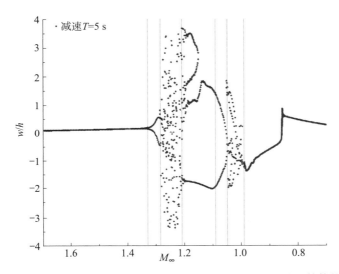

图 6 - 40　减速（$T = 5$ s）的庞加莱映射在位移上的投影随马赫数的变化

6.2.5.3　$T = 2.5$ s 条件

此时参考点偏转的时间历程曲线如图 6 - 41 所示，当流速减小时，壁板的形态演化过程如表 6 - 9 所示。

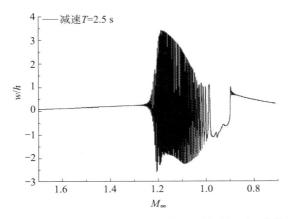

图 6 - 41　减速（$T = 2.5$ s）情况下的时间历程曲线

表 6 - 9　减速（$T = 2.5$ s）情况下的壁板的形态演化过程

马赫数域	壁板形态
$1.7 \geqslant M_\infty > 1.26$	屈曲
$1.26 \geqslant M_\infty > 1.22$	第 1 模态极限环振荡
$1.22 \geqslant M_\infty > 1.18$	第 1 模态极限环振荡向共振极限环振荡的过渡
$1.18 \geqslant M_\infty > 1.09$	共振极限环振荡
$1.09 \geqslant M_\infty > 1.045$	第 1 模态极限环振荡
$1.045 \geqslant M_\infty > 0.97$	第 1 模态极限环振荡新的演化
$0.97 \geqslant M_\infty \geqslant 0.7$	重新稳定进入屈曲状态

可以看到，除高频非周期振荡消失外，分岔与 $T = 5$ s 加速度下的分岔相似。高频非周期振荡消失的原因与加速流的相同现象相似：更高模态的发展需要更多的时间，当时间周期 T 减少（即气流加速度增加）时，发生高频振荡的马赫数范围变短，如果减速足够快，当高频模态尚未显现时，飞行器已经通过相应的马赫数域，壁板形态过渡为共振极限环，最终当减速度对应的时间小于 $[2.5, 5]$ s 范围内的某个值时，高频振荡消失。图 6 - 42 显示了 $T = 2.5$ s 时的庞加莱映射在位移上的投影随马赫数的变化。

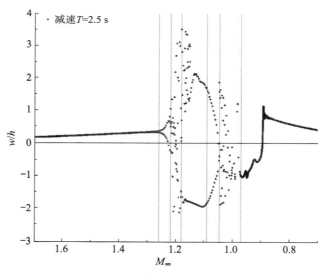

图 6 - 42　减速（$T = 2.5$ s）的庞加莱映射在位移上的投影随马赫数的变化

6.2.5.4　$T = 1$ s 条件

此时参考点偏转的时间历程曲线如图 6 - 43 所示，当流速减小时，壁板的形态演化过程如表 6 - 10 所示。

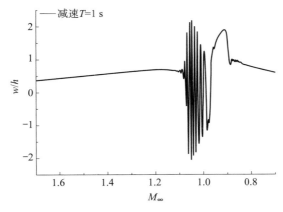

图 6-43　减速（$T=1$ s）情况下的时间历程曲线

表 6-10　减速（$T=1$ s）情况下的壁板的形态演化过程

马赫数域	壁板形态
$1.7 \geqslant M_\infty > 1.10$	屈曲
$1.10 \geqslant M_\infty > 0.96$	第 1 模态极限环振荡
$0.96 \geqslant M_\infty \geqslant 0.7$	重新稳定进入屈曲状态

可以看到，与加速情况不同，在 $T=1$ s 的减速度下，壁板的形态演化为简单的屈曲-第 1 模态 LCO 振荡-屈曲过程。图 6-44 显示了 $T=1$ s 时的庞加莱映射在位移上的投影随马赫数的变化。

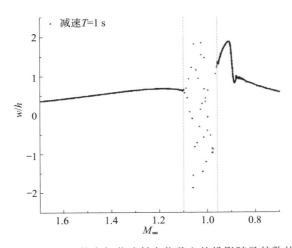

图 6-44　$T=1$ s 的庞加莱映射在位移上的投影随马赫数的变化

6.2.6　颤振振幅和频率

6.2.6.1　不同加速度条件下的比较

不同加速度条件下参考点的振荡幅值和主导频率随马赫数的变化如图 6-45 和图 6-46 所示，（灰色点线图为不具备马赫数加速效应时的幅值和频率），结果表明：

1) 在亚声速情况下，所有加速度下的幅值都接近于恒速流中的幅值，加速度越大，屈曲区的幅值越大，且马赫数越接近1，不同加速度下幅值差异越小。

2) 在跨声速时，具有非定常加速效应时发生振荡所需的马赫数略大，且加速度越大，振荡发生的马赫数越大。

3) 在 $1 < M_\infty < 1.26$ 时，具有非定常加速效应和恒速时的结果吻合得很好，不仅振幅接近，而且主导频率只有第1和第2频率。

4) 对于更高的马赫数，存在明显差异。首先，不存在作为过渡的高频周期振荡；其次，由于更高的频率需要较多的时间去发展，当加速度较低时（$T = 10\,\text{s}$、$T = 7.5\,\text{s}$ 和 $T = 5\,\text{s}$），高频振荡发生的马赫数大于恒速流发生高频振荡所对应的马赫数，振荡幅值小于恒速流，且随着加速度的提高，高频振荡发生的马赫数逐渐提高，振荡幅值减小，但高频区频谱中高频占比要大于恒速流，且频率值随马赫数增加有一个明显的先快速提高后快速下降的过程。对于较高的加速度（$T = 1\,\text{s}$ 和 $T = 2.5\,\text{s}$），较高频率发展所需的时间显得有些长，在高频分量明显显现之前，流速已经跨越可以支撑高频分量继续发展的马赫数域，因此高频振荡将不会产生。

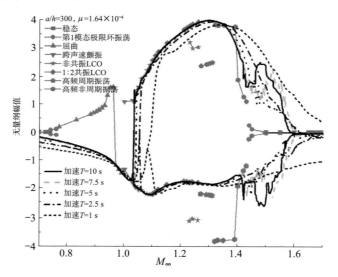

图 6-45　不同加速度条件下参考点的振荡幅值随马赫数的变化（见彩插）

6.2.6.2　不同减速度条件下的比较

不同减速度条件下参考点的振荡幅值和主导频率随马赫数的变化如图 6-47 和图 6-48 所示（灰色点线图为不具备马赫数加速效应时的幅值和频率），结果表明：

1) 在亚声速情况下，所有减速度下的幅值都接近于恒速流中的幅值，减速度越大，屈曲反向的马赫数越大，同时屈曲区的幅值越大，且马赫数越接近1，不同减速度振幅差异越小。

2) 在跨声速时，具有减速效应时振荡发生的马赫数较小，且减速度越大，振荡发生的马赫数越小。

3) 在非共振极限环和共振极限环区域，具有减速效应和恒速时的结果吻合得很好，

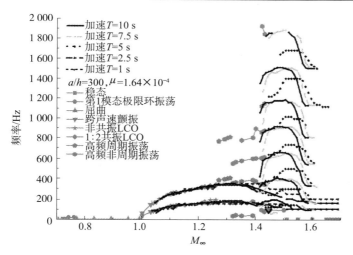

图 6 - 46　不同加速度条件下壁板振荡的主导频率随马赫数的变化（见彩插）

不仅振幅接近，而且主导频率只有第 1 和第 2 频率。

　　4）对于更高的马赫数，存在明显差异。首先，不存在作为过渡的高频周期振荡；其次，随着减速度的提高，第 1 模态振荡、高频振荡的起始马赫数降低，高频振荡的区域减小，当减速度足够大时（$T=1\,s$ 和 $T=2.5\,s$），高频振荡将消失。即便在减速度较小的情况下，高频区的频率也明显小于恒速流动时的频率，减速流更高阶的频率分量占比极小，不是主导频率。另外，在由低频区过渡到高频区后，可以看出各阶频率值均有一个显著的上升。

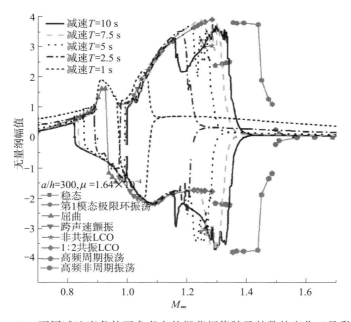

图 6 - 47　不同减速度条件下参考点的振荡幅值随马赫数的变化（见彩插）

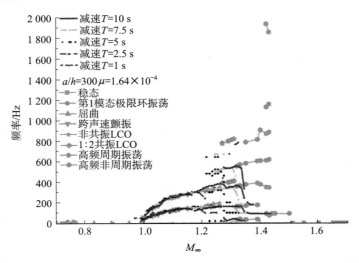

图 6-48　不同减速度条件下壁板振荡的主导频率随马赫数的变化（见彩插）

6.2.6.3　相同加速度条件下加速和减速的比较

如图 6-49 所示，在 $1 < M_\infty < 1.2$ 时，加速度相同的加速与减速的壁板运动是相似

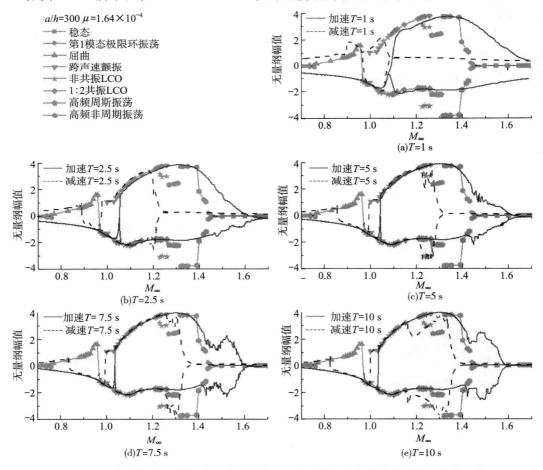

图 6-49　相同加速度的加速和减速条件下参考点的振荡幅值随马赫数变化的比较

的。然而，在较高的马赫数下，由于模态的增长需要时间，即便是在很小（对应于 $T =$ 10 s）的加速和减速情况，相同加速度的加速与减速的壁板运动也是显著不同的。

如图 6 - 50 所示，在较低马赫数时，对于相同加速度的加速与减速的壁板运动的频率是相似的。在较高的马赫数下，由于模态的增长需要时间，即便是在很小（对应于 $T =$ 10 s）的加速和减速情况，相同加速度的加速与减速的壁板频率也是显著不同的，高频区加速流向更大的马赫数推移，而减速流向更小的马赫数推移，同时高频区减速流的频率远小于加速流，显然非线性减速效应削弱疲劳损伤的效果很可能比加速效应好很多。

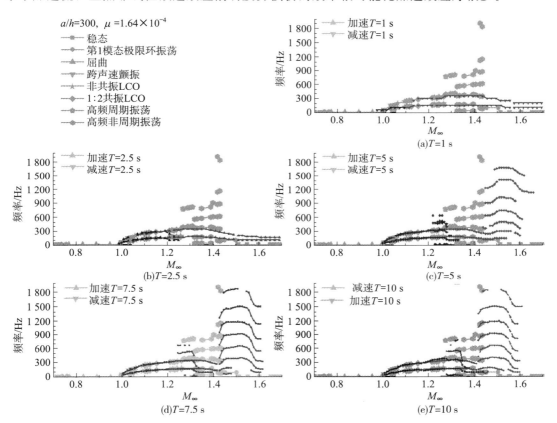

图 6 - 50　相同加速度的加速和减速条件下壁板振荡的主导频率随马赫数变化的比较

6.3　厚度对照状态下薄壁结构的形态演化

本节分析了对应于 $T = 10$ s 和 $T = 2.5$ s 的加速度的结果。

6.3.1　加速条件下薄壁结构的形态演化

6.3.1.1　$T = 10$ s 条件

此时参考点偏转的时间历程曲线如图 6 - 51 所示。当流速增加时，壁板的形态演化过程如表 6-11 所示。图 6-52 显示了 $T=10$ s 时的庞加莱映射在位移上的投影随马赫数的变化。

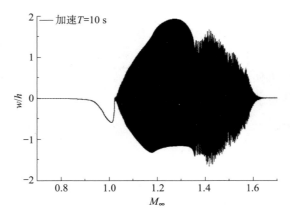

图 6-51　加速（$T=10$ s）情况下的时间历程曲线

表 6-11　加速（$T=10$ s）情况下的壁板的形态演化过程

马赫数域	壁板形态
$0.7 \leqslant M_\infty < 1.025$	屈曲
$1.025 \leqslant M_\infty < 1.18$	第 1 模态极限环振荡
$1.18 \leqslant M_\infty < 1.37$	1∶2 共振极限环
$1.37 \leqslant M_\infty < 1.46$	低频非周期振荡
$1.46 \leqslant M_\infty < 1.65$	高频非周期振荡
$1.65 \leqslant M_\infty \leqslant 1.7$	重新稳定进入屈曲状态

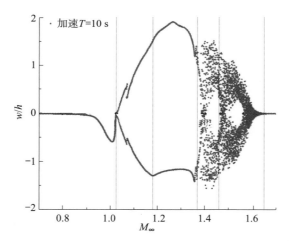

图 6-52　加速（$T=10$ s）的庞加莱映射在位移上的投影随马赫数的变化

6.3.1.2　T=2.5 s 条件

此时参考点偏转的时间历程曲线如图 6-53 所示。当流速增加时，壁板的形态演化过程如表 6 - 12 所示。此时，足够大的加速度使高频振荡消失。图 6 - 54 显示了 $T = 2.5$ s 时的庞加莱映射在位移上的投影随马赫数的变化。

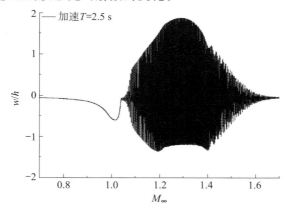

图 6 - 53　加速（ $T = 2.5$ s）情况下的时间历程曲线

表 6 - 12　加速（ $T = 2.5$ s）情况下的壁板的形态演化过程

马赫数域	壁板形态
$0.7 \leqslant M_\infty < 1.043$	屈曲
$1.043 \leqslant M_\infty < 1.20$	第 1 模态极限环振荡
$1.20 \leqslant M_\infty < 1.40$	1∶2 共振极限环
$1.40 \leqslant M_\infty \leqslant 1.7$	重新进入第 1 模态极限环振荡

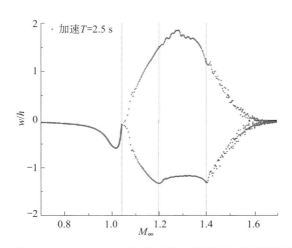

图 6 - 54　加速（ $T = 2.5$ s）的庞加莱映射在位移上的投影随马赫数的变化

6.3.2　减速条件下薄壁结构的形态演化

6.3.2.1　$T = 10$ s 条件

　　此时参考点偏转的时间历程曲线如图 6 - 55 所示。当流速减小时，壁板的形态演化过程如表 6 - 13 所示。此时，可以看到高频区消失，说明对于该工况壁板而言，即便是很小的减速度（$T = 10$ s），也可以有效地抑制高频区的出现。图 6 - 56 显示了 $T = 10$ s 时的庞加莱映射在位移上的投影随马赫数的变化。

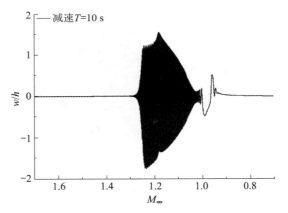

图 6 - 55　减速（$T = 10$ s）情况下的时间历程曲线

表 6 - 13　减速（$T = 10$ s）情况下的壁板的形态演化过程

马赫数域	壁板形态
$1.7 \geqslant M_\infty > 1.31$	屈曲
$1.31 \geqslant M_\infty > 1.25$	第 1 模态极限环振荡
$1.25 \geqslant M_\infty > 1.17$	共振极限环振荡
$1.17 \geqslant M_\infty > 0.996$	第 1 模态极限环振荡
$0.996 \geqslant M_\infty \geqslant 0.7$	重新稳定进入屈曲状态

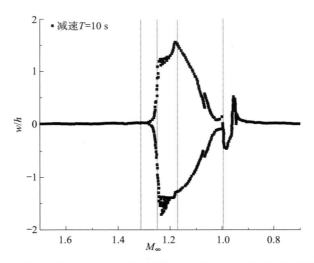

图 6 - 56　减速（$T = 10$ s）的庞加莱映射在位移上的投影随马赫数的变化

6.3.2.2　$T = 2.5$ s 条件

此时参考点偏转的时间历程曲线如图 6 - 57 所示。当流速减小时，壁板的形态演化过程如表 6-14 所示，仅存在屈曲和第 1 模态极限环两种状态。图 6-58 显示了 $T=2.5\ \text{s}$ 时的庞加莱映射在位移上的投影随马赫数的变化。

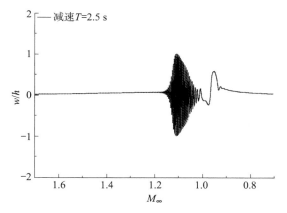

图 6-57　减速（$T=2.5\ \text{s}$）情况下的时间历程曲线

表 6-14　减速（T=2.5 s）情况下的壁板的形态演化过程

马赫数域	壁板形态
$1.7 \geqslant M_\infty > 1.18$	屈曲
$1.18 \geqslant M_\infty > 1.0$	第 1 模态极限环振荡
$1.0 \geqslant M_\infty \geqslant 0.7$	重新稳定进入屈曲状态

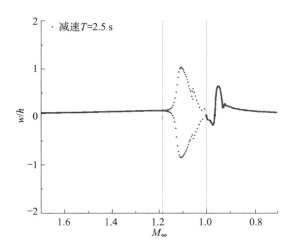

图 6-58　减速（$T=2.5\ \text{s}$）的庞加莱映射在位移上的投影随马赫数的变化

6.3.3　颤振振幅和频率

不同加速条件下参考点的振荡幅值和主导频率随马赫数的变化如图 6-59 和图 6-60 所示（灰色点线图为不具备马赫数加速效应时的幅值）。

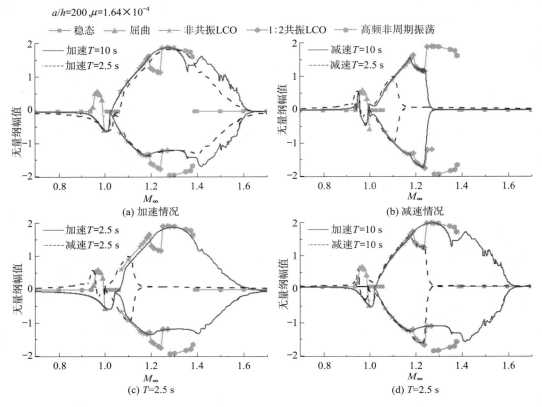

图 6-59　不同加速条件下参考点的振荡幅值随马赫数的变化

结果表明：在亚声速、跨声速和马赫数较低的低超声速域可以得到与基准状态相同的结论，而在马赫数更大的情况下则有些差异：

1）对于恒速流，当马赫数由 1.38 增大到 1.39 时，壁板将由具有较大幅值的高频非周期运动直接恢复为屈曲状态，而在加速情况下，当 $M_\infty \geqslant 1.38$ 时壁板幅值将缓慢减小，直到马赫数接近 1.7 才会恢复为屈曲状态。当加速度较小（$T=10$ s）时，在这一区域将存在一个频率略小于恒速流，幅值初始值接近最大幅值且随马赫数增加而逐渐减小的高频非周期运动；当加速度较大（$T=2.5$ s）时，高频区被跨过，相应的马赫数域由一个幅值随马赫数增加而逐渐减小的第 1 模态极限环振荡所代替。

2）对于减速流，明显与基准状态不同，即便是很小的加速度（$T=10$ s），高频振荡也不会出现。显然，更厚壁板下减速流比基准状态下相同减速度情况下削弱疲劳损伤的效果要好。

3）减速效应削弱疲劳损伤的效果比加速效应好。

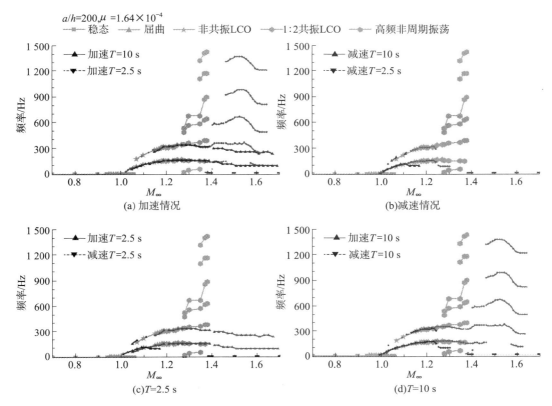

图 6-60　不同加速条件下壁板振荡的主导频率随马赫数的变化

6.4　来流动压对照状态下薄壁结构的形态演化

本节分析了对应于 $T = 10$ s 和 $T = 2.5$ s 的加速度的结果。

6.4.1　加速条件下薄壁结构的形态演化

6.4.1.1　$T = 10$ s 条件

此时参考点偏转的时间历程曲线如图 6-61 所示。当流速增加时，壁板的形态演化过程如表 6-15 所示。当 $M_\infty = 1.7$ 时，振荡幅值极小，可以近似视为稳定。图 6-62 显示了 $T = 10$ s 时的庞加莱映射在位移上的投影随马赫数的变化。

表 6-15　加速（$T = 10$ s）情况下的壁板的形态演化过程

马赫数域	壁板形态
$0.7 \leqslant M_\infty < 1.02$	屈曲
$1.02 \leqslant M_\infty < 1.11$	第 1 模态极限环振荡
$1.11 \leqslant M_\infty < 1.45$	1:2 共振极限环

续表

马赫数域	壁板形态
$1.45 \leqslant M_\infty < 1.52$	低频准周期振荡
$1.52 \leqslant M_\infty \leqslant 1.7$	高频非周期振荡

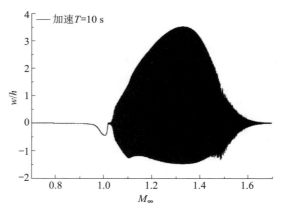

图 6-61   加速（$T = 10$ s）情况下的时间历程曲线

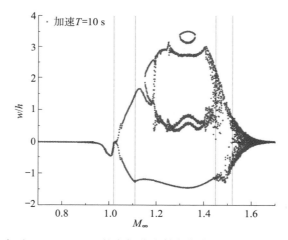

图 6-62   加速（$T = 10$ s）的庞加莱映射在位移上的投影随马赫数的变化

6.4.1.2 $T = 2.5$ s 条件

此时参考点偏转的时间历程曲线如图 6-63 所示。当流速增加时，壁板的形态演化过程如表 6-16 所示，足够大的加速度使高频振荡消失。图 6-64 显示了 $T = 2.5$ s 时的庞加莱映射在位移上的投影随马赫数的变化。

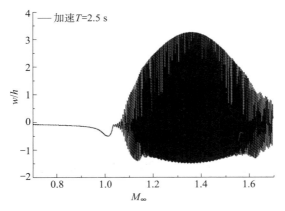

图 6 - 63　加速（$T = 2.5$ s）情况下的时间历程曲线

表 6 - 16　加速（$T = 2.5$ s）情况下的壁板的形态演化过程

马赫数域	壁板形态
$0.7 \leqslant M_\infty < 1.036$	屈曲
$1.02 \leqslant M_\infty < 1.13$	第 1 模态极限环振荡
$1.13 \leqslant M_\infty < 1.6$	1：2 共振极限环
$1.6 \leqslant M_\infty \leqslant 1.7$	第 1 模态极限环振荡

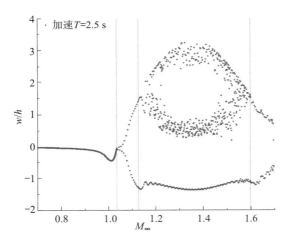

图 6 - 64　加速（$T = 2.5$ s）的庞加莱映射在位移上的投影随马赫数的变化

6.4.2　减速条件下薄壁结构的形态演化

6.4.2.1　$T = 10$ s 条件

　　此时参考点偏转的时间历程曲线如图 6 - 65 所示。当流速减小时，壁板的形态演化过程如表 6 - 17 所示。此时可以看到高频区已经消失，说明对于该工况壁板而言，即便是很小的减速度（$T=10$ s），也可以有效地抑制高频区的出现。图 6 - 66 显示了 $T=10$ s 时的庞加莱映射在位移上的投影随马赫数的变化。

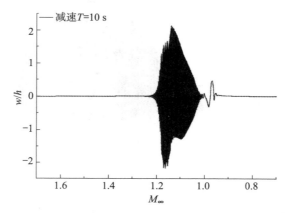

图 6 - 65　减速（$T=10$ s）情况下的时间历程曲线

表 6 - 17　减速（$T=10$ s）情况下的壁板的形态演化过程

马赫数域	壁板形态
$1.7 \geqslant M_\infty > 1.26$	屈曲
$1.26 \geqslant M_\infty > 1.18$	第 1 模态极限环振荡
$1.18 \geqslant M_\infty > 1.09$	共振极限环振荡
$1.09 \geqslant M_\infty > 0.996$	第 1 模态极限环振荡
$0.996 \geqslant M_\infty \geqslant 0.7$	重新稳定进入屈曲状态

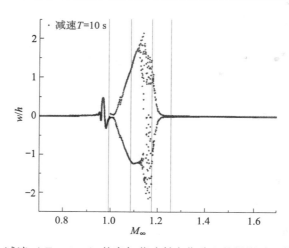

图 6 - 66　减速（$T=10$ s）的庞加莱映射在位移上的投影随马赫数的变化

6.4.2.2　$T = 2.5\,\mathrm{s}$ 条件

此时参考点偏转的时间历程曲线如图 6 - 67 所示。当流速减小时，壁板的形态演化过程如表 6 - 18 所示，仅存在屈曲和第 1 模态极限环两种状态。图 6 - 68 显示了 $T = 2.5\,\mathrm{s}$ 时的庞加莱映射在位移上的投影随马赫数的变化。

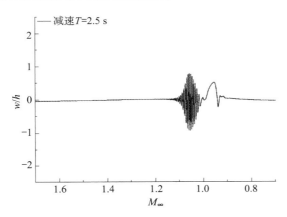

图 6 - 67　减速（$T = 2.5\,\mathrm{s}$）情况下的时间历程曲线

表 6 - 18　减速（$T = 2.5\,\mathrm{s}$）情况下的壁板的形态演化过程

马赫数域	壁板形态
$1.7 \geqslant M_\infty > 1.14$	屈曲
$1.14 \geqslant M_\infty > 1.0$	第 1 模态极限环振荡
$1.0 \geqslant M_\infty \geqslant 0.7$	重新稳定进入屈曲状态

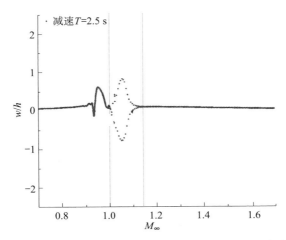

图 6 - 68　减速（$T = 2.5\,\mathrm{s}$）的庞加莱映射在位移上的投影随马赫数的变化

6.4.3 颤振振幅和频率

不同加速条件下参考点的振荡幅值和主导频率随马赫数的变化如图 6‐69 和图 6‐70 所示（灰色点线图为不具备马赫数加速效应时的幅值）。

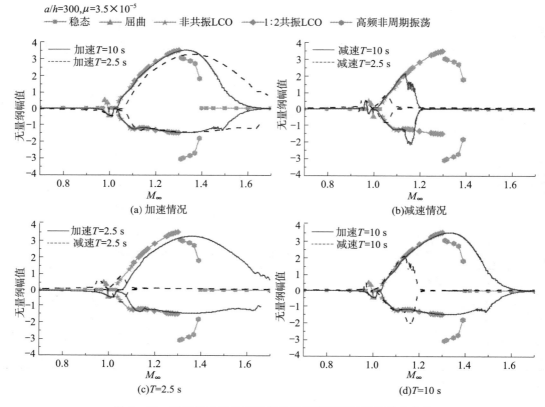

图 6‐69　不同加速条件下参考点的振荡幅值随马赫数的变化

结果表明：与壁板厚度较厚的情况类似，当壁板的密度比较小（动压较小）时，在亚声速、跨声速和马赫数较低的低超声速域可以得到与基准状态相同的结论，而在马赫数更大的情况下则有些差异：

1）在加速情况下，当加速度较小（$T=10$ s）时，存在一个马赫数域较广（类似于壁板更厚的情况）但幅值较低（类似于基准状态）、频率较低的高频非周期振荡；当加速度较大（$T=2.5$ s）时，高频区被跨过。

2）对于减速流，类似于壁板更厚的情况，很小的加速度（$T=10$ s）也会跨越高频振荡阶段，更小动压下减速流同样比基准状态下相同减速度情况下削弱疲劳损伤的效果要好。

3）减速效应削弱疲劳损伤的效果比加速效应好。

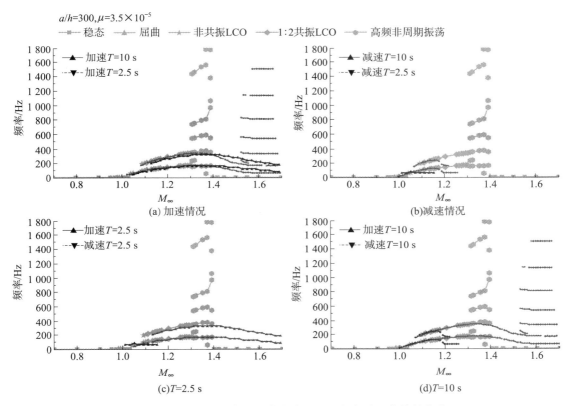

图 6-70　不同加速条件下参考点的主导频率随马赫数的变化

本章小结

　　本章为更贴合真实飞行状态，对第 5 章建立的 3 个壁板模型进一步考虑了非定常的加速效应。结果表明，考虑非定常加速效应后，高频振荡需要比第 1、2 阶模态 LCO 振荡更长的时间来演化形成；当来流加速度增加时，发生高频振荡的马赫数范围会变短，如果加速度足够大，则高频振荡形态会消失。另外，还发现考虑减速效应时高频区的频率明显小于考虑加速效应时的情况，同时对于更厚或动压更低的壁板，即便在较小的减速度下，也可直接跨过高频域。

第 7 章　考虑黏性效应的薄壁结构流固耦合形态的演化特征

为了分析黏性效应对流固耦合形态演化规律的影响，本章针对两种不同附面层厚度（$\delta/a = 0.025$，$\delta/a = 0.05$）的薄壁结构进行分析。除附面层厚度外，其余结构参数与第 5 章模型完全相同，CFD 采用有黏模型进行计算，时间历程曲线的参考点取 $x/a = 0.75$ 处。当考虑黏性条件时，刚性表面设置为无滑移条件，并且使 L_1 具有恰当的长度，使求解薄壁板处的流场时，可以形成具有所需厚度的黏性边界层（$\delta/a = 0.025$，$\delta/a = 0.05$），如图 7-1 所示。

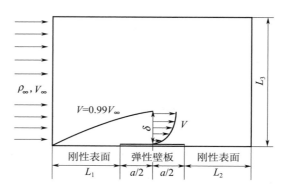

图 7-1　黏性边界层的形成

7.1　恒速条件下薄壁结构的形态演化

7.1.1　计算条件

为了分析亚声速、跨声速和低超声速马赫数的壁板行为，取 $M_\infty \in [0.7, 1.7]$，$\mu = 1.64 \times 10^{-4}$。

在考虑黏性的流场中，一般取壁面外 99% 远场速度处的位置为边界层的外边界。为取得对应于 $\delta/a = 0.025$ 或 $\delta/a = 0.05$ 的附面层厚度，通过调整壁板前端到远场的距离来发展形成附面层，使求解薄壁板处的流场时，壁板中心点距上方 99% 远场速度处位置的距离为所需附面层厚度，如图 7-1 所示。

7.1.2　$\delta/a = 0.025$ 时薄壁结构的形态演化

$\delta/a = 0.025$ 时壁板的形态演化过程如表 7-1 所示。

表 7 - 1　$\delta/a = 0.025$ 时壁板的形态演化过程

马赫数域	壁板形态
$0.7 \leqslant M_\infty \leqslant 1.03$	屈曲
$1.04 \leqslant M_\infty \leqslant 1.06$	跨声速颤振
$1.07 \leqslant M_\infty \leqslant 1.09$	非共振极限环
$1.10 \leqslant M_\infty \leqslant 1.29$	1 : 2 共振极限环
$M_\infty \approx 1.30$	第 1 模态极限环振荡
$1.31 \leqslant M_\infty \leqslant 1.34$	低频准周期振荡
$M_\infty \approx 1.35$	第 1 模态极限环振荡
$M_\infty \approx 1.36$	低频准周期振荡
$1.37 \leqslant M_\infty \leqslant 1.46$	1 : 2 共振极限环
$1.47 \leqslant M_\infty \leqslant 2.0$	第 1 模态极限环振荡

　　当 $M_\infty \approx 1.22$ 时，1 : 2 共振极限环产生了一个新的演化，该演化使得相位图轨迹由平滑转为不平滑 [图 7 - 2 (b)，相平面图左下角为放大图]。

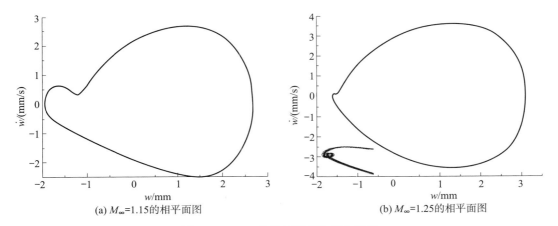

(a) M_∞=1.15的相平面图　　　　　　　　　(b) M_∞=1.25的相平面图

图 7 - 2　1 : 2 共振极限环的演化过程

　　由于黏性效应的影响，较高的模态会产生较大的阻尼，因而高阶模态在发展增长的过程中大量能量被耗散，无法形成主导模态，高频区不再出现。但当 $1.31 \leqslant M_\infty \leqslant 1.34$ 时，高阶模态能量较高，较薄的附面层无法耗散全部高阶模态能量，使壁板形态由 1 : 2 共振极限环转换为低频准周期振荡（主导模态仍为第 1 和第 2 模态，但每阶模态都有多个峰值，图 7 - 3）和第 1 模态极限环振荡（壁板运动接近 1 阶振型，主导模态为第 1 模态，图 7 - 4）。

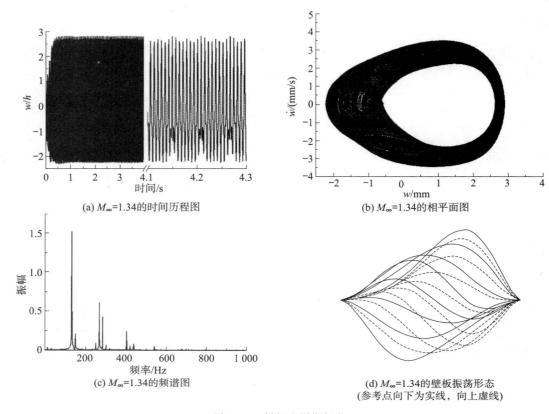

(a) $M_\infty=1.34$的时间历程图

(b) $M_\infty=1.34$的相平面图

(c) $M_\infty=1.34$的频谱图

(d) $M_\infty=1.34$的壁板振荡形态
(参考点向下为实线，向上虚线)

图 7-3　低频准周期振荡

当 $M_\infty \approx 1.37$ 时，恢复为 $1:2$ 共振极限环，此时相平面图轨迹是平滑的。在该阶段存在两个演化（图 7-5），当 $M_\infty \approx 1.42$ 时，第一个演化使得相位图轨迹不再平滑；而当 $M_\infty \approx 1.45$ 时，第二个演化使相位图轨迹恢复平滑。

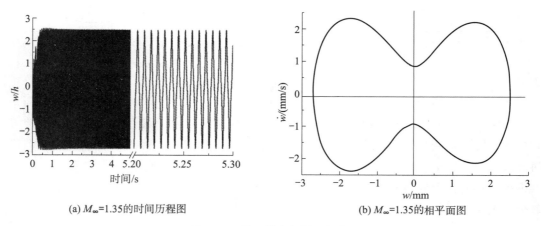

(a) $M_\infty=1.35$的时间历程图

(b) $M_\infty=1.35$的相平面图

图 7-4　第 1 模态极限环振荡

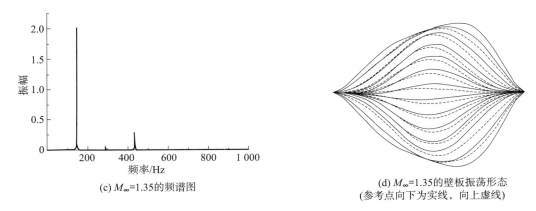

(c) $M_\infty=1.35$ 的频谱图

(d) $M_\infty=1.35$ 的壁板振荡形态
(参考点向下为实线，向上虚线)

图 7 - 4　第 1 模态极限环振荡 （续）

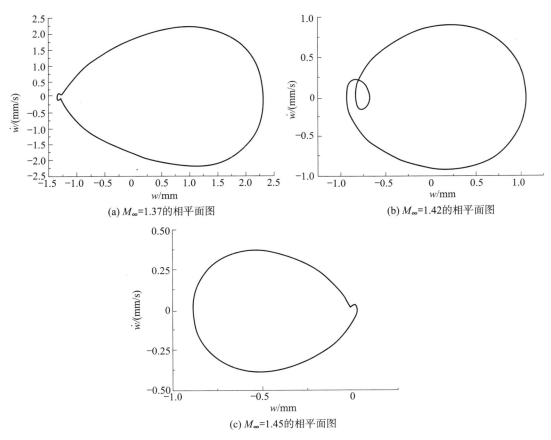

(a) $M_\infty=1.37$ 的相平面图

(b) $M_\infty=1.42$ 的相平面图

(c) $M_\infty=1.45$ 的相平面图

图 7 - 5　1：2 共振极限环的演化过程

7.1.3　$\delta/a = 0.05$ 时薄壁结构的形态演化

$\delta/a = 0.05$ 时壁板的形态演化过程如表 7 - 2 所示。

表 7 - 2　$\delta/a = 0.05$ 时壁板的形态演化过程

马赫数域	壁板形态
$0.7 \leqslant M_\infty \leqslant 1.00$	屈曲
$1.01 \leqslant M_\infty \leqslant 1.02$	跨声速颤振
$1.03 \leqslant M_\infty \leqslant 1.04$	屈曲
$1.05 \leqslant M_\infty \leqslant 1.07$	跨声速颤振
$1.08 \leqslant M_\infty \leqslant 1.11$	非共振极限环
$1.12 \leqslant M_\infty \leqslant 1.52$	1∶2 共振极限环
$1.53 \leqslant M_\infty \leqslant 2.0$	第 1 模态极限环振荡

当 $1.03 \leqslant M_\infty \leqslant 1.04$ 时，动压不足以支撑振荡的产生，恢复为屈曲状态。

当 $1.12 \leqslant M_\infty \leqslant 1.52$ 时，LCO 具有明显的不对称性。参考点振荡的频谱仍有 3 个峰值，频率比为 1∶2∶3，该分岔特性与第 5.3.6 节类似。但其与无黏模型不同，由于采用带黏性的模型，而较高的模态会产生较大的阻尼，因此附面层的存在使得在无黏模型高频区用来使较高模态发展增长的这一部分能量被耗散，高频区不复存在。当 1∶2 共振极限环发展到极限后将会逐步衰落，第 2 模态的能量占比逐步减小，并最终过渡到第 1 模态极限环。

1∶2 共振极限环的演化过程如图 7 - 6 所示。在演化过程中存在两个演化，当 $M_\infty \approx 1.45$ 时，第一个演化使得相位图不再平滑；而当 $M_\infty \approx 1.50$ 时，第二个演化使相位图恢复平滑。

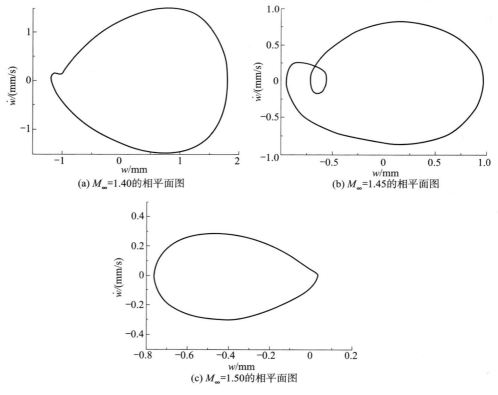

(a) M_∞=1.40的相平面图　　　　(b) M_∞=1.45的相平面图

(c) M_∞=1.50的相平面图

图 7 - 6　1∶2 共振极限环的演化过程

7.1.4　颤振振幅和频率

图 7-7 和图 7-8 分别显示了有黏条件下参考点的振荡幅值和主导频率随马赫数的变化（灰色背景为无黏条件下的结果）。

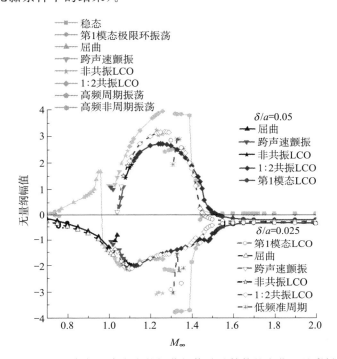

图 7-7　有黏条件下参考点的振荡幅值随马赫数的变化（见彩插）

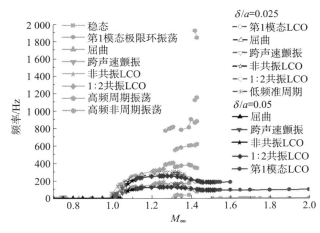

图 7-8　有黏条件下壁板振荡的主导频率随马赫数的变化（见彩插）

可以看出，当存在黏性时，高频区范围大大缩小，当附面层达到某一厚度（$\delta/a = 0.025$）时，高频区完全消失，但在原高频区高阶模态能量较高处，由于高阶模态能量未完全耗散，壁板形态由 1：2 共振极限环转换为第 1 模态极限环和低频准周期振荡；随着附面层继续增厚，高阶模态的影响将完全消失（$\delta/a = 0.05$）。另外，随着附面层的增厚，最大幅值和频率都会有所减小，而较高马赫数的小振幅区幅值反而有所增大。

7.2　跨声速域内考虑加速效应的薄壁结构流固耦合形态演化分析

本节在 7.1 节考虑黏性效应的基础上，进一步考虑了非定常的加速效应。

7.2.1　计算条件

使用式（6-3）和式（6-4），通过改变远场流速来改变壁板的马赫数，分析对应于 $T = 10$ s 和 $T = 2.5$ s 的加速度的结果。

7.2.2　$\delta/a = 0.025$ 时薄壁结构的形态演化

7.2.2.1　加速条件下薄壁结构的形态演化

（1）$T = 10$ s 条件

此时参考点偏转的时间历程曲线如图 7-9 所示。当流速增加时，壁板的形态演化过程如表 7-3 所示。图 7-10 显示了 $T = 10$ s 时的庞加莱映射在位移上的投影随马赫数的变化。

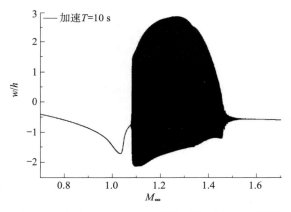

图 7-9　加速（$T = 10$ s）情况下的时间历程曲线

表 7-3　加速（$T = 10$ s）情况下的壁板的形态演化过程

马赫数域	壁板形态
$0.7 \leqslant M_\infty < 1.07$	屈曲
$1.07 \leqslant M_\infty < 1.09$	第 1 模态极限环振荡
$1.09 \leqslant M_\infty < 1.41$	1：2 共振极限环
$1.41 \leqslant M_\infty < 1.48$	第 1、2 阶模态交替
$1.48 \leqslant M_\infty < 1.55$	第 1 模态极限环振荡
$1.55 \leqslant M_\infty \leqslant 1.7$	重新稳定进入屈曲状态

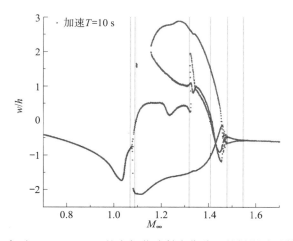

图 7 - 10　加速（ $T = 10$ s）的庞加莱映射在位移上的投影随马赫数的变化

（2） $T = 2.5$ s 条件

此时参考点偏转的时间历程曲线如图 7 - 11 所示。当流速增加时，壁板的形态演化过程如表 7 - 4 所示。当 $M_\infty = 1.7$ 时，幅值很小，壁板可近似视为屈曲状态。图 7 - 12 显示了 $T = 2.5$ s 时的庞加莱映射在位移上的投影随马赫数的变化。

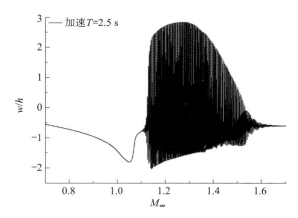

图 7 - 11　加速（ $T = 2.5$ s）情况下的时间历程曲线

表 7 - 4　加速（ $T = 2.5$ s）情况下的壁板的形态演化过程

马赫数域	壁板形态
$0.7 \leqslant M_\infty < 1.095$	屈曲
$1.095 \leqslant M_\infty < 1.142$	第 1 模态极限环振荡
$1.142 \leqslant M_\infty < 1.44$	1：2 共振极限环
$1.44 \leqslant M_\infty < 1.6$	第 1、2 阶模态交替
$1.6 \leqslant M_\infty \leqslant 1.7$	第 1 模态极限环振荡

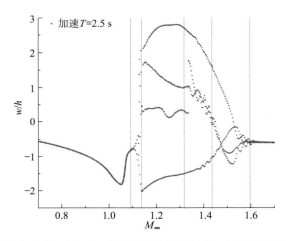

图 7 - 12　加速（$T = 2.5$ s）的庞加莱映射在位移上的投影随马赫数的变化

7.2.2.2　减速条件下薄壁结构的形态演化

（1）$T = 10$ s 条件

此时参考点偏转的时间历程曲线如图 7 - 13 所示。当流速降低时，壁板的形态演化过程如表 7 - 5 所示。图 7 - 14 显示了 $T = 10$ s 时的庞加莱映射在位移上的投影随马赫数的变化。

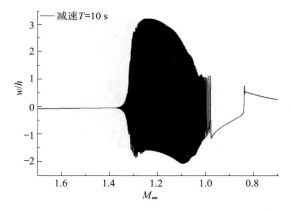

图 7 - 13　减速（$T = 10$ s）情况下的时间历程曲线

表 7 - 5　减速（$T = 10$ s）情况下的壁板的形态演化过程

马赫数域	壁板形态
$1.7 \geqslant M_\infty > 1.37$	屈曲
$1.37 \geqslant M_\infty > 1.32$	第 1 模态极限环振荡
$1.32 \geqslant M_\infty > 1.1$	共振极限环振荡
$1.1 \geqslant M_\infty > 1.05$	第 1 模态极限环振荡
$1.05 \geqslant M_\infty > 0.975$	第 1 模态极限环振荡的演化
$0.975 \geqslant M_\infty \geqslant 0.7$	重新稳定进入屈曲状态

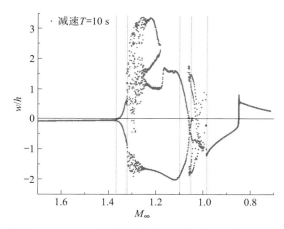

图 7 - 14　减速 （$T = 10$ s）的庞加莱映射在位移上的投影随马赫数的变化

（2）$T = 2.5$ s 条件

此时参考点偏转的时间历程曲线如图 7 - 15 所示。当流速降低时，壁板的形态演化过程如表 7 - 6 所示，仅存在屈曲状态和第 1 模态振荡。图 7 - 16 显示了 $T = 2.5$ s 时的庞加莱映射在位移上的投影随马赫数的变化。

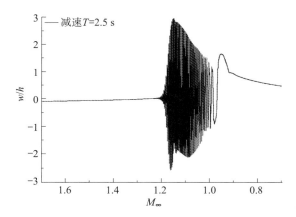

图 7 - 15　减速 （$T = 2.5$ s）情况下的时间历程曲线

表 7 - 6　减速 （$T = 2.5$ s）情况下的壁板的形态演化过程

马赫数域	壁板形态
$1.7 \geqslant M_{\infty} > 1.24$	屈曲
$1.24 \geqslant M_{\infty} > 1.16$	第 1 模态极限环振荡
$1.16 \geqslant M_{\infty} > 1.1$	共振极限环振荡
$1.1 \geqslant M_{\infty} > 1.05$	第 1 模态极限环振荡
$1.05 \geqslant M_{\infty} > 0.978$	第 1 模态极限环振荡的演化
$0.978 \geqslant M_{\infty} \geqslant 0.7$	重新稳定进入屈曲状态

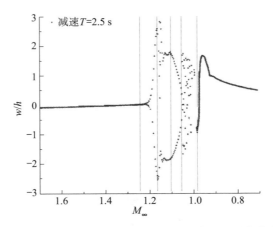

图 7-16　减速（$T = 2.5$ s）的庞加莱映射在位移上的投影随马赫数的变化

7.2.2.3　颤振振幅和频率

图 7-17 和图 7-18 分别显示了 $\delta/a = 0.025$ 时参考点的振荡幅值和主导频率随马赫数的变化（灰色背景为恒速条件下的结果），可以看出：

1）对于振荡起始和结束的马赫数，与无黏流类似，加速向较大马赫数方向偏移，而减速则向较小马赫数偏移。

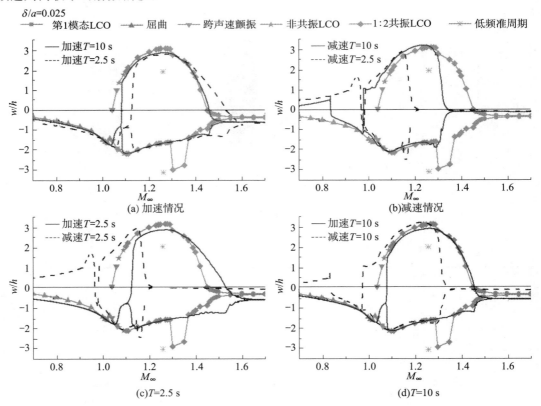

图 7-17　$\delta/a = 0.025$ 时的振荡幅值随马赫数的变化

2）随着加速度的提高，最大幅值有所减小，而最大频率几乎不变。在减速度较小时（ $T=10$ s），与恒速条件相比最大幅值略有增加。

3）在原高频域，当具有加速效应后，由于附面层厚度不足导致的演化不再出现。

4）从图 7 - 18 可以观察到，振荡的主导频率呈现出台阶式变化，即在一定马赫数范围内，振荡主频保持不变，加速度越高，这种台阶状变化越明显。

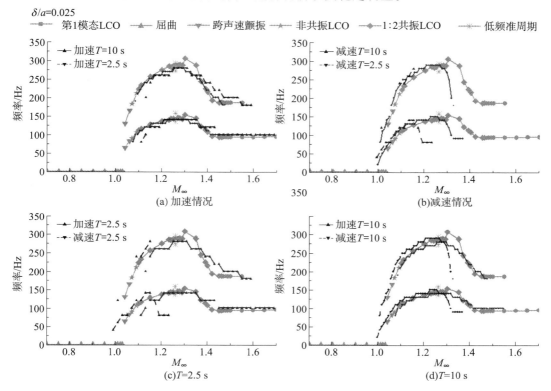

图 7 - 18　 $\delta/a=0.025$ 时壁板振荡的主导频率随马赫数的变化

7.2.3　 $\delta/a=0.05$ 时薄壁结构的形态演化

7.2.3.1　加速条件下薄壁结构的形态演化

（1） $T=10$ s 条件

此时参考点偏转的时间历程曲线如图 7 - 19 所示。当流速增加时，壁板的形态演化过程如表 7 - 7 所示，只有屈曲、第 1 模态极限环和共振极限环 3 种状态。图 7 - 20 显示了 $T=10$ s 时的庞加莱映射在位移上的投影随马赫数的变化。

表 7 - 7　加速（ $T=10$ s）情况下的壁板的形态演化过程

马赫数域	壁板形态
$0.7 \leqslant M_\infty < 1.1$	屈曲
$1.1 \leqslant M_\infty < 1.12$	第 1 模态极限环振荡
$1.12 \leqslant M_\infty < 1.41$	1∶2 共振极限环

续表

马赫数域	壁板形态
$1.41 \leqslant M_\infty < 1.48$	第1、2阶模态交替
$1.48 \leqslant M_\infty < 1.63$	第1模态极限环振荡
$1.63 \leqslant M_\infty \leqslant 1.7$	重新稳定进入屈曲状态

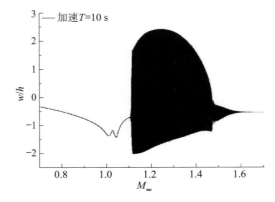

图7-19　加速（$T = 10$ s）情况下的时间历程曲线

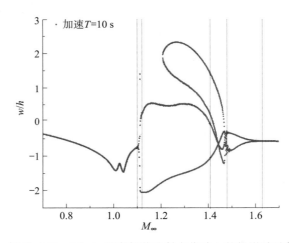

图7-20　加速（$T = 10$ s）的庞加莱映射在位移上的投影随马赫数的变化

（2）$T = 2.5$ s 条件

此时参考点偏转的时间历程曲线如图7-21所示。当流速增加时，壁板的形态演化过程如表7-8所示。当 $M_\infty = 1.7$ 时，幅值很小，壁板可近似视为屈曲状态。图7-22显示了 $T = 2.5$ s 时的庞加莱映射在位移上的投影随马赫数的变化。

表7-8　加速（$T = 2.5$ s）情况下的壁板的形态演化过程

马赫数域	壁板形态
$0.7 \leqslant M_\infty < 1.18$	屈曲

续表

马赫数域	壁板形态
$1.18 \leqslant M_\infty < 1.24$	第 1 模态极限环振荡
$1.24 \leqslant M_\infty < 1.44$	1∶2 共振极限环
$1.44 \leqslant M_\infty < 1.6$	第 1、2 阶模态交替
$1.6 \leqslant M_\infty \leqslant 1.7$	第 1 模态极限环振荡

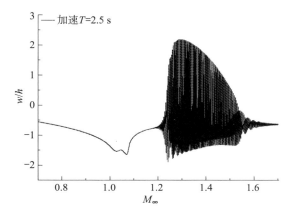

图 7 - 21　加速（$T = 2.5$ s）情况下的时间历程曲线

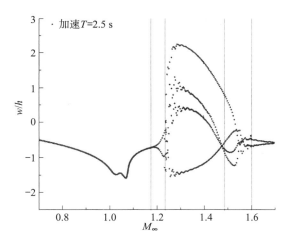

图 7 - 22　加速（$T = 2.5$ s）的庞加莱映射在位移上的投影随马赫数的变化

7.2.3.2　减速条件下薄壁结构的形态演化

（1）$T = 10$ s 条件

此时参考点偏转的时间历程曲线如图 7 - 23 所示。当流速降低时，壁板的形态演化过程如表 7 - 9 所示。图 7 - 24 显示了 $T = 10$ s 时的庞加莱映射在位移上的投影随马赫数的变化。

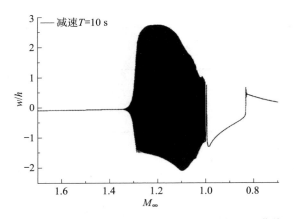

图 7-23　减速（$T = 10\text{ s}$）情况下的时间历程曲线

表 7-9　减速（$T = 10\text{ s}$）情况下的壁板的形态演化过程

马赫数域	壁板形态
$1.7 \geqslant M_\infty > 1.36$	屈曲
$1.36 \geqslant M_\infty > 1.286$	第 1 模态极限环振荡
$1.286 \geqslant M_\infty > 1.10$	共振极限环振荡
$1.10 \geqslant M_\infty > 1.05$	第 1 模态极限环振荡
$1.05 \geqslant M_\infty > 0.992$	第 1 模态极限环振荡的演化
$0.992 \geqslant M_\infty \geqslant 0.7$	重新稳定进入屈曲状态

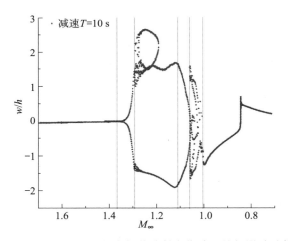

图 7-24　减速（$T = 10\text{ s}$）的庞加莱映射在位移上的投影随马赫数的变化

（2）$T = 2.5\text{ s}$ 条件

此时参考点偏转的时间历程曲线如图 7-25 所示。当流速降低时，壁板的形态演化过程如表 7-10 所示，仅存在屈曲状态和第 1 模态振荡。图 7-26 显示了 $T = 2.5\text{ s}$ 时的庞加莱映射在位移上的投影随马赫数的变化。

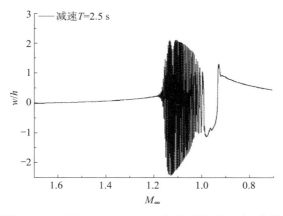

图 7 - 25　减速（$T = 2.5$ s）情况下的时间历程曲线

表 7 - 10　减速（$T = 2.5$ s）情况下的壁板的形态演化过程

马赫数域	壁板形态
$1.7 \geqslant M_\infty > 1.20$	屈曲
$1.20 \geqslant M_\infty > 1.04$	第 1 模态极限环振荡
$1.04 \geqslant M_\infty > 0.98$	第 1 模态极限环振荡的演化
$0.98 \geqslant M_\infty \geqslant 0.7$	重新稳定进入屈曲状态

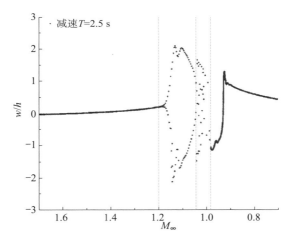

图 7 - 26　减速（$T = 2.5$ s）的庞加莱映射在位移上的投影随马赫数的变化

7.2.3.3　颤振振幅和频率

图 7 - 27 和图 7 - 28 分别显示了 $\delta/a = 0.05$ 时参考点的振荡幅值和主导频率随马赫数的变化（灰色背景为恒速条件下的结果），可以看出：

1）对于振荡起始和结束的马赫数，更厚的附面层显现出更明显的马赫数偏移。

2）随着加速度的提高，最大幅值和最大频率均有所减小。在减速度较小时（$T = 10$ s），较厚附面层下最大幅值增加幅度更大。

3）从图 7 - 28 可以观察到，附面层越厚，主导频率随马赫数变化的台阶状变化越明显。

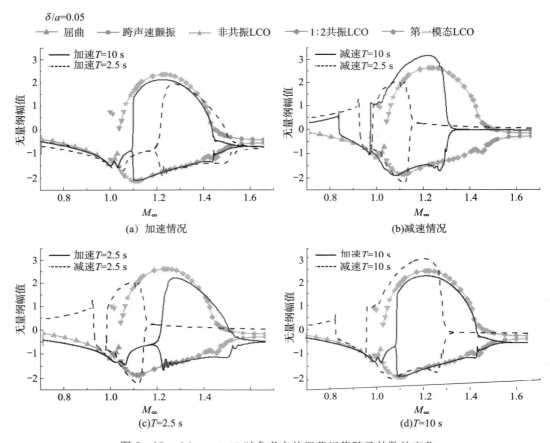

图 7 - 27 $\delta/a = 0.05$ 时参考点的振荡幅值随马赫数的变化

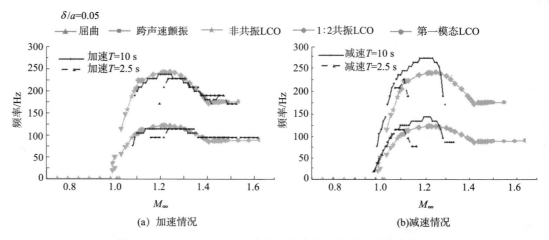

图 7 - 28 $\delta/a = 0.05$ 时参考点的主导频率随马赫数的变化

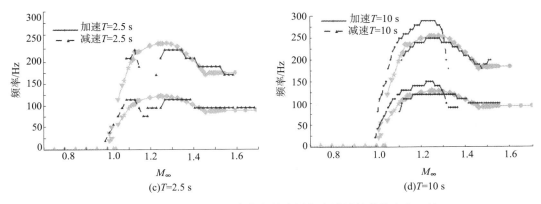

图 7 - 28　$\delta/a = 0.05$ 时参考点的主导频率随马赫数的变化（续）

本章小结

本章针对黏性效应，对不同厚度附面层下的壁板形态演化进行了分析。首先对恒速流进行了分析，结果表明，在黏性的影响下，由于较高的模态会产生较大的阻尼，会导致高频区消失；同时，随着附面层的增厚，全演化过程幅值和频率都会有所减小，并且存在振荡主频的台阶状变化。

其次，为更贴合真实飞行状态，进一步考虑了非定常的加速效应。结果表明，随着加速度的提高，壁板的振荡次数、振荡频率、振荡幅值均有所减小，且减速效应的效果明显好于加速效应。

第8章 激波冲击下的薄壁结构流固耦合形态的演化特征

超声速飞行器的前缘或者机身凸出部位可能产生斜激波，当斜激波作用于飞行器的局部弯曲薄壁结构上时，该处结构不仅承受非定常气动载荷和结构变形耦合的影响，还有可能出现激波-激波干扰、激波-附面层干扰等问题。当考虑这些干扰效应后，壁板的流固耦合形态会出现新的变化，本章针对入射激波作用于曲面壁板的情况展开分析。

8.1 激波冲击下曲面薄壁结构的流固耦合问题

Visbal[17, 46]首次提出的考虑入射激波的平面壁板模型如图 8-1 所示。其中，a 和 h 为壁板参数，x_i 用于描述入射激波作用的位置；M_1、P_1 分别为来流的马赫数和压强，β 为入射激波的角度，P_3 为激波反射后的压强，P_c 为空腔压强。对于该问题，Miller、McNamara、Boyer 等[47,48,50,51]都做了较为全面和深入的研究，发现随着入射激波强度的变化，在一定条件下会出现超临界或亚临界分岔。较强的斜激波会提高颤振振幅和频率，而较弱的激波可使壁板响应稳定。

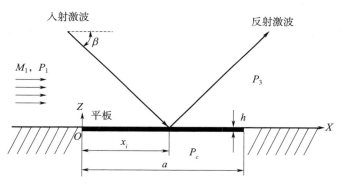

图 8-1 激波冲击下的平面壁板结构

与平面壁板不同的是，激波冲击下曲面壁板的流场中将出现更为复杂的激波。如图 8-2 所示，当 $M_1 > 1$ 时产生前缘激波，与入射激波相互作用并产生透射激波，随后透射激波向下冲击曲面壁板并产生反射激波。同时，曲面壁板上也分布一系列膨胀波，在曲面壁板后缘也会产生后缘激波。当考虑黏性效应时，激波与附面层又会产生干扰问题。气动环境的复杂性会导致壁板颤振形式的多样性。图 8-2 中新增了参数 H，便于描述曲率。

本章涉及的计算方法主要包括非定常气动载荷求解、二维曲面壁板的有限元模型及流固耦合格式，详细模型可见 2.2～2.4 节。

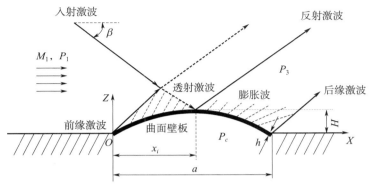

图 8 - 2　激波冲击下的曲面壁板结构

8.2　激波冲击下平面薄壁结构的流固耦合形态演化特征

8.2.1　计算条件

　　为验证所提耦合求解方法对于入射激波下流固耦合问题的可靠性，本节研究了激波冲击下的柔性壁板（图 8 - 1）的气动弹性特性，所取参数与 Visbal[17, 46] 的研究一致：$h/a = 0.002$，$\mu_s = \rho_1 a / \rho_s h = 0.1$。无量纲动压和频率分别定义为 $\lambda = \rho_1 V_1^2 a^3 / D$（$D$ 为壁板刚度）和 $St = fa / V_1$。模拟条件的设置与 Visbal 相同：$M_1 = 2.0$，考虑 4 个压力比 P_3 / P_1 为 1.0、1.2、1.4 和 1.8，以及空腔压强 $P_c = (P_1 + P_3)/2$，如表 8 - 1 所示。需要说明的是，为了获得入射激波，边界条件需要特殊处理，利用气流穿越斜激波前后的关系式确定边界处的压强、密度和速度值，进而获得所需的 β 和 x_i/a。

表 8 - 1　入射激波的参数值

Model	P_3/P_1	M_1	$\beta/(°)$	x_i/a	P_c/P_1
Case A	1.0	2.0	—	—	1.0
Case B	1.2	2.0	31.349 0	0.5	1.1
Case C	1.4	2.0	32.583 5	0.5	1.2
Case D	1.8	2.0	34.799 1	0.5	1.4

8.2.2　网格和时间步长收敛研究

　　本小节研究了 $P_3 / P_1 = 1.8$ 时，时空分辨率对气动弹性颤振边界的影响。将壁板的两个边界均视作简支条件。设置 3 种在来流方向和法向不同的网格密度：201×121、301×181 和 401×241。物理时间无量纲化为 $\Delta \tau = t/a / V_1$，无量纲时间步长 $\Delta \tau$ 为 0.002 5、0.005 和 0.01。有限元模型考虑 10、16、20、32 和 40 共 5 种梁单元数。计算得到的颤振临界动压如图 8 - 3 所示。临界动压值由 Richardson 外推获得[151]。综合考虑计算精度和效率，选择的网格密度为 301×181，梁单元数为 20，$\Delta \tau = 0.005$。

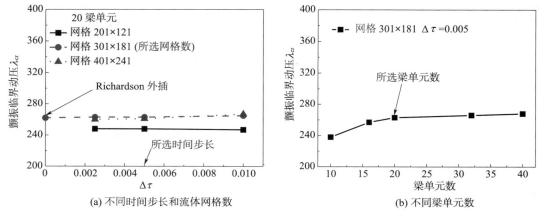

(a) 不同时间步长和流体网格数　　　　　　(b) 不同梁单元数

图 8 - 3　时间步长和网格尺寸对颤振边界的影响（$P_3 / P_1 = 1.8$）

8.2.3　计算结果及分析

　　所有计算均在 $\lambda \in [100，1\,000]$ 范围内，耦合计算的初值取刚性壁板的定常解，计算结果如图 8 - 4（a）和（b）所示。为了便于比较，使用从 Visbal[46] 处获得的相同数据。

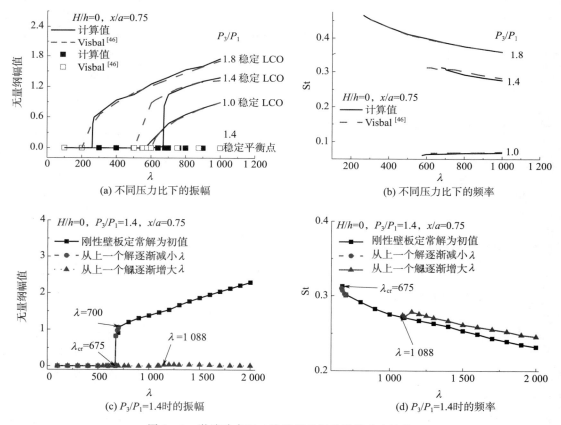

(a) 不同压力比下的振幅　　　　　　　　(b) 不同压力比下的频率

(c) $P_3/P_1=1.4$时的振幅　　　　　　　(d) $P_3/P_1=1.4$时的频率

图 8 - 4　激波冲击下二维壁板的气动弹性响应比较

除了 $P_3/P_1 = 1.4$ 情况下颤振预测有一定差异外，$x/a = 0.75$ 处壁板振荡的振幅和频率均与 Visbal 的解符合得很好。此外，$P_3/P_1 = 1.2$ 情况下，如 Visbal[46] 所观察到的，在大范围的动压下未发生颤振。对于压力比 $P_3/P_1 = 1.4$，还考虑了其他两种不同的初始条件：1）将 $\lambda = 700$ 时的极限环振荡状态作为初值，并逐渐减小 λ；2）将前一个动压下稳定偏转壁板的解作为初值，逐渐增大 λ。图 8-4（c）和（d）显示了 $\lambda \in [0, 2\,000]$ 时，3 种初始条件下气动弹性响应的振幅和频率。如图 8-4（a）和（c）所示，初始条件不同，得到的解也不同：当 $\lambda < 1\,088$ 时，存在稳定不动点和稳定极限环振荡两种情况，在初始条件 2）下得到稳定不动点，在初始条件 1）和从刚性壁板定常解开始的条件下得到稳定的极限环振荡；$\lambda \geqslant 1\,088$ 时，初始条件 2）下的解从静变形变为振幅很小的极限环振荡，且随着 λ 的增大，极限环振荡的频率降低，但其振幅几乎保持不变，如图 8-4（c）和（d）所示。这种类滞后行为可能源于亚临界 Hopf 分叉。图 8-5 显示了不同压力比下颤振临界动压的误差条。

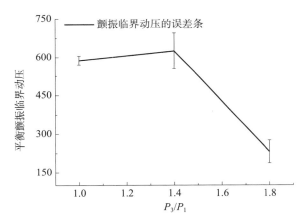

图 8-5　不同压力比下颤振临界动压的误差条

8.3　激波-激波干扰下曲面薄壁结构的流固耦合形态演化特征

8.3.1　计算条件

针对图 8-2 所示的问题，计算了超声速气流中 4 个不同曲率下的情况：$H/h = 1$、$H/h = 2$、$H/h = 5$ 和 $H/h = 10$（此处 h 为常数，H 为变量）。壁板参数 h/a 和 μ_s 与上述平面壁板算例相同，曲面壁板的两个边界均为简支。对每个曲率均考虑与上述平面壁板入射激波条件相同的 4 种情况，即 β、x_i/a 和 P_c/P_1 均与表 8-1 中的每种情况相同。需要注意的是，由于激波相互作用，在曲面壁板计算中，对于情况 A、B、C 和 D，激波强度比 P_3/P_1 并没有严格等于 1.0、1.2、1.4 或 1.8。马赫数同样选择为 $M_1 = 2.0$。结构网格和流场网格的数量以及计算时间步长与 8.2.2 节中的平面壁板相同。所有计算也均从刚性壁板的定常解开始。对于给定动压下的每种情况，每次模拟大约进行 10^5 耦合时间步（总无量纲时间为 50），若在该"长时间"内未观测到颤振发生或极限环振荡，则视作壁板稳定。

图 8 - 6 （a）～（d）显示了当前有限元模型计算得到的曲面壁板的前 5 阶模态，当 $H/h \leqslant 2$ 时，模态与平面壁板非常相似。当 $H/h = 5$ 和 $H/h = 10$ 时，1 阶模态与 2 阶模态相交并转换为 3 阶模态，如图 8 - 6 （c）和（d）所示；当 $H/h = 10$ 时，3 阶模态与 4 阶模态相交并转换为 5 阶模态。除 2 阶和 4 阶模态外，其他模态分支的固有频率随着 H/h 的增大而改变，如图 8 - 7 所示。图 8 - 7 还包括 Dowell[58] 研究中的无量纲固有频率（ K^2/π^4，$K = \omega \sqrt{\rho_s h a^4 / D}$ ）的变化。可以看出，当前结果和 Dowell 的分析有较好的一致性。

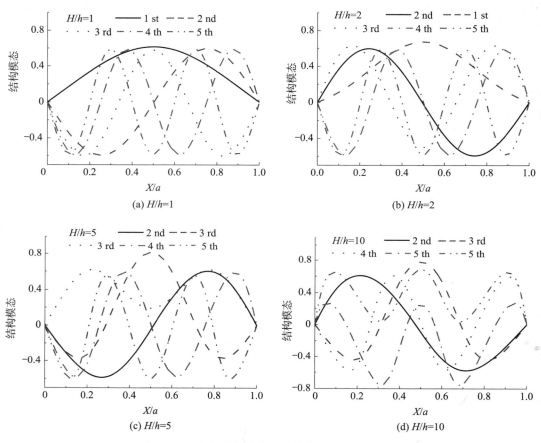

图 8 - 6　曲面壁板的前 5 阶模态（ $\lambda = 1\,000$ ）

8.3.2　静态变形

与平面壁板相比，由于弯曲刚度和静气动载荷的影响，曲面壁板在颤振发生之前会经历静气动弹性变形，如图 8 - 8 （a）～（d）所示。对于 $H/h = 1$ 的壁板，当弱激波（ $P_3/P_1 = 1.2$ ）冲击到壁板上时，结果与平面壁板非常相似，在较大的动压范围内不会发生颤振，仅存在静态变形。对于激波冲击下的壁板，静变形随动压的增大而增大，且在相同动压下，激波越强，静变形越大（参考点为 $x/a = 0.75$ ）。

图 8 - 9 （a）和（b）描述了 $H/h \geqslant 2$、$\lambda = 1\,000$、最大入射激波强度 $P_3/P_1 = 1.8$ 下壁板静平衡位置处的形状和表面压强分布，图 8 - 10 （a）～（c）展示了相同条件下流场

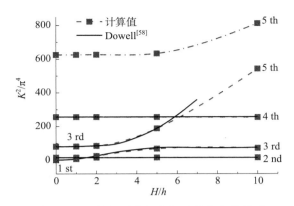

图 8－7　无量纲固有频率与壁板曲率的关系

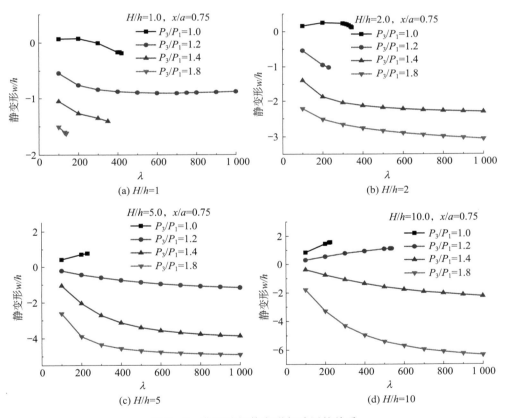

图 8－8　曲面壁板静变形与动压的关系

的压强分布。从图 8－9 和图 8－10 中可以看出，变形主要表现为 2 阶模态；前缘激波的强度随着曲率的增大而增大，与入射激波发生明显的相互作用，从而减弱了向下传播的透射激波强度，反射激波的强度也随之减弱。因此，这种相互作用减少了沿着壁板后部的载荷。

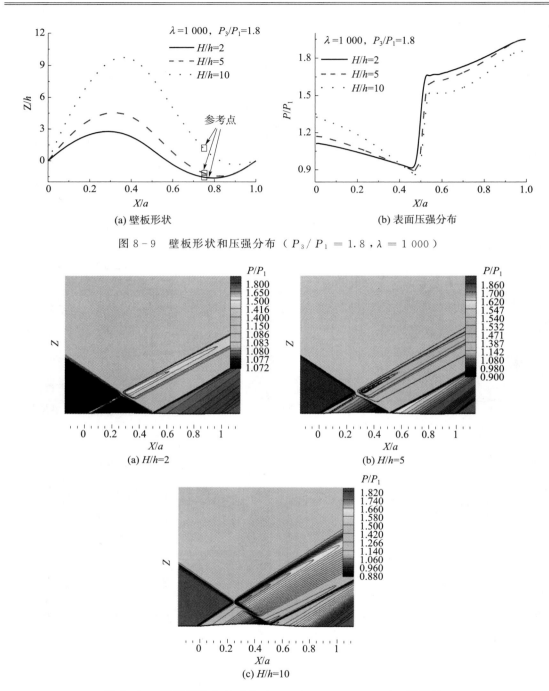

图 8 - 9　壁板形状和压强分布（$P_3/P_1 = 1.8$，$\lambda = 1\,000$）

图 8 - 10　流场压强分布（$P_3/P_1 = 1.8$，$\lambda = 1\,000$）（见彩插）

8.3.3　$H/h = 1$ 下薄壁结构的形态分析

图 8 - 11（a）和（b）分别展示了 $H/h = 1$ 时 4 种激波强度情况在动压变化过程中壁板振荡的幅值和频率。可以观察到，在 $P_3/P_1 = 1.2$ 情况下，λ 小于 5 000 时不发生颤振。

对于其他情况，除 $P_3/P_1=1.8$ 之外，振幅随动压的增加而增加，且激波冲击下的频率随动压的增大而减小，这与入射激波冲击平面壁板的情况类似。图 8 – 12（a）～（c）分别显示了 $P_3/P_1=1.8$ 时，$\lambda=486$、488 和 1 000 处后颤振的 $x-t$ 图。显然，$\lambda=486$ 处的极

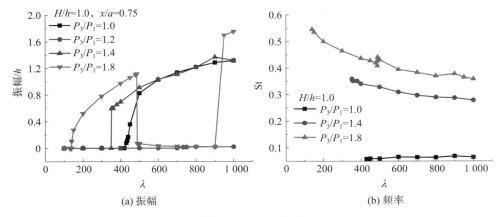

(a) 振幅　　　　　　　　　　　　　(b) 频率

图 8 – 11　气动弹性响应与动压的关系（$H/h=1$）

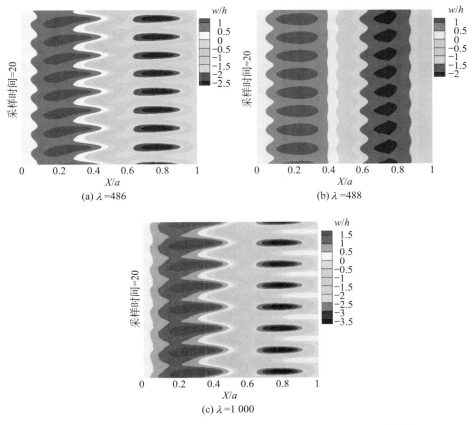

图 8 – 12　壁板挠度 $X-t$ 图（$P_3/P_1=1.8$，$H/h=1$）（见彩插）

限环振荡模式与 $\lambda = 1\,000$ 处的模式相当一致。但是，当 $\lambda \in [488, 950]$ 时，在静态收敛位置发生小振幅准周期振荡，在 $\lambda = 488$ 处最大振幅仅约为 0.07，如图 8-13（a）所示。这种振荡导致了频率突变，这可能是由激波冲击与气动弹性壁板相互作用的强非线性引起的。在 $\lambda = 1\,000$ 处，壁板重回极限环振荡，如图 8-13（b）所示。在 $P_3/P_1 = 1.8$ 时，考虑了 2 种初始条件：1）从刚性壁板的定常解开始；2）将 $\lambda = 1\,000$ 处的极限环振荡状态作为初值，并参考以前的颤振示例逐渐减小 λ。两种初始条件下的结果如图 8-14 所示，显然，在 $\lambda \in [488, 950]$ 时存在分岔。

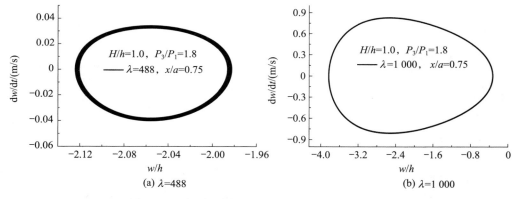

(a) $\lambda = 488$　　　　　　　　　　(b) $\lambda = 1\,000$

图 8-13　相平面图（$P_3/P_1 = 1.8$，$H/h = 1$）

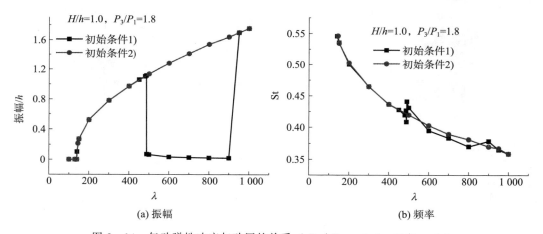

(a) 振幅　　　　　　　　　　(b) 频率

图 8-14　气动弹性响应与动压的关系（$P_3/P_1 = 1.8$，$H/h = 1$）

图 8-15（a）～（d）显示了不同入射激波强度下 $\lambda = 1\,000$ 时的瞬时壁板形状和表面压强分布。可以发现，当没有入射激波时，壁板后部的挠度较大；当施加入射激波时，壁板的前部和后部都会明显波动。对于 $P_3/P_1 = 1.4$ 和 $P_3/P_1 = 1.8$，当 $\phi = 180°$ 时，壁板前部呈现正偏转，并产生大的膨胀波，削弱了反射激波强度，因此 $x/a = 0.5$ 处的压力跃变小于 $\phi = 0°$ 时的压力跃变；此外，壁板后部呈现负位移，并诱发多个压缩波，从而导致压强进一步增大。

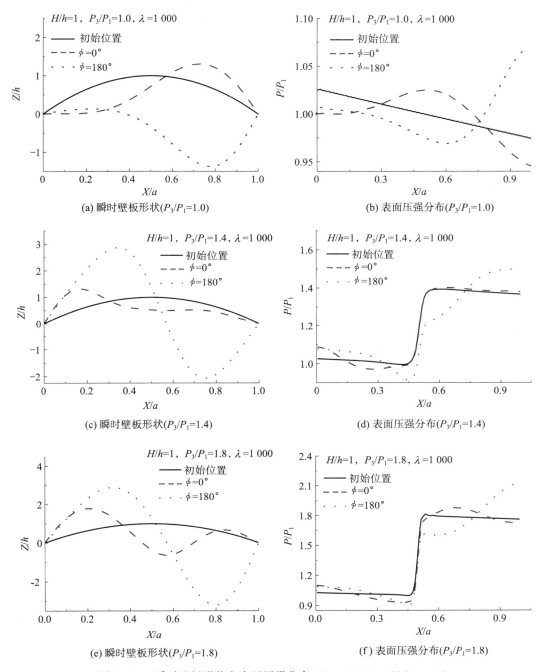

图 8-15　瞬时壁板形状和表面压强分布 （$\lambda = 1\,000$ ，$H/h = 1$）

8.3.4　$H/h = 2$ 下薄壁结构的形态分析

图 8-16 （a） 和 （b） 显示了 $H/h = 2$ 时 4 种激波强度下颤振和后颤振时的振幅和频率。当 $\lambda < 1\,000$ 时，在 $P_3/P_1 = 1.4$ 和 1.8 的情况下不发生颤振。在没有入射激波的情况

下，振幅和频率随动压会呈现出复杂的形态。壁板偏转的 $x-t$ 图如图 8 - 17（a）～（d）所示，相应的相平面图如图 8 - 18（a）～（d）所示。$\lambda=348$ 时，壁板呈现准周期运动；$\lambda=500$ 时，呈现高频 2 阶模态极限环振荡；$\lambda=700$ 时，相位图出现非线性极限环振荡，在点 A 和 B 处可观察到弱非线性；$\lambda=1\ 000$ 时，壁板再次呈现 2 阶模态振荡。对平面壁板和 $H/h=1$ 的壁板则未观察到这种复杂的变化。

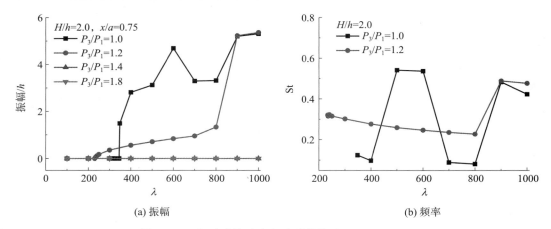

(a) 振幅　　　　　　　　　　　　　　　　(b) 频率

图 8 - 16　气动弹性响应与动压的关系（$H/h=2$）

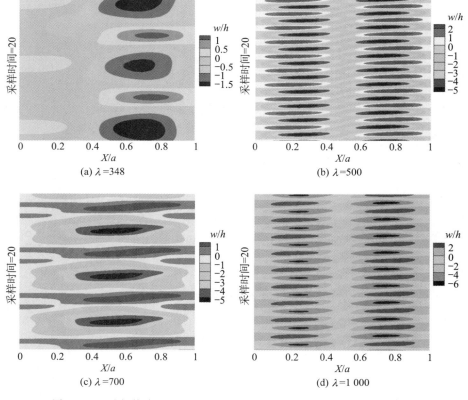

(a) $\lambda=348$　　　　　　　　　　　　　　(b) $\lambda=500$

(c) $\lambda=700$　　　　　　　　　　　　　　(d) $\lambda=1\ 000$

图 8 - 17　壁板挠度 $X-t$ 图（$P_3/P_1=1.0$，$H/h=2$）（见彩插）

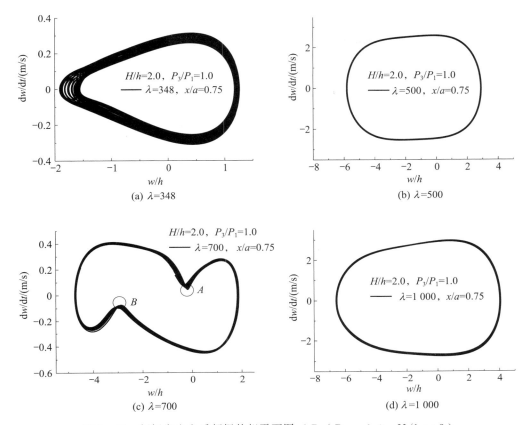

(a) $\lambda=348$　　　　　　　　　　(b) $\lambda=500$

(c) $\lambda=700$　　　　　　　　　　(d) $\lambda=1\,000$

图 8 - 18　颤振发生和后颤振的相平面图（$P_3/P_1=1.0$，$H/h=2$）

对于 $P_3/P_1=1.2$ 的情况，当 $\lambda\leqslant800$ 时，随着动压的增大，颤振振幅增大，频率减小，如图 8 - 16（a）和（b）所示。但是当 $\lambda=900$ 时，振幅和频率都急剧增大。$\lambda=800$ 和 $\lambda=1\,000$ 之间的频率变化也可以在图 8 - 19（a）和（b）中所示的 $x-t$ 图中观察到。对于压力比 $P_3/P_1=1.4$ 和 1.8，直到 $\lambda>2\,000$ 后才会发生颤振并近似为 2 阶振荡（这里没有给出图片）。

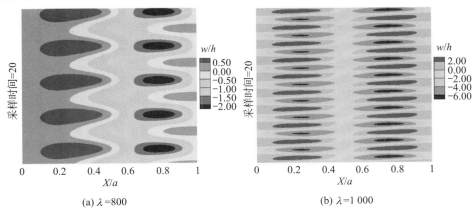

(a) $\lambda=800$　　　　　　　　　　(b) $\lambda=1\,000$

图 8 - 19　壁板挠度 $X-t$ 图（$P_3/P_1=1.2$，$H/h=2$）（见彩插）

8.3.5　$H/h = 5$ 下薄壁结构的形态分析

当壁板曲率达到 $H/h = 5$ 时，如图 8-20 所示，在 $\lambda < 1\,000$ 的激波冲击下，3 种入射激波强度下均无颤振发生，且在没有激波冲击的情况下，随着动压的增大，振幅和频率均明显地波动。壁板的响应大致呈图 8-21（a）所示的行波振荡形式。图 8-22（a）和（b）分别显示了 $\lambda = 700$ 和 $\lambda = 1\,000$ 时的瞬态壁板形状。$\lambda = 700$ 时，表现为 5 阶模态的行波振荡，导致频率增大 ［图 8-20（b）］；$\lambda = 1\,000$ 时，壁板的振荡变为 3 阶模态形式 ［图 8-21（b）和图 8-22（b）］，故频率小于 $\lambda = 700$ 时的频率。

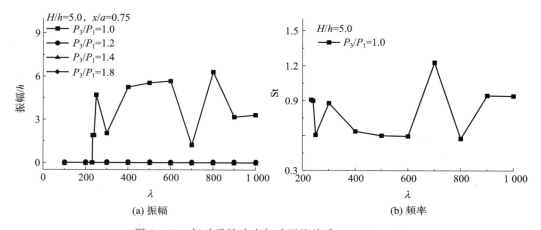

图 8-20　气动弹性响应与动压的关系（$H/h = 5$）

(a) 振幅　　　　　　　　　　　　(b) 频率

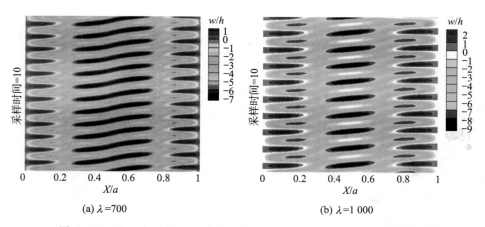

(a) $\lambda = 700$　　　　　　　　　　　(b) $\lambda = 1\,000$

图 8-21　壁板挠度 $X - t$ 图（$P_3/P_1 = 1.0$，$H/h = 5$）（见彩插）

当 $P_3/P_1 = 1.2$ 时，颤振发生在 $\lambda = 1\,360$ 时，后颤振振荡呈 2 阶模态形式，如图 8-23（a）所示。从图 8-23（b）可看出，$\phi = 180°$ 时，在前缘激波的后面，膨胀波沿壁板前部出现，与透射激波相互作用，并降低反射激波的强度，故冲击点 $x/a = 0.5$ 处的压力缓慢增大。当 $P_3/P_1 = 1.4$ 和 1.8 时，颤振在 $\lambda \approx 1\,800$ 处发生，后颤振表现为绕着静态收敛值附近的小振幅波动，如图 8-24（a）和（b）所示。

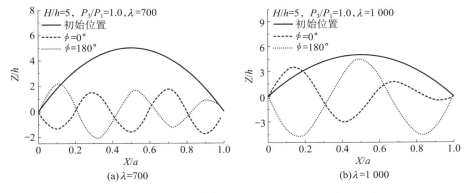

图 8 - 22　瞬时壁板形状（$P_3 / P_1 = 1.0$，$H/h = 5$）

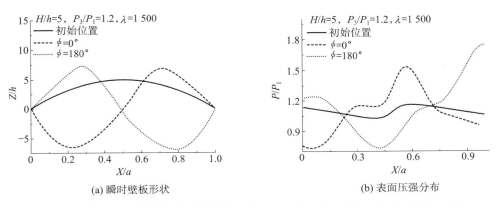

图 8 - 23　瞬时壁板形状和表面压强分布（$\lambda = 1\,500$，$P_3 / P_1 = 1.2$，$H/h = 5$）

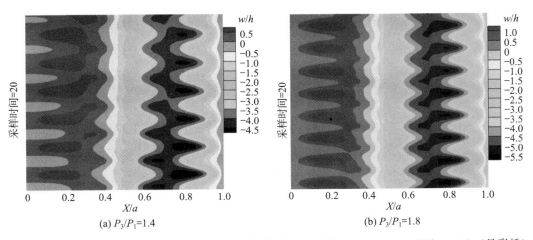

图 8 - 24　$P_3 / P_1 = 1.4$ 和 $P_3 / P_1 = 1.8$ 下壁板挠度 $X - t$ 图（$\lambda = 2\,000$，$H/h = 5$）（见彩插）

8.3.6　$H/h=10$ 下薄壁结构的形态分析

图 8-25（a）和（b）显示了 $H/h=10$ 时颤振的振幅和频率与动压的关系。当 $\lambda <$ 1 000 时，仅在 $P_3/P_1=1.0$ 和 1.2 的情况下发生颤振。在无入射激波的情况下，当 $\lambda <$ 800 时，颤振表现为高频小振幅振荡；在 $P_3/P_1=1.2$ 的激波冲击较弱的情况下，其表现为低频大振幅振荡。当 $\lambda \geqslant 800$ 时，两个壁板的振幅和频率随动压呈现出明显的变化。图 8-26 和图 8-27 分别显示了 $P_3/P_1=1.2$ 情况下，$\lambda=900$ 和 1 000 时的壁板挠度 $X-t$ 图和瞬时壁板形状。显然，在两种动压下都会发生类似行波的振荡，具体而言，$\lambda=900$ 时壁板表现为 2 阶模态振荡，但在 $\lambda=1\,000$ 时为高频准周期振动。这也会导致运动的振幅和频率发生显著的变化。图 8-28（a）和（b）分别展示了在 $\lambda=900$ 和 $\lambda=1\,000$ 处，$\phi=180°$ 时的瞬时压强分布。可以发现，$\lambda=900$ 时，由于壁板前部向下变形，前缘激波强度减弱，随后膨胀，从而降低了反射激波强度，且沿着壁板后缘存在压缩波；然而，$\lambda=1\,000$ 时，由于循环涉及多个高阶模态，产生了一系列压缩波和膨胀波，并沿壁板前后移动。

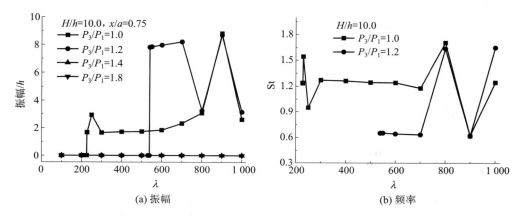

图 8-25　气动弹性响应与动压的关系（$H/h=10$）

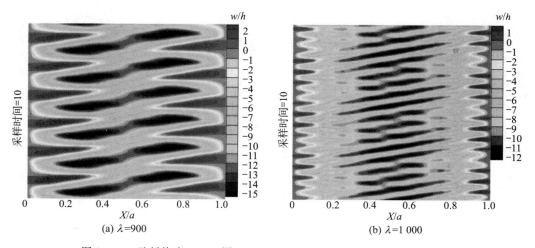

图 8-26　壁板挠度 $X-t$ 图（$P_3/P_1=1.2$，$H/h=10$）（见彩插）

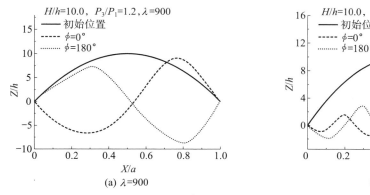

(a) $\lambda=900$

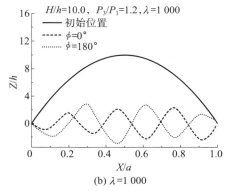

(b) $\lambda=1\,000$

图 8 - 27　瞬时壁板形状（$P_3/P_1 = 1.2$，$H/h = 10$）

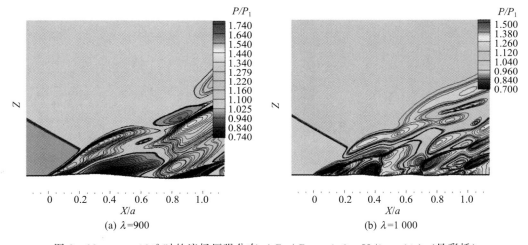

(a) $\lambda=900$　　　　　　　　　　(b) $\lambda=1\,000$

图 8 - 28　$\phi = 180°$ 时的流场压强分布（$P_3/P_1 = 1.2$，$H/h = 10$）（见彩插）

　　如表 8 - 2 所示，对于 $P_3/P_1 = 1.4$ 和 1.8 的情况，颤振临界动压分别为 $\lambda_{cr} = 1\,449$ 和 $\lambda_{cr} = 2\,253$。$P_3/P_1 = 1.8$ 时，$\lambda = 2\,500$ 时的后颤振的瞬时壁板形状和表面压强分布如图 8 - 29（a）和（b）所示。在这一大动压下，壁板出现 5 阶模态振荡。图 8 - 30（a）和（b）分别展示了在 $\phi = 0°$ 和 $\phi = 180°$ 时相应的瞬时流场压强分布。显然，流场中出现了多次强激波。除了前缘激波和反射激波外，还有另一沿壁板后部前后移动的激波产生，且该移动激波在壁板上方与反射激波相互作用。

表 8 - 2　不同曲率下颤振临界动压

模型	$H/h = 0$	$H/h = 1$	$H/h = 2$	$H/h = 5$	$H/h = 10$
$P_3/P_1 = 1.0$	$\lambda_{cr} = 575$	$\lambda_{cr} = 430$	$\lambda_{cr} = 348$	$\lambda_{cr} = 233$	$\lambda_{cr} = 227$
$P_3/P_1 = 1.2$	$\lambda_{cr} = 2\,302$	—	$\lambda_{cr} = 234$	$\lambda_{cr} = 1\,360$	$\lambda_{cr} = 539$
$P_3/P_1 = 1.4$	$\lambda_{cr} = 675$	$\lambda_{cr} = 352$	$\lambda_{cr} = 2\,159$	$\lambda_{cr} = 1\,796$	$\lambda_{cr} = 1\,449$
$P_3/P_1 = 1.8$	$\lambda_{cr} = 263$	$\lambda_{cr} = 140$	$\lambda_{cr} = 2\,301$	$\lambda_{cr} = 1\,800$	$\lambda_{cr} = 2\,253$

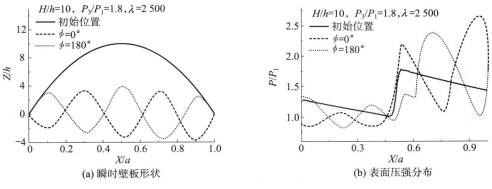

(a) 瞬时壁板形状　　　　　　　　(b) 表面压强分布

图 8 - 29　瞬时壁板形状和表面压强分布（ $\lambda = 2\,500$ ， $P_3 / P_1 = 1.8$ ， $H/h = 10$ ）

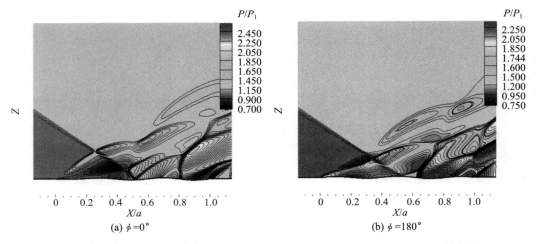

(a) $\phi = 0°$　　　　　　　　　　(b) $\phi = 180°$

图 8 - 30　瞬时流场压强分布（ $\lambda = 2\,500$ ， $P_3 / P_1 = 1.8$ ， $H/h = 10$ ）（见彩插）

8.3.7　曲率的影响

　　表 8 - 2 总结了 5 个曲率、4 个入射激波强度下壁板的颤振临界动压，图 8 - 31～图 8 - 34 比较了颤振和后颤振的响应。从表 8 - 2、图 8 - 31（a）和（b）中可以看出，当 $P_3 / P_1 = 1.0$ 时，即没有入射激波，则壁板的曲率越大，颤振动压越小，这与图 8 - 32 所示的 Dowell 的结论一致〔在他的文章中， $\mu_s / M_1 = 0.1$ ， $\lambda' = \rho_1 V_1^2 a^3 / \left(\sqrt{M_1^2 - 1}\, hD \right)$ 〕。有两个因素可能会影响曲面壁板的临界动压。其一是静气动载荷和作用于壁板的压差。随着曲率的增大，前缘激波的强度增加，随后前缘处的压强升高，且由于膨胀波的影响，沿气流方向的压强变小。此外，从表 8 - 1 中可以看出，空腔压力随曲率保持恒定（ $P_c / P_1 = 1.0$ ）。刚性状态下壁板上下静压差分布与壁板曲率的关系如图 8 - 33 所示。其二是曲面壁板的固有频率，如图 8 - 7 所示，交点为 $H/h \approx 1.5$ 和 $H/h \approx 6$ 。根据 Dowell[58] 的解释，这些交点将产生较低的颤振动压。当压力比 $P_3 / P_1 = 1.0$ 时，第一个因素起主要作用，它导致气动阻尼效应减小，进而使壁板的动态稳定性减弱。

对于平面壁板和小曲率 $H/h=1$ 的壁板，其振幅和频率随动压的增大而增大；但是，当 $H/h \geqslant 2$，随着动压的增大，壁板后颤振的振幅和频率变化复杂，壁板响应呈现出多种形态。例如，对于 $H/h=2$ 的壁板，$\lambda \in [348，1\,000]$ 时，壁板首先呈现为准周期运动，后在 $\lambda=500$ 处变为高频 2 阶模态极限环振荡，$\lambda=700$ 时，壁板表现为非圆形极限环振荡，$\lambda=1\,000$ 时，壁板再次呈现 2 阶模态振荡，如图 8-17 所示。对于 $H/h=5$ 和 $H/h=10$ 的壁板，会出现类似行波的振荡（图 8-21 和图 8-26）。对于固定动压，颤振频率随壁板曲率的增大而增大，这主要是由于固有频率随壁板曲率的增大而增大，如图 8-7 所示。特别是对于 $H/h=5$ 和 $H/h=10$ 的壁板，当振荡涉及高阶模态（5 阶或以上）时［如图 8-22（a）所示］，将观察到如图 8-31（b）所示的频率峰值。

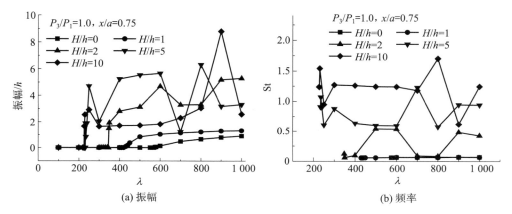

图 8-31　气动弹性响应（ $P_3/P_1=1.0$ ）

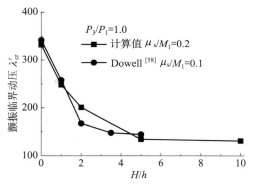

图 8-32　临界动压与曲率的关系

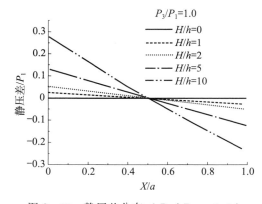

图 8-33　静压差分布（ $P_3/P_1=1.0$ ）

在弱入射激波 $P_3/P_1=1.2$ 的情况下，随着曲率的增大，壁板响应较为复杂，如图 8-34（a）和（b）所示。除了上述两个因素可能影响曲面壁板的颤振临界动压外，激波冲击也是影响临界动压的因素。对于平面壁板和小曲率 $H/h=1$ 的壁板，在较大的动压范围内未发生颤振。这可能是因为弱激波冲击导致的变形可使壁板刚度变强，并延迟颤振发生，Visbal[46] 在平面壁板计算中也发现了这一点。随着 H/h 增大，激波相互作用也增强，由于这些因素的综合影响，当 $H/h=2$ 时存在 λ_{cr} 的局部极小值。当 $H/h=10$ 时，振幅和频率随动压的增大而波动。这主要与各种振荡模式的转换有关。

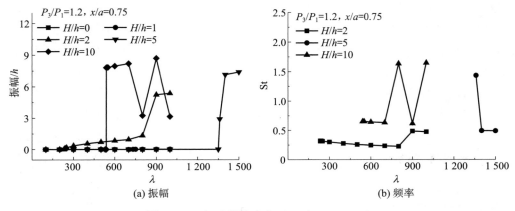

图 8-34　气动弹性响应（$P_3 / P_1 = 1.2$）

在具有较高入射激波强度 $P_3 / P_1 = 1.4$ 和 1.8 的情况下，如图 8-35 和图 8-36 所示，发现小曲率 $H/h = 1$ 的壁板具有最低的颤振临界动压，部分原因可能是曲率接近曲面壁板的第一个固有频率交点（图 8-7）。特别地，在最大入射激波强度 $P_3 / P_1 = 1.8$ 情况下，

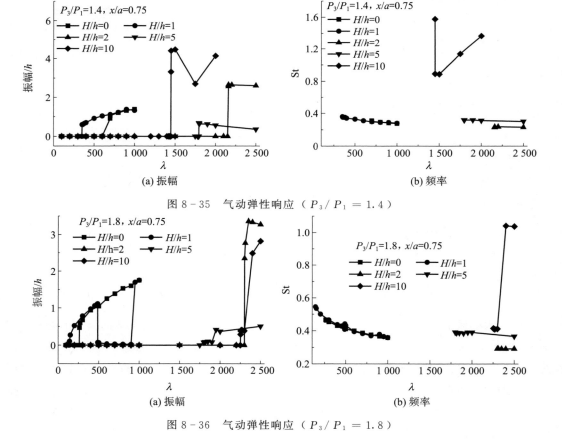

图 8-35　气动弹性响应（$P_3 / P_1 = 1.4$）

图 8-36　气动弹性响应（$P_3 / P_1 = 1.8$）

曲率 $H/h=1$ 的动压变化存在分岔，如图 8 - 14（a）所示。对于 $H/h \geqslant 2$ 的壁板，颤振发生的临界动压较大，即较大的入射激波和激波相互作用将提高较大曲率下的动态稳定性。

本章小结

本章采用流固耦合方法对在超声速无黏流中、激波冲击下的二维曲面壁板的非线性气动弹性响应进行了研究。该方法在平面壁板的激波诱导的流固耦合问题上得到了验证。计算了 $M_1=2.0$ 时、4 个不同强度入射激波作用下的 4 个曲面壁板的流固耦合响应，分析了静变形、颤振和后颤振振动的非线性特征。结果表明：

1）对不同入射激波强度下的曲面壁板，在一定的动压范围内，始终可以观察到静气动弹性变形。当压强比一定时，在相同动压下，随着曲率的增大，静变形也增大；随着入射激波强度的增加，沿壁板后部的变形增大。

2）对于无入射激波的情况，动态稳定性对曲率效应非常敏感，即曲率较大的壁板更容易出现失稳；其后颤振的振动形式也有多种。当入射激波作用在曲面壁板上时，颤振临界动压随曲率呈现复杂变化。

3）对于曲率较大的壁板，强入射激波可以抑制颤振的发生；相反，对于曲率较小的壁板，强入射激波会降低颤振临界动压，弱的入射激波会显著延迟颤振发生。对于曲面壁板，会产生激波-激波干扰，削弱壁板冲击点处的反射激波强度，故流固耦合特性也会受到影响。这是一个非常重要的结论，可能无法通过使用活塞理论得到。

参 考 文 献

［1］ 陈桂彬，邹丛青，杨超 . 气动弹性设计基础 ［M］. 北京：北京航空航天大学出版社，2010.

［2］ GARRICK I E，REED H R. Historical Development of Aircraft Flutter ［J］. Journal of Aircraft，1981，18（11）：897－912.

［3］ NICHOLS J. Final Report：Saturn V，S－IVB Panel Flutter Qualification Test ［R］. NASA TN－D－5439，1969.

［4］ LALL T. Interstage Adapter Panel Flutter on Atlas－Centaur AC－2，AC－3，and AC－4 Vehicles ［R］. NASA TM－X－1179，1965.

［5］ ZHOU R C，XUE D Y，MEI C. Finite Element Time Domain－Modal Formulation for Nonlinear Flutter of Composite Panels ［J］. AIAA Journal，1994，32（10）：2044－2052.

［6］ 孟凡颢，钟腾育 . 用壁板颤振理论解决某系列飞机的方向舵蒙皮裂纹故障 ［J］. 飞机设计，2000（4）：1－6.

［7］ DOWELL E H，ASHLEY H. Aeroelasticity of Plates and Shells ［M］. Leyden：Noordhoff International Pub，1975.

［8］ DOWELL E H. Panel flutter－A Review of the Aeroelastic Stability of Plates and Shells ［J］. AIAA Journal，1970，8（3）：385－399.

［9］ MEI C，ABDEL－MOTAGALY K，CHEN R. Review of Nonlinear Panel Flutter at Supersonic and Hypersonic Speeds ［J］. Applied Mechanics Reviews，1999，52（10）：321－332.

［10］ DAVIS G A，BENDIKSEN O O. Transonic Panel Flutter：34th AIAA/ASME/ASCE/AHS/ASC Structures，Structural Dynamics，and Materials Conference，April 19－22，1993 ［C］. Los Angeles：AIAA，1993.

［11］ BENDIKSEN O O. Review of Unsteady Transonic Aerodynamics：Theory and Applications ［J］. Progress in aerospace sciences，2011，47（2）：135－167.

［12］ GORDNIER R E，VISBAL M R. Development of a Three－dimensional Viscous Aeroelastic Solver for Nonlinear Panel Flutter ［J］. Journal of Fluids and Structures，2002，16（4）：497－527.

［13］ MUHLSTEIN L，GASPERS P A，RIDDLE D W. An Experimental Study of the Influence of the Turbulent Boundary Layer on Panel Flutter ［R］. NASA TN－D－4486，1968.

［14］ HASHIMOTO A，AOYAMA T，NAKAMURA Y. Effects of Turbulent Boundary Layer on Panel Flutter ［J］. AIAA Journal，2009，47（12）：2785－2791.

［15］ ALDER M. Development and Validation of a Fluid－Structure Solver for Transonic Panel Flutter ［J］. AIAA Journal，2015，53（12）：3509－3521.

［16］ BOLOTIN V V，陆启韶，王士敏 . 结构力学的动态不稳定性 ［J］. 力学进展，2000，30（2）：295－304.

［17］ VISBAL M. Viscous and Inviscid Interactions of an Oblique Shock with a Flexible Panel ［J］. Journal of Fluids and Structures，2014（48）：27－45.

[18] BENDIKSEN O O, DAVIS G A. Nonlinear Traveling Wave Flutter of Panels in Transonic Flow: 36th AIAA/ASE/ASCE/AHS/ASC Structures, Structural Dynamics & Materials Conference, April 10 – 12, 1995 [C]. New Orleans: AIAA, 1995.

[19] VISBAL M R, GORDNIER R E. Numerical Simulation of the Interaction of a Transitional Boundary Layer with a 2 – D Flexible Panel in the Subsonic Regime [J]. Journal of Fluids and Structures, 2004, 19 (7): 881 – 903.

[20] OSTOICH C M, BODONY D J, GEUBELLE P H. Interaction of a Mach 2. 25 Turbulent Boundary Layer with a Fluttering Panel Using Direct Numerical Simulation [J]. Physics of Fluids, 2013, 25 (11): 110806 – 1 – 27.

[21] NELSON H C, CUNNINGHAM H J. Theoretical Investigation of Flutter of Two – dimensional Flat Panels with One Surface Exposed to Supersonic Potential Flow [R]. Technical Report Archive & Image Library, 1956.

[22] DOWELL E H. Nonlinear Oscillations of a Fluttering Plate. II [J]. AIAA Journal, 1967, 5 (10): 1856 – 1862.

[23] SHISHAEVA A, VEDENEEV V, AKSENOV A. Nonlinear Single – mode and Multi – mode Panel Flutter Oscillations at Low Supersonic Speeds [J]. Journal of Fluids and Structures, 2015 (56): 205 – 223.

[24] VEDENEEV V V. Panel Flutter at Low Supersonic Speeds [J]. Journal of Fluids and Structures, 2012 (29): 79 – 96.

[25] AN X, QI B, SUN W, et al. Numerical Simulation of Nonlinear Aeroelastic Behaviors of Composite Panels in Transonic Flow [J]. Journal of Sound and Vibration, 2020, 469: 115143 – 1 – 23.

[26] DOWELL E H. Nonlinear Oscillations of a Fluttering Plate [J]. AIAA Journal, 1966, 4 (7): 1267 – 1275.

[27] XUE D Y, MEI C. Finite Element Nonlinear Panel Flutter with Arbitrary Temperatures in Supersonic Flow [J]. AIAA Journal, 1996, 4 (7): 1267 – 1275.

[28] XUE D Y, MEI C. Finite Element Nonlinear Flutter and Fatigue Life of 2 – D Panels with Temperature Effects. 32nd Structures, Structural Dynamics & Materials Conference, April 8 – 10, 1991 [C]. Baltimore: AIAA, 1991.

[29] McNAMARA J J, FRIEDMANN P P. Aeroelastic and Aerothermoelastic Analysis in Hypersonic Flow: Past, Present, and Future [J]. AIAA Journal, 2011, 49 (6): 1089 – 1122.

[30] GUPTA K K, CHOI S B, IBRAHIM H. Development – Fluid – Dynamics – Based Aerothermoelastic Simulation Capability with Application to Flight Vehicles [J]. Journal of Aircraft, 2016, 53 (2): 360 – 368.

[31] LAMORTE N, FRIEDMANN P P. Hypersonic Aeroelastic and Aerothermoelastic Studies Using Computational Fluid Dynamics [J]. AIAA Journal, 2014, 52 (9): 2062 – 2078.

[32] LOHNER R, YANG C, CEBRAL J R, et al. Fluid – structure Interaction Using a Loose Cou – pling Algorithm and Adaptive Unstructured Grid. 29th AIAA, Fluid Dynamics Conferences, June 15, 1998 [C]. Albuquerque: AIAA, 1998.

[33] TRAN H, FARHAT C. An Integrated Platform for the Simulation of Fluid – Structure – Thermal Interaction Problems. 43rd AIAA/ASME/ASCE/AHS/ASC Structures, Structural Dynamics, and

Materials Conference；10th AIAA/ASME/AHS Adaptive Structures Conference；4th AIAA Non-Deterministic Approaches Forum；3rd AIAA Gossamer Spacecraft Forum. April 22-25，2002 [C]. Denver：AIAA，2002.

[34] CULLER A J，McNAMARA J J. Fluid-Thermal-Structural Modeling and Analysis of Hypersonic Structures under Combined Loading. 52nd AIAA/ASME/ASCE/AHS/ASC Structures，Structural Dynamics and Materials Conference，Aril 4-7，2011 [C]. Denver：AIAA. 2011

[35] HOSTERS N，KLAUS M，BEHR M，et al. Application of a Partitioned Field Approach to Transient Aerothermal Problems in Rocket Nozzles [J]. Computers & Fluids，2013 (88)：795-803.

[36] FALKIEWICZ N J，CESNIK C E S. Partitioned Time-Domain Substructure Coupling Methodology for Efficient Hypersonic Vehicle Simulation [J]. AIAA Journal，2015，53 (11)：3167-3186.

[37] DESHMUKH R，CULLER A J，MILLER B A，et al. Response of Skin Panels to Combined Self-and Boundary Layer-Induced Fluctuating Pressure [J]. Journal of Fluids and Structures，2015 (58)：216-235.

[38] MILLER B A，McNAMARA J J. Time-Marching Considerations for Response Prediction of Structures in Hypersonic Flows [J]. AIAA Journal，2015，53 (10)：3028-3038.

[39] 杨智春，谭光辉，夏巍. 铺层方式对复合材料壁板热颤振特性的影响 [J]. 宇航学报，2008，29 (3)：1047-1052.

[40] ZHOU J，YANG Z C，GU Y S. Aeroelastic Stability Analysis of Heated Panel with Aerodynamic Loading on Both Surfaces [J]. Science China Technological Sciences，2012，55 (10)：2720-2726.

[41] 苑凯华，邱志平. 高超声速气流中复合材料壁板热颤振分析 [J]. 南京航空航天大学学报，2010，42 (3)：313-317.

[42] 张兵，韩景龙. 多场耦合计算平台与高超声速热防护结构传热问题研究 [J]. 航空学报，2011，32 (3)：400-409.

[43] YANG C，LI G S，WAN Z Q. Aerothermal-Aeroelastic Two-Way Coupling Method for Hypersonic Curved Panel Flutter [J]. Science China Technological Sciences，2012，55 (3)：831-840.

[44] LI K L，ZHANG J Z，REN J H，et al. Investigation of Aerothermoelastic Behaviors of Functionally Graded Panels in Supersonic Flows [J]. Journal of Thermal Stresses，2015，38 (8)：882-903.

[45] 姚瑶，高波. 入射激波边界层干扰分离流场结构研究 [J]. 空气动力学学报，2019，37 (5)：740-747+769.

[46] VISBAL M R. On the Interaction of an Oblique Shock with a Flexible Panel [J]. Journal of Fluids and Structures，2012 (30)：219-225.

[47] MILLER B A，CROWELL A R，McNAMARA J J. Modeling and Analysis of Shock Impingements on Thermo-Mechanically Compliant Surface Panels. 53rd AIAA/ASME/ASCE/AHS/ASC Structures，Structural Dynamics and Materials Conference，April 23-26，2012 [C]. Honolulu：AIAA. 2012.

[48] BROUWER K R，McNAMARA J J. Rapid Modeling of Aeroelastic Loads in the Presence of Shock Impingements；2018 AIAA/ASCE/AHS/ASC Structures，Structural Dynamics，and Materials Conference，January 8-12，2018 [C]：Kissimmee，AIAA，2018.

[49] BROUWER K R，McNAMARA J J. Refinement of CFD Surrogates for Aerothermoelastic Loads Prediction in High-Speed Flows. AIAA Scitech 2019 Forum，January 7-11，2019 [C]：San

Diego，AIAA，2019.

［50］ BOYER N R，McNAMARA J J，GAITONDE D V. Study on Shock－Induced Panel Flutter in 2－D Laminar Flow：15th Dynamics Specialists Conference，January 4－8，2016［C］：San Diego. AIAA，2016.

［51］ BOYER N R，McNAMARA J J，GAITONDE D，V，et al. Features of Shock－Induced Panel Flutter in Three－Dimensional Inviscid Flow［J］. Journal of Fluids and Structures，2018 (83)：490－506.

［52］ SHINDE V，McNAMARA J，GAITONDE D，et al. Transitional Shock Wave Boundary Layer Interaction Over a Flexible Panel［J］. Journal of Fluids and Structures，2019 (90)：263－285.

［53］ SPOTTSWOOD S，EASON T，BEBERNISS T. Influence of Shock－Boundary Layer Interactions on the Dynamic Response of a Flexible Panel. International Conference on Noise and Vibration Engineering，ISMA 2012［C］.

［54］ WILLEMS S，GULHAN A，ESSER B. Shock Induced Fluid－Structure Interaction on a Flexible Wall in Supersonic Turbulent Flow［J］. Progress in Flight Physics，2013 (5)：285－308.

［55］ GOGULAPATI A，DESHMUKH R，CROWELL A R，et al. Response of a Panel to Shock Impingement：Modeling and Comparison with Experiments. 55th AIAA/ASME/ASCE/AHS/SC Structures，Structural Dynamics and Materials Conference，January 13－17 2014［C］. National Harbor：AIAA 2014.

［56］ GOGULAPATI A，DESHMUKH R，McNAMARA J J，et al. Response of a Panel to Shock Impingement：Modeling and Comparison with Experiments－Part 2. 56th AIAA/ASCE/AHS/ASC structures，structural dynamics and materials conference. January 5－9 2015［C］. Kissimmee：AIAA，2015.

［57］ CURRAO G M D，NEELY A J，KENNELL C M，et al. Hypersonic Fluid－Structure Interaction on a Cantilevered Plate with Shock Impingement［J］. AIAA Journal，2019，57 (11)：4819－4834.

［58］ DOWELL E H. Nonlinear Flutter of Curved Plates［J］. AIAA Journal，1969，7 (3)：424－431.

［59］ BEIN T，FRIEDMANN P，ZHONG X，et al. Hypersonic Flutter of a Curved Shallow Panel with Aerodynamic Heating. 34th AIAA/ASME/AHS/ASC Structures，Structural Dynamics and Materials Conference，April 19－22，1993［C］. La Jalla：AIAA，1993.

［60］ NYDICK I，FRIEDMANN P P，ZHONG X. Hypersonic Panel Flutter Studies on Curved Panels. 36th AIAA/ASME/ASCE/AHS/ASC Structures，Structural Dynamics，and Materials Conference and AIAA/ASME Adaptive Structures Forum，April 10－13，1995［C］. New Orleans：AIAA. 1995.

［61］ AZZOUZ M，MEI C. Nonlinear Flutter of Curved Panels Under Yawed Supersonic Flow Using Finite Elements：46th AIAA/ASME/ASCE/AHS/ASC Structures，Structural Dynamics & Materials Conference，April 18－21，2005［C］. Austin：AIAA，2005.

［62］ CHENG G F，MEI C. Finite Element Modal Formulation for Hypersonic Panel Flutter Analysis with Thermal Effects［J］. AIAA Journal，2004，42 (4)：687－695.

［63］ VENTRES C S. Nonlinear Flutter of Clamped Plates［D］. Princeton：Princeton University，1970.

［64］ FRIEDMANN P，HANIN M. Supersonic Nonlinear flutter of Orthotropic or Isotropic Panels with Arbitrary Flow Direction［J］. Israel Journal of Technology，1968，6 (1－2)：46－57.

［65］ CHANDIRAMANI N K，PLAUT R H，LIBRESCU L. Nonperiodic Flutter of a Buckled Composite

Panel [J] . Sadhana Journal, 1995, 20 (2): 671 - 689.

[66] 杨超, 万志强, 李国曙. 气动热-气动弹性双向耦合的高超声速曲面壁板颤振分析方法 [J] . 中国科学: 技术科学, 2012, 42 (4): 369 - 377.

[67] LI F M, SONG Z G. Aeroelastic Flutter Analysis for 2D Kirchhoff and Mindlin Panels with Different Boundary Conditions in Supersonic Airflow [J] . Acta Mechanica, 2014, 225 (12): 3339 - 3351.

[68] 林华刚. 超声速气流中复合材料结构的气动弹性颤振研究 [D] . 哈尔滨: 哈尔滨工业大学, 2019.

[69] OLSON M D. Finite Elements Applied to Panel Flutter [J] . AIAA Journal, 1967, 5 (12): 2267 - 2270.

[70] MEI C. A Finite - element Approach for Nonlinear Panel Flutter [J] . AIAA Journal, 1978, 16 (8): 1107 - 1110.

[71] GRAY C E. Large - Amplitude Finite Element Flutter Analysis of Composite Panels in Hypersonic Flow [J] . AIAA Journal, 1992, 31 (6): 1090 - 1099.

[72] KRAUSE H, DINKLER D. The Influence of Curvature on Supersonic Panel Flutter. 39th AIAA/ASME/ASCE/AHS/ASC Structures, Structural Dynamics, and Materials Conference and Exhibit, April 20 - 23, 1998 [C] . Long Beach: AIAA 1998.

[73] GUIMARAES T A M, MARQUES F D, FERREIRA A J M. On the Modeling of Nonlinear Supersonic Flutter of Multibay Composite Panels [J] . Composite Structures, 2020, 232: 111522 - 1 - 6.

[74] 梁路, 万志强, 杨超. 大型飞机复合材料机翼壁板气动弹性优化设计 [J] . 中国科学: 技术科学, 2012, 42 (6): 722 - 728.

[75] 王晓庆. 复合材料壁板颤振分析与优化设计研究 [D] . 南京: 南京航空航天大学, 2011.

[76] ZHUANG W Z, YANG C, WU Z. Modal and Aeroelastic Analysis of Trapezoidal Corrugated - core Sandwich Panels in Supersonic Flow [J] . International Journal of Mechanical Sciences, 2019 (157 - 158): 267 - 281.

[77] 李丽丽, 赵永辉. 超音速下热壁板的颤振分析 [J] . 动力学与控制学报, 2012, 10 (1): 67 - 70.

[78] ZHANG Y W, ZHANG H, HOU S, et al. Vibration Suppression of Composite Laminated Plate with Nonlinear Energy Sink [J] . Acta Astronautica, 2016, 123: 109 - 115.

[79] 赵海. 超声速流中壁板的颤振及其抑制 [D] . 哈尔滨: 哈尔滨工业大学, 2013.

[80] 苑凯华, 邱志平. 压电复合材料壁板颤振的控制 [J] . 北京航空航天大学学报, 2009, 35 (12): 1429 - 1433.

[81] 李凤明, 陈照波, 崔玉波. 采用压电材料提高超声速飞行器壁板结构的颤振特性 [J] . 固体力学学报, 2011, 32 (S1): 214 - 218.

[82] 赵娜. 超声速流中机翼及壁板非线性颤振的主动控制方法研究 [D] . 哈尔滨: 哈尔滨工业大学, 2014.

[83] 杨智春, 夏巍. 壁板颤振的分析模型、数值求解方法和研究进展 [J] . 力学进展, 2010, 40 (1): 81 - 98.

[84] ASHLEY H, ZORTARIAN G. Piston Theory - A New Aerodynamic Tool for the Aeroelastician [J] . Journal of the Aeronautical Sciences, 1956, 23 (12): 1109 - 1118.

[85] 刘超峰, 邱菊. 气动弹性的流固耦合分析方法 [M] . 北京: 北京航空航天大学出版社, 2016.

[86] SOLTANI N, ESFAHANIAN V, HADDADPOUR H. Analytical Prediction of Panel Flutter Using

Unsteady Potential Flow [J]. Journal of Aircraft，2003，40（4）：805－807.

[87] DOWELL E H. Generalized Aerodynamic Forces on a Flexible Plate Undergoing Transient Motion in a Shear Flow with an Application to Panel Flutter [J]. AIAA Journal，1971，9（5）：834－841.

[88] 寇怡彬，徐敏，蔡天星，等. 基于 CFD/CSD 耦合的二维壁板颤振特性研究 [J]. 工程力学，2011，28（6）：176－181＋188.

[89] 安效民，胥伟，徐敏. 非线性壁板颤振分析 [J]. 航空学报，2015，36（4）：1119－1127.

[90] 张兵，韩景龙，钱凯. 超声速及高超声速壁板颤振中的湍流边界层效应 [J]. 振动工程学报，2013，26（1）：98－104.

[91] 梅冠华，张家忠，康灿. 基于流-固耦合算法的跨/超声速曲壁板气动弹性分析 [J]. 振动与冲击，2016，35（22）：54－60＋71.

[92] 刘占生，张云峰. 非线性壁板颤振计算的子循环预测校正方法研究 [J]. 航空动力学报，2007，22（5）：761－776.

[93] 姚程，张广辉，刘占生. 跨声速扩压器弹性壁板流固耦合振动研究 [J]. 推进技术，2015，36（6）：912－919.

[94] BOLOTIN V V，GRISHKO A A，PETROVSKY A V. Secondary Bifurcations and Global Instability of an Aeroelastic Nonlinear System in the Divergence Domain [J]. Journal of Sound & Vibration，1996，191（3）：431－451.

[95] 刘济科. 二元机翼颤振的分叉点类别的判定 [J]. 力学与实践，1998，20（3）：38－40.

[96] 张琪昌，刘海英，任爱娣. 非线性机翼极限环颤振的研究 [J]. 空气动力学学报，2004，22（3）：332－336.

[97] 孙立明. 非线性系统 Hopf 分岔控制及应用 [D]. 天津：天津大学，2012.

[98] 赵秀芳. 超声速流中二维壁板的非线性热颤振分析 [D]. 天津：天津大学，2012.

[99] VEDENEEV V V. Single－Mode Plate Flutter Taking the Boundary Layer into Account [J]. Fluid Dynamics，2012，47（3）：417－429.

[100] SHEN S F. An Approximate Analysis of Nonlinear Flutter Problems [J]. Journal of the Aerospace Sciences，1959，26（1）：25－32＋45.

[101] HOLMES P J. Bifurcations to Divergence and Flutter in Flow－induced Oscillations：A Finite Dimensional Analysis [J]. Journal of Sound & Vibration，1977，53（4）：471－503.

[102] YUEN S W，LAU S L. Effects of In－plane Load on Nonlinear Panel Flutter by Incremental Harmonic Balance Method [J]. AIAA Journal，1991，29（9）：1472－1479.

[103] BOLOTIN V V，GRISHKO A A，KOUNADIS A N，et al. Non－linear Panel Flutter in Remote Post－critical Domains [J]. International Journal of Non－Linear Mechanics，1998，33（5）：753－764.

[104] 李道春，向锦武. 非线性二元机翼气动弹性近似解析研究 [J]. 航空学报，2007，28（5）：1080－1084.

[105] 叶献辉. 壁板非线性气动弹性颤振及稳定性研究 [D]. 成都：西南交通大学，2005.

[106] 陈大林. 壁板气动弹性复杂响应研究 [D]. 成都：西南交通大学，2008.

[107] 孙巧珍，邢誉峰. 三维壁板颤振本征问题的精确解. 第十六届北方七省、市、自治区力学学会学术会议 [C]. 呼和浩特：中国力学学会，2016.

[108] LUCIA D J，BERAN P S，SILVA W A. Reduced－Order Modeling：New Approaches for Computational Physics [J]. Progress in Aerospace Sciences，2004，40（1－2）：51－117.

[109] GUO X Y，MEI C. Application of Aeroelastic Modes on Nonlinear Supersonic Panel Flutter at Elevated Temperatures ［J］. Computers & Structures，2006，84（24 - 25）：1619 - 1628.

[110] AKHAVAN H，RIBEIRO P. Reduced - Order Models for Nonlinear Flutter of Composite Laminates with Curvilinear Fibers ［J］. AIAA Journal，2019，57（7）：3026 - 3039.

[111] 梅冠华，康灿，张家忠. 二维壁板颤振的本征正交分解降阶模型研究 ［J］. 振动与冲击，2017，36（23）：144 - 151.

[112] 谢丹，徐敏. 基于特征正交分解的三维壁板非线性颤振分析 ［J］. 工程力学，2015，32（1）：1 - 9.

[113] 周建，杨智春. 基于 POD 降阶方法的复合材料曲壁板颤振响应特性研究 ［J］. 振动与冲击，2017，36（1）：38 - 44.

[114] LUCIA D J，BERAN P S，KING P I. Reduced - Order Modeling of an Elastic Panel in Transonic Flow ［J］. Journal of Aircraft，2003，40（2）：338 - 347.

[115] KALASHNIKOVA I，BARONE M F，BRAKE M R. A Stable Galerkin Reduced Order Model for Coupled Fluid - Structure Interaction Problems ［J］. International Journal for Numerical Methods in Engineering，2013，95（2）：121 - 144.

[116] FUNG Y C. Some Recent Contributions to Panel Flutter Research ［J］. AIAA Journal，1963，1（4）：898 - 909.

[117] TUOVILA W J，PRESNELL J G. Supersonic Panel Flutter Test Results for Flat Fiber - Glass Sandwich Panels with Foamed Cores ［R］. NASA TN - D - 827，1961.

[118] GASPERS P A，MUHLSTEIN L，PETROFF D N. Further Experimental Results on the Influence of the Turbulent Boundary Layer on Panel Flutter ［R］. NASATN D - 5798，1970.

[119] VEDENEEV V V，GUVERNYUK S V，ZUBKOV A F，et al. Experimental Observation of Single - Mode Panel Flutter in a Supersonic Gas Flow ［J］. Doklady Physics，2009，54（8）：389 - 391.

[120] LÜBKER J，ALDER M，FINK H. First Experimental Investigations on Dynamic Aeroelastic Stability of Panels in the Transonic Domain at the German Aerospace Center（DLR）. 58th AIAA/ASCE/AHS/ASC Structures，Structural Dynamics，and Materials Conference，January 9 - 13，2017 ［C］. Dallas：AIAA，2017.

[121] 唐怀平. 亚音速壁板的动力学特性的理论及实验研究 ［D］. 成都：西南交通大学，2015.

[122] 施海健，杨翊仁，龚庆，等. 亚音速壁板颤振模型设计及风洞试验技术 ［J］. 重庆理工大学学报（自然科学版），2013，27（9）：27 - 30.

[123] 陈娜娜. 壁板的颤振分析及实验研究 ［D］. 南京：南京航空航天大学，2017.

[124] 邵崇晖. 超声速流中壁板颤振的抑制和地面试验研究 ［D］. 哈尔滨：哈尔滨工业大学，2017.

[125] 安效民，徐敏，陈士橹. 多场耦合求解非线性气动弹性的研究综述 ［J］. 力学进展，2009，39（3）：284 - 298.

[126] BOYER N R，McNAMARA J J，GAITONDE D V，et al. Study on Shock - Induced Panel Flutter in 3 - D Inviscid Flow. 58th AIAA/ASCE/AHS/ASC Structures，Structural Dynamics，and Materials Conference，January 9 - 13. 2017 ［C］. Grapevine：AIAA 2017.

[127] 李广宁. 高超声速 CFD 技术研究 ［D］. 西安：西北工业大学，2014.

[128] VERSTEEG H K，MALALASEKERA W. An Introduction to Computational Fluid Dynamics - the Finite Volume Method ［M］. 北京：世界图书出版公司，1995.

[129] THOMAS P D，LOMBARD C K. Geometric Conservation Law and its Application to Flow

Computations on Moving Grids [J]. AIAA Journal，1979，17（10）：1030-1037.

［130］ LONG Y Q，CEN S，LONG Z F. Advanced Finite Element Method in Structural Engineering ［M］. Beijing：Springer-Verlag GmbH Berlin Heidelberg ＆ Tsinghua University Press，2009.

［131］ FELIPPA C A. A Study of Optimal Membrane Triangles with Drilling Freedoms ［J］. Computer Methods in Applied Mechanics and Engineering，2003，192（16-18）：2125-2168.

［132］ 王振. 金属及复合材料薄壁结构非线性数值计算技术研究 ［D］. 西安：西北工业大学，2014.

［133］ 安效民，徐敏，陈士橹. 基于 CR 理论的近似能量守恒算法在壳元中的应用 ［J］. 西北工业大学学报，2011，29（2）：205-211.

［134］ 闫鹏武. 复合材料曲面壁板的非线性气动弹性响应分析 ［D］. 西安：西北工业大学，2018.

［135］ PACOSTE C. Co-rotational Flat Facet Triangular Elements for Shell Instability Analyses ［J］. Computer Methods in Applied Mechanics ＆ Engineering，1998，156（1-4）：75-110.

［136］ HURKA J，BALLMANN J. Elastic Panels in Transonic Flow. 15th AIAA Computational Fluid Dynamics Conference，June 11-14 2001 ［C］. Anaheim：AIAA，2001.

［137］ FARHAT C，KRISTOFFER G V D Z，GEUZAINE P. Provably Second-Order Time-Accurate Loosely-Coupled Solution Algorithms for Transient Nonlinear Computational Aeroelasticity ［J］. Computer Methods in Applied Mechanics and Engineering，2006，195（17/18）：1973-2001.

［138］ KIM J H，LEE S W. A Finite Element Formulation with Stabilization Matrix for Geometrically Nonlinear Shells ［J］. International Journal for Numerical Methods in Engineering，1992，33（8）：1703-1720.

［139］ SZE K Y，LIU X H，LO S H. Popular Benchmark Problems for Geometric Nonlinear Analysis of Shells ［J］. Finite Elements in Analysis ＆ Design，2004，40（11）：1551-1569.

［140］ KUNDU C K，SINHA P K. Nonlinear Transient Analysis of Laminated Composite Shells ［J］. Journal of Reinforced Plastics and Composites，2006，25（11）：1129-1147.

［141］ ALMEIDA F S，AWRUCH A M. Corotational Nonlinear Dynamic Analysis of Laminated Composite Shells ［J］. Finite Elements in Analysis ＆ Design，2011，47（10）：1131-1145.

［142］ SHIAU L C，KUO S Y，CHEN C Y. Thermal Buckling Behavior of Composite Laminated Plates ［J］. Composite Structures，2010，92（2）：508-514.

［143］ ROACHE P J. Perspective：A Method for Uniform Reporting of Grid Refinement Studies ［J］. Journal of Fluids Engineering，1994，116（3）：405-413.

［144］ SHISHAEVA A，VEDENEEV V，AKSENOV A，et al. Transonic Panel Flutter in Accelerating or Decelerating Flow Conditions ［J］. AIAA Journal，2018，56（3）：997-1010.

［145］ VEDENEEV V V. Limit Oscillatory Cycles in the Single Mode Flutter of a Plate ［J］. Journal of Applied Mathematics and Mechanics，2013，77（3）：257-267.

［146］ 黄宁，马林茂. 基于改进 C-C 方法相空间重构和 LS-SVM 的隧道拱顶沉降预测模型 ［J］. 数学的实践与认识，2014，44（20）：130-139.

［147］ 杨永锋，仵敏娟，高喆，等. 小数据量法计算最大 Lyapunov 指数的参数选择 ［J］. 振动、测试与诊断，2012，32（3）：371-374＋511.

［148］ 张海龙，闵富红，王恩荣. 关于 Lyapunov 指数计算方法的比较 ［J］. 南京师范大学学报（工程技术版），2012，12（1）：5-9.

［149］ 李彬彬. 非线性心音时间序列的最大 Lyapunov 指数 ［J］. 上海电机学院学报，2011，14（1）：17-

20＋52.

[150] 张勇，关伟. 基于最大 Lyapunov 指数的多变量混沌时间序列预测 [J]. 物理学报，2009，58 (2)：
　　　 756 - 763.

[151] ROACHE P J. Verification and Validation in Computational Sciencend Engineering [M].
　　　 Albuqureque：Hermosa Publishers，1998.

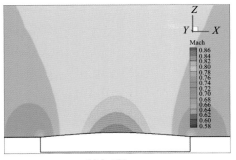 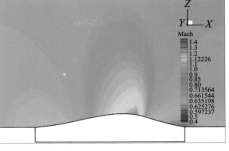

(a) λ=198   (b) λ=15 315

图 3-3　CaseA $M_\infty=0.76$ 时的马赫数云图（P55）

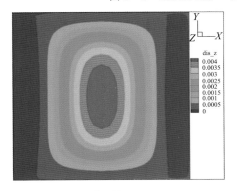 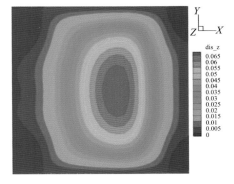

(a) λ=198   (b) λ=15 315

图 3-4　CaseA $M_\infty=0.76$ 时的位移云图（P55）

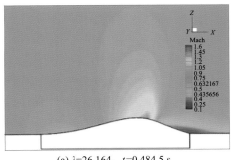 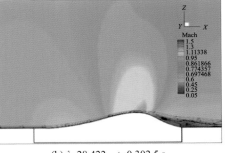

(a) λ=26 164，t=0.484 5 s   (b) λ=28 422，t=0.302 5 s

图 3-7　CaseA $M_\infty=0.76$ 振幅达到最大值时的马赫数云图（P57）

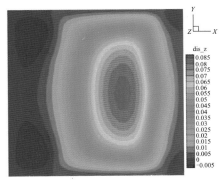 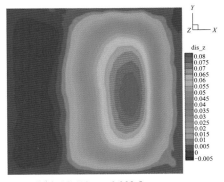

(a) λ=26 164，t=0.484 5 s   (b) λ=28 422，t=0.302 5s

图 3-8　CaseA $M_\infty=0.76$ 振幅达到最大值时的位移云图（P58）

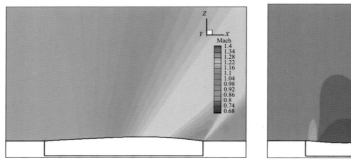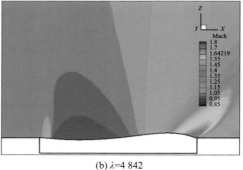

(a) λ=145　　　　　　　　　　　　　　　　(b) λ=4 842

图 3 - 10　CaseA M_∞ =0.96 时的马赫数云图（P59）

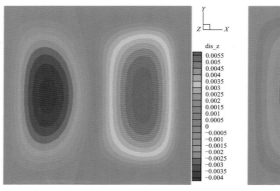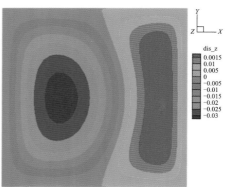

(a) λ=145　　　　　　　　　　　　　　　　(b) λ=4 842

图 3 - 11　CaseA M_∞ =0.96 时的位移云图（P59）

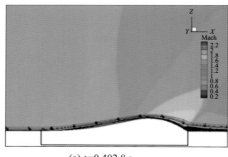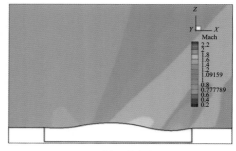

(a) t=0.402 8 s　　　　　　　　　　　　　(b) t=0.466 s

图 3 - 13　CaseA M_∞ = 0.96、λ = 6 633 下的马赫数云图（P60）

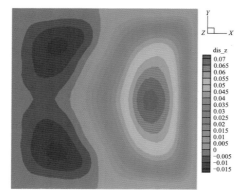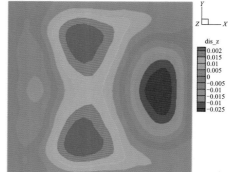

(a) t=0.402 8 s　　　　　　　　　　　　　(b) t=0.466 s

图 3 - 14　CaseA M_∞ = 0.96、λ = 6 633 下的位移云图（P61）

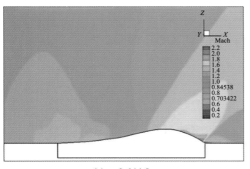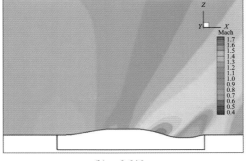

(a) t=0.644 8 s (b) t=0.646 s

图 3-17　CaseB $M_\infty = 0.96$、$\lambda = 5\ 176$ 下的马赫数云图（P63）

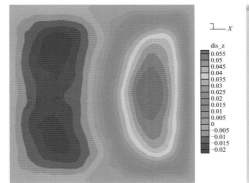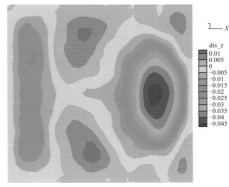

(a) t=0.644 8 s (b) t=0.646 s

图 3-18　CaseB $M_\infty = 0.96$、$\lambda = 5\ 176$ 下的位移云图（P63）

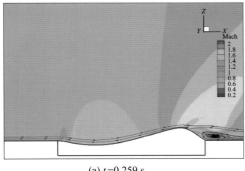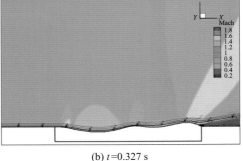

(a) t=0.259 s (b) t=0.327 s

图 3-21　CaseC $M_\infty = 0.96$、$\lambda = 14\ 057$ 下的马赫数云图（P65）

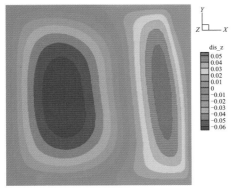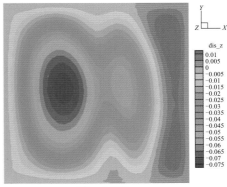

(a) t=0.259 s (b) t=0.327 s

图 3-22　CaseC $M_\infty = 0.96$、$\lambda = 14\ 057$ 下的位移云图（P65）

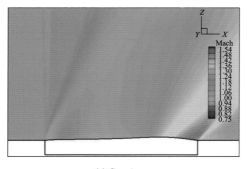

(a) CaseA

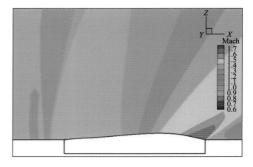

(b) CaseB

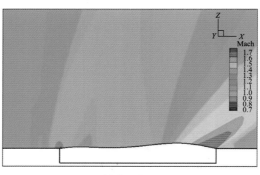

(c) CaseC

图 3-26 $M_\infty = 1.2$、$\lambda = 226$ 下的静气弹响应马赫数云图 （P68）

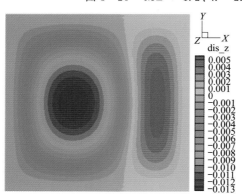

(a) CaseA

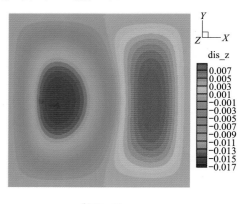

(b) CaseB

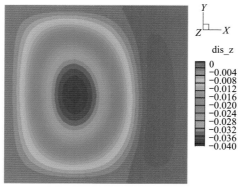

(c) CaseC

图 3-27 $M_\infty = 1.2$、$\lambda = 226$ 下的静气弹响应位移云图 （P69）

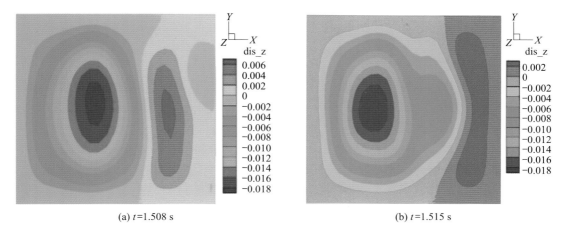

(a) $t=1.508$ s   (b) $t=1.515$ s

图 3 - 29　CaseA $M_\infty = 1.2$、$\lambda = 371$ 下的位移云图（P71）

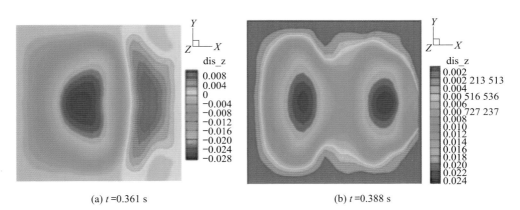

(a) $t=0.361$ s   (b) $t=0.388$ s

图 3 - 32　CaseA $M_\infty = 1.2$、$\lambda = 866$ 下的位移云图（P73）

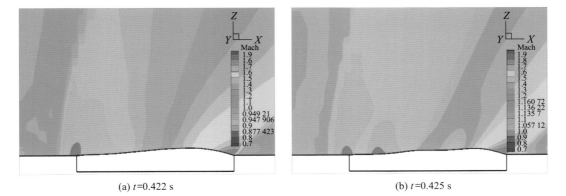

(a) $t=0.422$ s   (b) $t=0.425$ s

图 3 - 34　CaseB $M_\infty = 1.2$、$\lambda = 493$ 下的马赫数云图（P74）

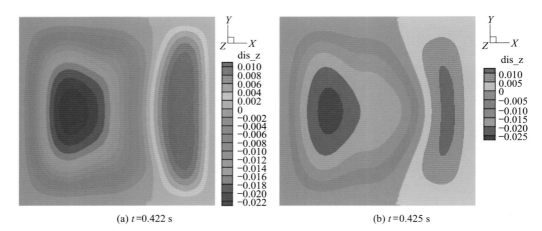

(a) $t=0.422$ s   (b) $t=0.425$ s

图 3 - 35　CaseB $M_\infty = 1.2$、$\lambda = 493$ 下的位移云图（P74）

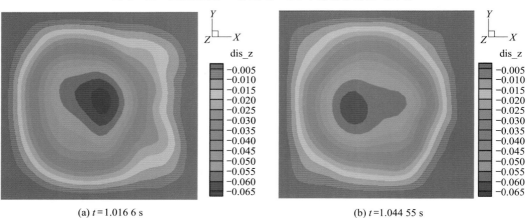

(a) $t=1.016\ 6$ s   (b) $t=1.044\ 55$ s

图 3 - 38　CaseC $M_\infty = 1.2$、$\lambda = 1\ 279$ 下的位移云图（P77）

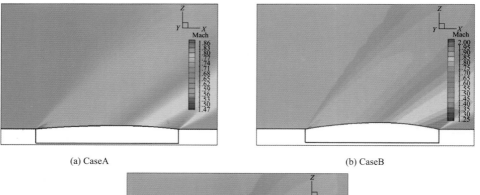

(a) CaseA   (b) CaseB

(c) CaseC

图 3 - 42　$M_\infty = 1.67$、$\lambda = 64$ 下的静气弹响应马赫数云图（P80）

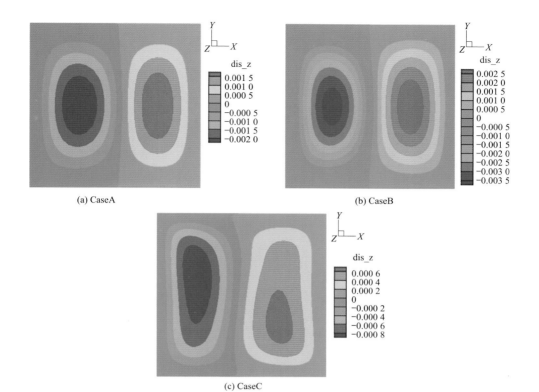

图 3-43　$M_\infty = 1.67$、$\lambda = 64$ 下的静气弹响应位移云图 （P80）

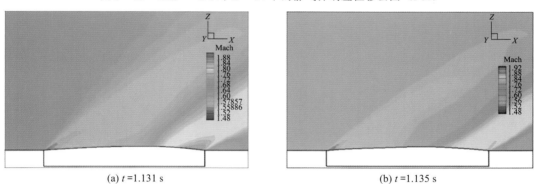

图 3-45　CaseA $M_\infty = 1.67$、$\lambda = 87$ 下的马赫数云图 （P82）

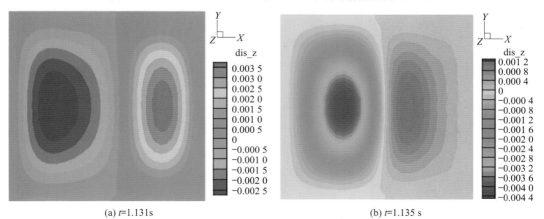

图 3-46　CaseA $M_\infty = 1.67$、$\lambda = 87$ 下的位移云图 （P82）

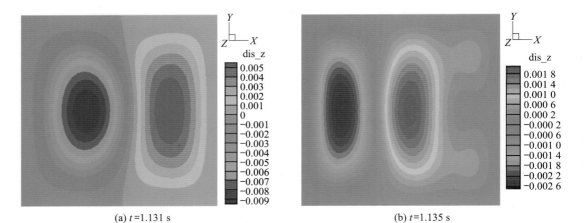

(a) $t=1.131$ s   (b) $t=1.135$ s

图 3 - 49　CaseB $M_\infty = 1.67$、$\lambda = 91$ 下的位移云图 （P84）

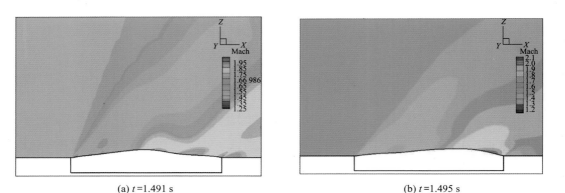

(a) $t=1.491$ s   (b) $t=1.495$ s

图 3 - 51　CaseB $M_\infty = 1.67$、$\lambda = 113$ 下马赫数云图 （P85）

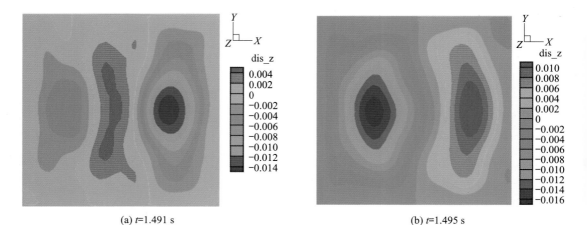

(a) $t=1.491$ s   (b) $t=1.495$ s

图 3 - 52　CaseB $M_\infty = 1.67$、$\lambda = 113$ 下的位移云图 （P85）

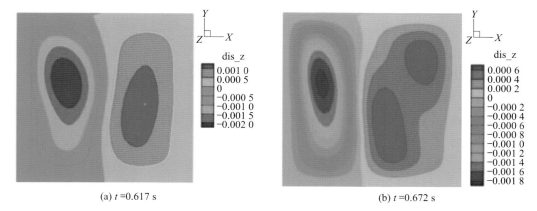

(a) $t = 0.617$ s   (b) $t = 0.672$ s

图 3 - 54   CaseC $M_\infty = 1.67$、$\lambda = 85$ 下的位移云图 （P86）

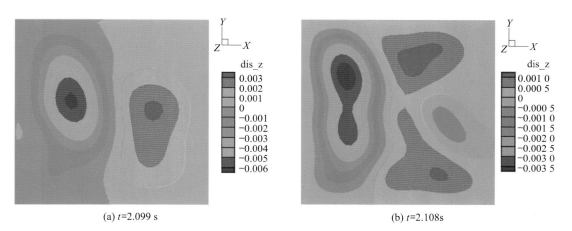

(a) $t = 2.099$ s   (b) $t = 2.108$s

图 3 - 56   CaseC $M_\infty = 1.67$、$\lambda = 113$ 下的位移云图 （P87）

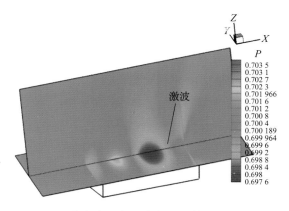

图 4 - 10   （d）参考点正向最大变形时刻的压强分布 （P100）

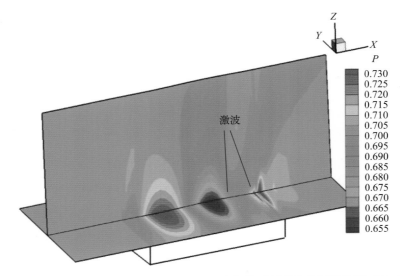

图 4 - 17　正交铺层在低超声速 λ = 330 正向极值时刻的流场压强云图（P102）

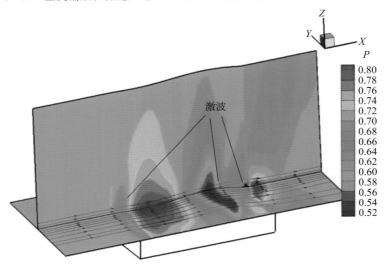

图 4 - 18　正交铺层在低超声速 λ = 3 667 正向极值时刻的流场压强云图（P103）

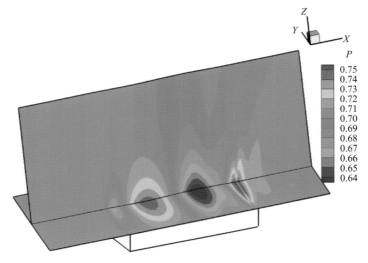

图 4 - 23　斜交铺层在低超声速 λ = 330 正向极值时刻的流场压强云图（P105）

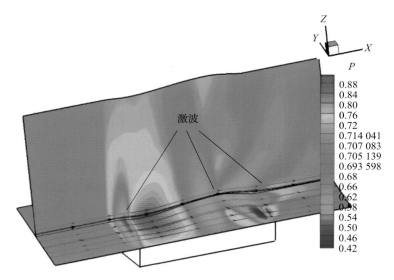

图 4 - 24 斜交铺层在低超声速 λ ＝3 667 正向极值时刻的流场压强云图 （P105）

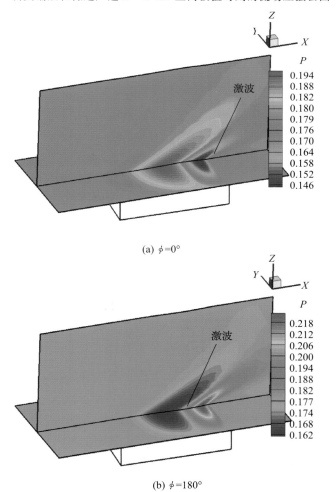

(a) φ＝0°

(b) φ＝180°

图 4 - 32 正交铺层在低超声速 λ ＝1 000 极值时刻的流场压强云图 （P108）

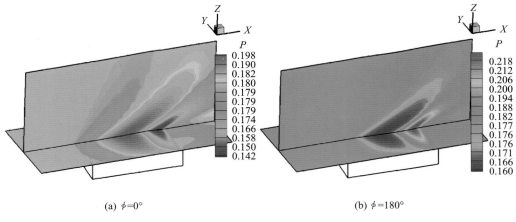

(a) $\phi=0°$ (b) $\phi=180°$

图 4 - 38　斜交铺层在低超声速 $\lambda=1\,000$ 极值时刻的流场压强云图 （P111）

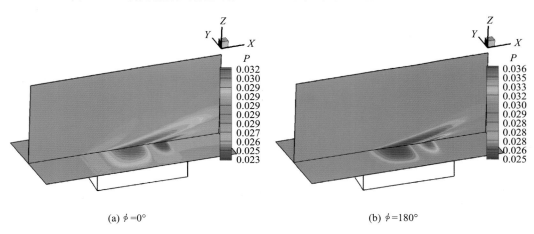

(a) $\phi=0°$ (b) $\phi=180°$

图 4 - 47　正交铺层在高超声速 $\Delta T=0\,℃$ 下 $\lambda=1\,500$ 极值时刻的流场压强云图 （P115）

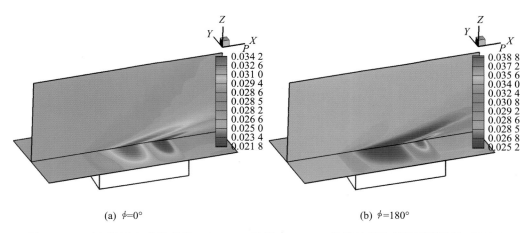

(a) $\phi=0°$ (b) $\phi=180°$

图 4 - 59　正交铺层在高超声速 $\Delta T=100\,℃$ 下 $\lambda=1\,000$ 极值时刻的流场压强云图 （P119）

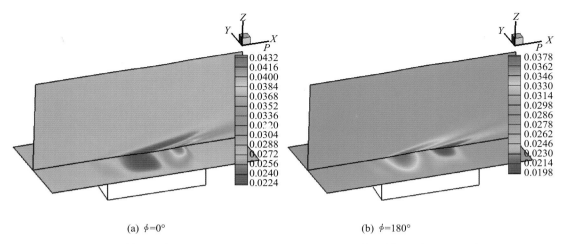

(a) $\phi=0°$ (b) $\phi=180°$

图 4-68　正交铺层在高超声速 $\Delta T = 200\ ℃$下 $\lambda = 1\ 000$ 极值时刻的流场压强云图（P122）

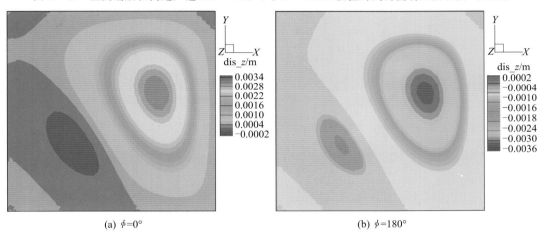

(a) $\phi=0°$ (b) $\phi=180°$

图 4-72　斜交铺层在高超声速 $\Delta T = 0\ ℃$下 $\lambda = 1\ 500$ 极值时刻的壁板位移云图（P124）

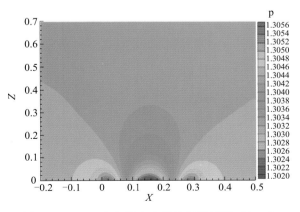

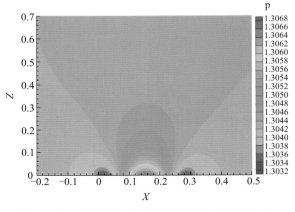

图 5-4　（d）向上最大变形的压强云图（P140）　　　　图 5-4　（f）向下最大变形的压强云图（P140）

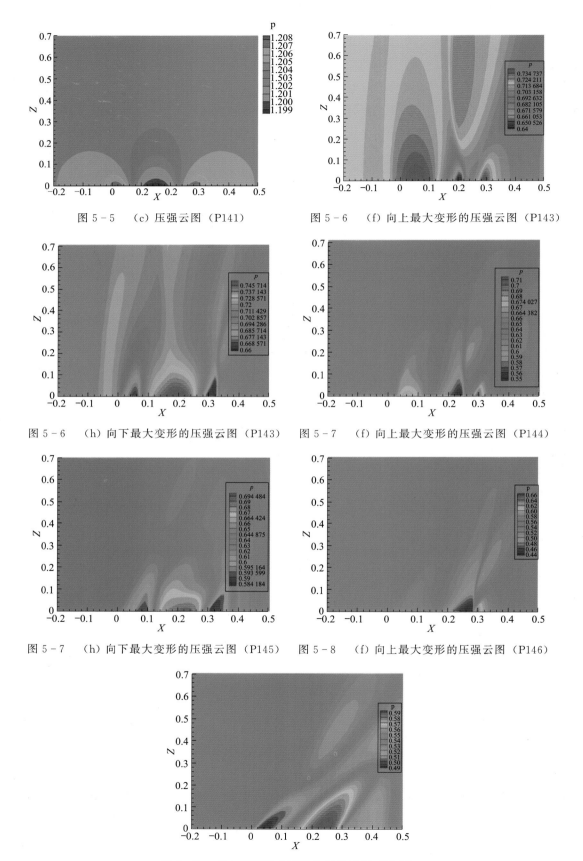

图 5 - 5　（c）压强云图（P141）　　图 5 - 6　（f）向上最大变形的压强云图（P143）

图 5 - 6　（h）向下最大变形的压强云图（P143）　图 5 - 7　（f）向上最大变形的压强云图（P144）

图 5 - 7　（h）向下最大变形的压强云图（P145）　图 5 - 8　（f）向上最大变形的压强云图（P146）

图 5 - 8　（h）向下最大变形的压强云图（P147）

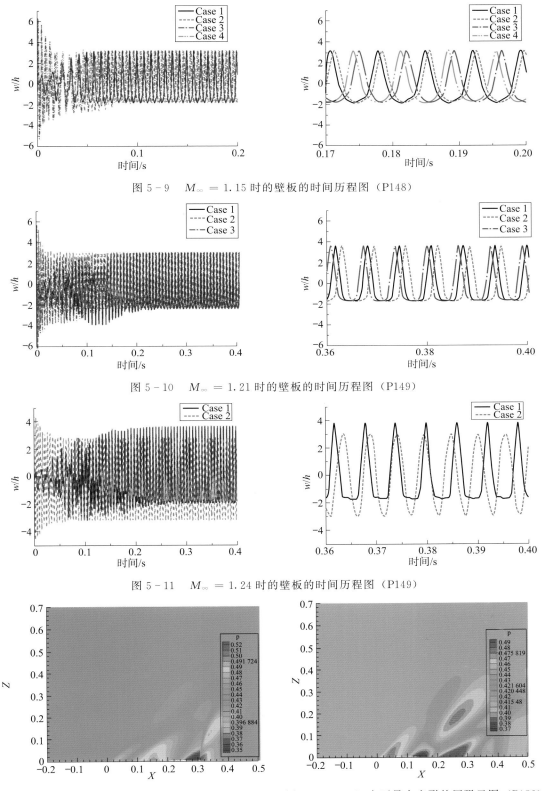

图 5 - 9 　 $M_\infty = 1.15$ 时的壁板的时间历程图 （P148）

图 5 - 10 　 $M_\infty = 1.21$ 时的壁板的时间历程图 （P149）

图 5 - 11 　 $M_\infty = 1.24$ 时的壁板的时间历程图 （P149）

图 5 - 16 　 （d）向上最大变形的压强云图 （P152）　　　图 5 - 16 　 （f）向下最大变形的压强云图 （P152）

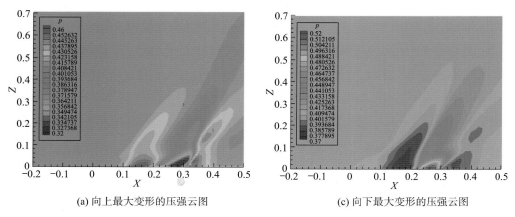

(a) 向上最大变形的压强云图　　　　　　(c) 向下最大变形的压强云图

图 5 - 19　$M_\infty = 1.32$ 时最大变形的压强云图和表面压强系数图（P155）

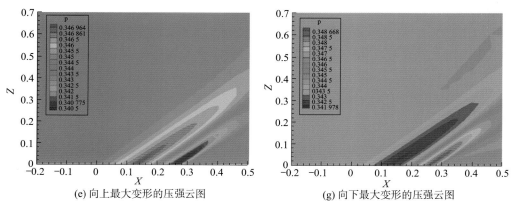

(e) 向上最大变形的压强云图　　　　　　(g) 向下最大变形的压强云图

图 5 - 20　$M_\infty = 1.44$ 时的壁板振荡（P156）

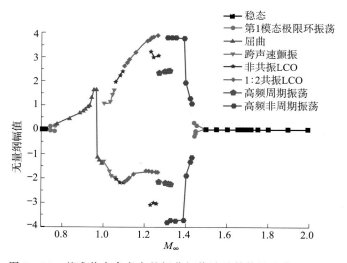

图 5 - 21　基准状态参考点的振荡幅值随马赫数的变化（P157）

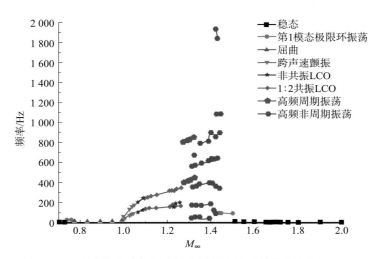

图 5-22 基准状态壁板振荡的主导频率随马赫数的变化（P158）

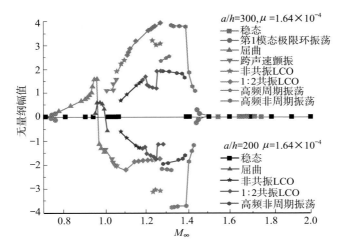

图 5-23 厚度对照下参考点的振荡幅值随马赫数的变化（P159）

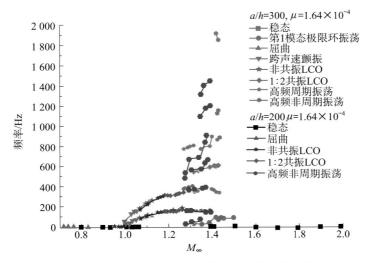

图 5-24 厚度对照下参考点的振荡主导频率随马赫数的变化（P159）

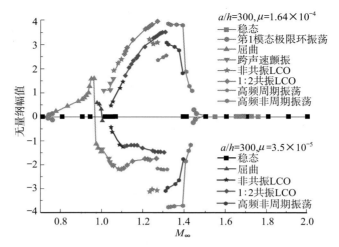

图 5 - 25　动压对照状态下参考点的振荡幅值随马赫数的变化（P161）

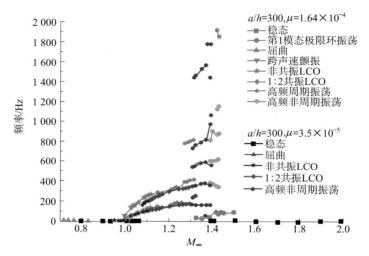

图 5 - 26　动压对照状态下参考点的主导频率随马赫数的变化（P161）

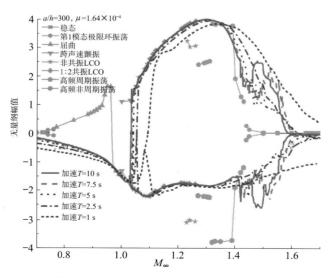

图 6 - 45　不同加速度条件下参考点的振荡幅值随马赫数的变化（P190）

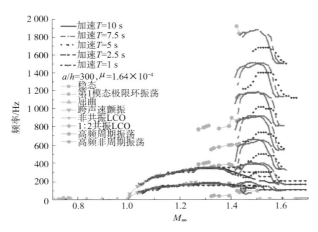

图 6 - 46　不同加速度条件下壁板振荡的主导频率随马赫数的变化（P191）

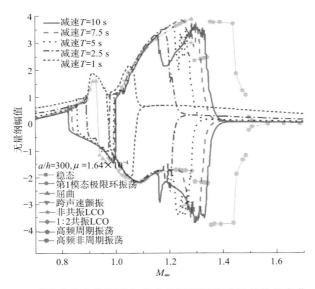

图 6 - 47　不同减速度条件下参考点的振荡幅值随马赫数的变化（P191）

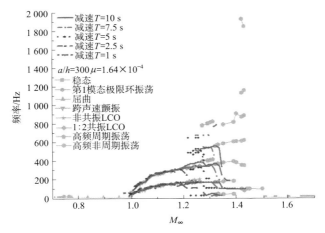

图 6 - 48　不同减速度条件下壁板振荡的主导频率随马赫数的变化（P192）

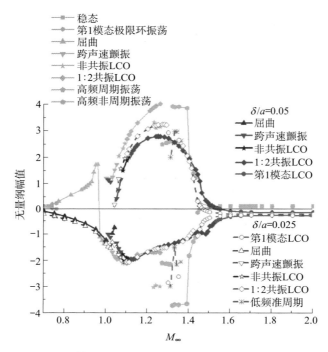

图 7-7　有黏条件下参考点的振荡幅值随马赫数的变化（P211）

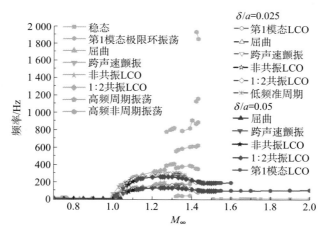

图 7-8　有黏条件下壁板振荡的主导频率随马赫数的变化（P211）

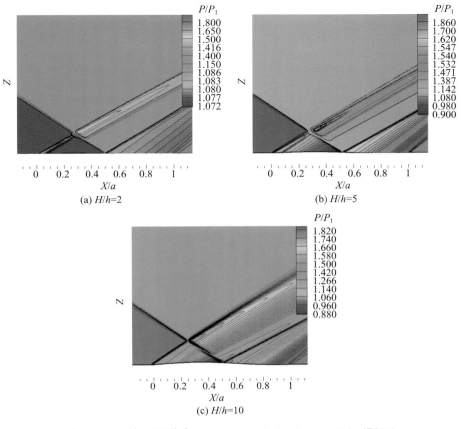

(a) $H/h=2$

(b) $H/h=5$

(c) $H/h=10$

图 8 - 10　流场压强分布 （ $P_3/P_1 = 1.8$ ， $\lambda = 1\,000$ ） （P230）

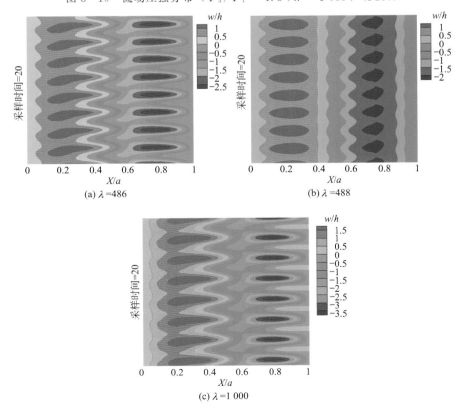

(a) $\lambda = 486$

(b) $\lambda = 488$

(c) $\lambda = 1\,000$

图 8 - 12　壁板挠度 $X - t$ 图 （ $P_3/P_1 = 1.8$ ， $H/h = 1$ ） （P231）

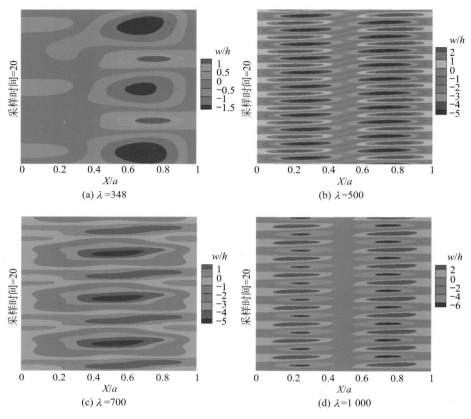

(a) $\lambda=348$ (b) $\lambda=500$

(c) $\lambda=700$ (d) $\lambda=1\,000$

图 8-17 壁板挠度 $X-t$ 图（$P_3/P_1=1.0$，$H/h=2$）（P234）

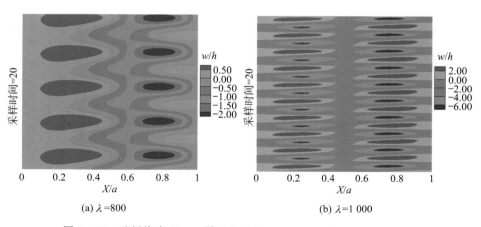

(a) $\lambda=800$ (b) $\lambda=1\,000$

图 8-19 壁板挠度 $X-t$ 图（$P_3/P_1=1.2$，$H/h=2$）（P235）

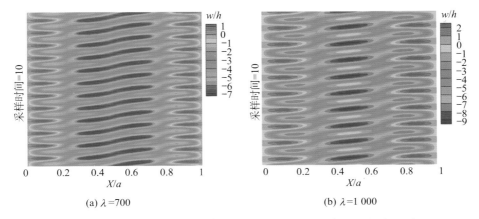

(a) $\lambda = 700$ (b) $\lambda = 1\,000$

图 8 - 21　壁板挠度 $X - t$ 图（$P_3/P_1 = 1.0$，$H/h = 5$）（P236）

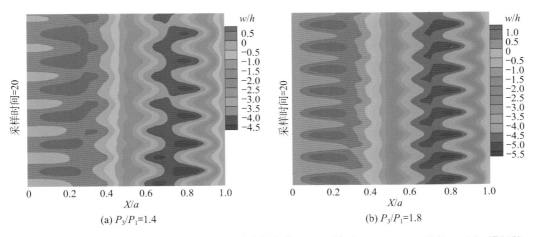

(a) $P_3/P_1 = 1.4$ (b) $P_3/P_1 = 1.8$

图 8 - 24　$P_3/P_1 = 1.4$ 和 $P_3/P_1 = 1.8$ 下壁板挠度 $X - t$ 图（$\lambda = 2\,000$，$H/h = 5$）（P237）

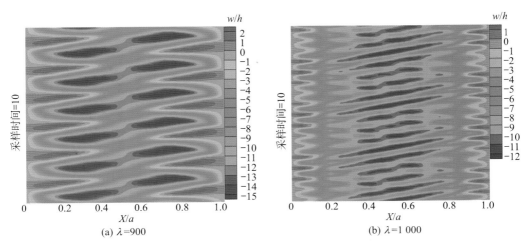

(a) $\lambda = 900$ (b) $\lambda = 1\,000$

图 8 - 26　壁板挠度 $X - t$ 图（$P_3/P_1 = 1.2$，$H/h = 10$）（P238）

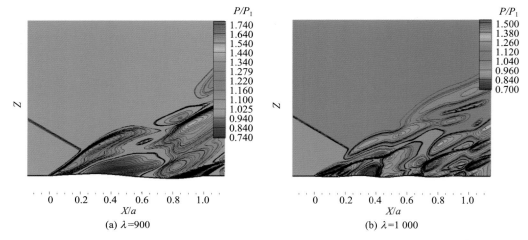

图 8-28　$\phi = 180°$ 时的流场压强分布（$P_3 / P_1 = 1.2$，$H / h = 10$）（P239）

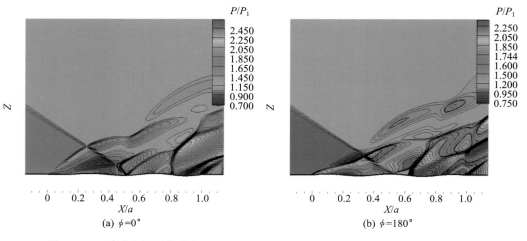

图 8-30　瞬时流场压强分布（$\lambda = 2\,500$，$P_3 / P_1 = 1.8$，$H / h = 10$）（P240）